现代集合住宅的再设计

[日] 日本建筑学会　编

胡惠琴　李逸定　译

中国建筑工业出版社

■日本建筑学会　建筑规划委员会 (2009 年)
主任：布野修司　（滋贺县立大学）
干事：宇野　求　（东京理科大学）
大原一兴　（横滨国立大学）
菊地成朋　（九州大学）
角田　诚　（首都大学东京）
藤井晴行　（东京工业大学）

■日本建筑学会　建筑规划委员会　住宅设计分会（2009 年）
主任：高田光雄　（京都大学）
干事：铃木雅之　（千叶大学）
委员：川崎直宏　（市浦房屋和规划）
小林秀树　（千叶大学）
定行 mari ko　（日本女子大学）
佐野 kozue　（近畿大学）
篠崎正彦　（东洋大学）
濑渡章子　（奈良女子大学）
园田真理子　（明治大学）
高井宏之　（三重大学）
田中友章　（明治大学）
初见 学　（东京理科大学）
森保洋之　（广岛工业大学）
山口健太郎　（近畿大学）
山本理　（长谷工综合研究所）

■日本建筑学会　建筑规划委员会　住宅设计分会
出版工作组　（2009 年）
主任：佐佐木诚　（日本工业大学）
委员：铃木雅之　（千叶大学）
安武敦子　（长崎大学）
杉山文香　（昭和女子大学）
篠崎正彦　（东洋大学）

前　言

日本的“集合住宅”在现代化的过程中含有墨守成规的南向布置、nLDK定型化、过于强调私密性、安全性的封闭化等固定概念。当下的集合住宅设计存在着由这种固定概念、民间开发商的收益结构、多种规范制度构成的制约框架。不突破这些框架就不会有集合住宅设计的革新。本书的书名《现代集合住宅的再设计》就是要突破集合住宅的条条框框，去考虑集合住宅的设计。

集合住宅成为日本人的一般住宅已经有相当长的时间了，初期设计的集合住宅已经不能适应现代的要求。当时，可持续的理念还不够充实，但新设计的集合住宅，有必要充分考虑可持续的设计，因为不能把有瑕疵的设计留给未来。这样的思考成为本书的另一个主题。

因此，深入探求设计的方法，“建造渴望居住的集合住宅”蕴藏着创造以往固定格式的集合住宅所没有新的设计及模式的可能性。

2004年彰国社出版的《实例解读 现代集合住宅的设计》介绍了集合住宅设计的丰富实例，同时展现了通过对居住方式的调研深入挖掘的评价信息，赢得了众多的读者。特别是成为一线建筑师策划、设计时的参考文献。自发刊以来已经有6年，其间集合住宅周围的环境发生了各种变化，续编的呼声渐强，为回应读者的愿望，网罗那以后至今的最新现代集合住宅实例的本书应运而生。

本书分为8章，以生动的实例为对象，辅之以研究人员基于调查的解读。版面的构成是：想了解简单概要的读者阅读左页；想要深入探讨的读者，可以阅读对调查数据进行解说的右页，从而获得有用的信息。

本书将会对建筑设计人员说服作为客户的业主发挥重大作用，还可以作为攻读集合住宅专业的学生，新近从事集合住宅策划、设计的新人的参考书。并且也适用于想提高关于集合住宅方面知识的非建筑专业的一般读者。在这里，讲述着尖端研究成果透视出的人们渴望居住的集合住宅设计的重点所在。

热切希望集合住宅相关领域的实际工作者、学生，以及实际居住集合住宅的客户等各类人群阅读本书，由此产生出新的“渴望居住”的集合住宅的模式和建筑形态，以提高日本集合住宅设计的质量。

日本建筑学会　建筑规划委员会　住宅设计分会

日本建筑学会出版工作组

目 录

03　附加了服务功能的住居

04　公与私边界的设计

05　时间的推移与住居

06　居住者培育的居住空间

07　住宅、住宅楼的再生和活用

08　联系过去和现在的改建

序

走向集合住宅的再设计

走向集合住宅的再设计

集合住宅的状况发生了巨大变化

进入 21 世纪的 10 年中，集合住宅经历了供给主体从公共到民间的演变，由于市场运作原理促进规制放宽，带来了超高层公寓的林立，加上人口减少，存量的增加迎来了改建的时期，处于 20 世纪末动态的延长线上，许多变化是预料之中的。但是，这些因素积累的结果使得公共事业大规模的开发、新建的项目变得平庸，越发感到迄今赖以生存的前提被瓦解了，带来集合住宅革新的结构发生了巨大的变化。对于这样的变化，脚下的路如何重新迈进，站立的位置是否应该调整，或许到了再度回到原点重新描绘未来的时候了。再设计中包含着这些不安、危机感，以及期待。

追求为建造“渴望居住的集合住宅”的设计变革和可持续价值，也是本书的意义和主题。

◉ 大规模实验性的实践已经难以为继了吗?

过去在 Belle Colline 南大泽以及幕张贝城 Patios 等公共大规模的开发中许多实验性的尝试成为热点话题。但是今天，从官到民的流向中，东云 Canal Court CODAN 作为最后的改建小区的项目，以城市再生机构为首的地方公共团体的大规模公共供给宣告结束。

一方面，包括不动产证券化登场在内，海外大量资金流入不动产市场的结果，在城市中心掀起了租赁公寓的建设热潮。完全以住户商品策划来做的民间商品房也被大量提供，以超高层公寓为首的大规模供给中，利用规模优势的共用设施的充实独具特色。

但是从那以后，以次贷危机为开端的雷曼危机等一系列的经济不安定造成公寓销售的低迷。直至 2005 年，之前每年超过 8 万户的商品房供给跌到 5 万户左右。进而新兴的开发商陆续淡出业界。其中也有启用建筑师在城市中心进行小规模开发，虽然市场规模有限，但还是执着地持续下来。积极热情地设计住户空间，以及在被城市遗留下来的狭小地块的苛刻条件下以附加价值进行置换等，在那里，建筑师的实验精神犹存。但是，由于市场的优越性以及场地规模小，社会投入少等原因，实验性的实践影响受到制约。

Belle Colline南大泽

1989年开始入住，1991年完成，位于多摩新城丘陵地户数约1500户的集合住宅居住区。内井昭藏作为主任建筑师，模仿意大利山岳城市等，遵照景观设计以及设计法规，对各组团建筑进行了协调。

幕张港湾城Patios

1995年开始入住的位于千叶市美滨区，规划户数约8900户的集合住宅居住区。街区规划以都心型的集合住宅为目标，以土地转贷租权出让方式，以导则和规划设计会议主导的设计方式，沿街以街坊式的布置、大规模地进行了先进的、实验性的综合开发。

东云Canal-Court Codan（参照：4-3，专栏04-2）

自2003年开始入住的东京都心的临海部（工厂原址）户数约6000户的集合住宅居住区。14层高密度的城市型集合住宅，以中庭为中心由6个街区构成，各街区的建筑师队伍、景观・照明・标识设计者、业主组成的设计会决定整体的规划，对区划的沿街建筑的高度、墙面线统一等进行设计协调。

超高层公寓（参照：1-5,2-4,4-5）

20层以上的超高层公寓，年规划户数2003年突破了1万户，2010年以后预定完成达11.4万户。但是2007~2010年为峰值，竣工量逐渐较少。

首都圈超高层公寓竣工、规划户数

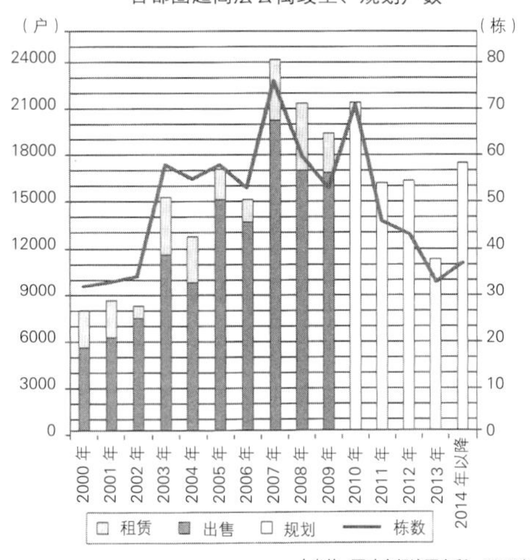

（出处：不动产经济研究所，2010年4月）

公寓销售低迷

首都圈新建分售公寓供给至2005年连续7年超过8万户，2006年开始下降，2009年跌到4万户。但是2010年2月开始连续5个月恢复增长。

新建供给户数的推移（首都圈）

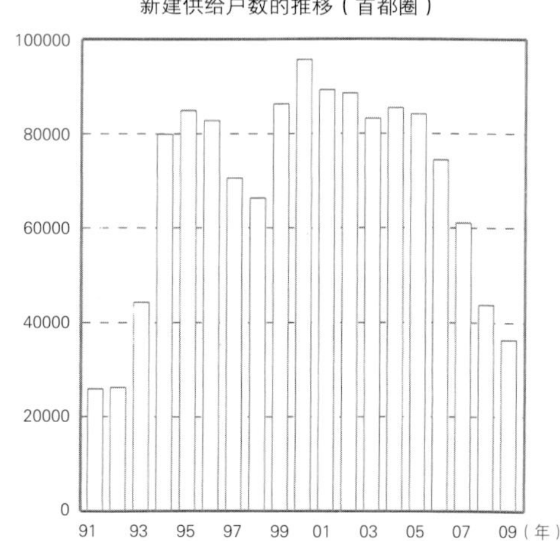

◉ 现实的关系性淡薄和单身户的增加

网络的发达，手机的迅速普及，对交流场所的依存度降低，而个人的匿名性提高，与近邻、地域分离，现实的人际关系正在丧失。城市中联系松散的个人，依赖于便利店等各种城市功能进行生活。随着城市中人与功能的高密度化，提高了孤立的个人的匿名性，加大了地域社会的不安全感。

另一方面，20 世纪的终结，由于泡沫经济的破灭带来不景气、不良债券的处理、IT 泡沫，在差别开始拉大的同时迎来了 21 世纪。2005 年开始的人口减少加速了老龄化进程，目前户数在增加，家庭成员数在持续减少。

其理由是单身家庭的增加，单身家庭和无子女夫妇的家庭加起来，根据 2010 年的推算已经超过半数。没有孩子的年轻家庭没有负担，有时间和精力，生活方式适合信息和文化集中的城市中心。以民间为主体的住宅供给寻求商机，这样进一步增加了接受城市生活方式的机会。对豪华的商品房、室内设计、趣味的投资，以及第二居住等，允许客户多样性的幅度有进一步加宽的趋势。

◉ 对社区的憧憬

追求安心感与交流，与他人共同生活的合租居住、共同住房不断渗透。出于对迅速增加的犯罪危机感而组成的防范志愿者和自卫团在各地出现，重拾附近居民交流的“邻里节”成为话题等，出现了追求社区、地域社会的交流的动向，与孤立的个人形成对照。

在地方城市，社区公共汽车、LRT 等提高了公交系统的便捷性，人们集中在城区，以自行车和徒步生活为目标的紧凑型城市的动向开始浮出水面。城市中心、地方城市合理分配、布置的住居、商业、业务等各功能在既有的城市再次集合，再现繁荣，不仅是大城市 SOHO、居住服务的利用和设施的复合等对集聚优势的需求会进一步提高，与谋求效率的合理主义不同，这一动向是追求由多样居住者构成的社区的价值。

差别

排在 2006 年的新词、流行语大奖首位的是“差别社会”。“一亿总中流”败退，收入、教育、信息等的两极分化越发严重。以市场原理优先推进放宽限制的小泉政权带来的论调也很多，但也有人指出，主要指标的基尼系数与其他国家比较差别并不见得大。

人口减少与户数增加

人口 2005 年开始减少，家庭数从 2015 年左右开始减少。

日本将来人口和家庭数的推算

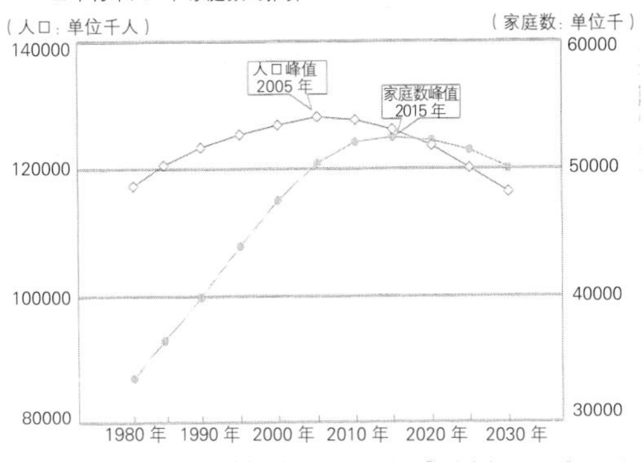

（出处：国立社会保障・人口问题研究所《日本未来人口预测》2006 年 12 月，《日本未来家庭数量预测》2008 年 3 月）

家庭成员减少 / 单身家庭增加

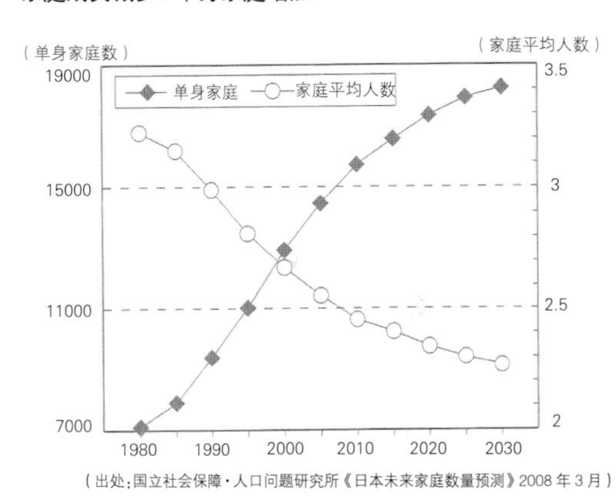

（出处：国立社会保障・人口问题研究所《日本未来家庭数量预测》2008 年 3 月）

复数居所（参照：1–2,1–3）

区别使用若干个住居的生活方式，周末在乡下与家族一起度过，工作日在职场附近的集合住宅居住，同时享受城市功能和乡下丰富的自然环境为理想的目标，总务省称“交流居住”，国土交通省称“两地居住”，农林水产省称“城市与农山渔村共生”，各省厅以不同的名称进行推进。

合租居住（参照：2–1,2–2,7–1）

水系（厨房、盥洗、浴室、厕所）、客厅等住宅功能与空间的一部分共用的住宅形式。也称 share house，room share，guest house 等，与宿舍、共同住宅属同样的居住形式，略有区别。

集合住宅（参照：2–3）

生活空间的一部分由若干个家庭共用的居住方式，各家庭以确保私密的居住空间为前提，在欧美的先进实例中，一般烹饪和用餐自己进行。居住者互相之间密切接触、互相帮助的居住安全感也是不可缺少的。为了让居住者习惯共同化的生活，由 NPO、义工组织的工作坊的活动很多。

◉ 住宅存量的活用能成为主流吗?

2009年空置房屋刷新了过去最高纪录，达到756万户。预测2015年户数会开始减少，2046年时人口会跌到1亿人，这将会影响今后的住宅供给。由于雷曼危机的影响，2009年的新建住宅开工户数同前年相比已经大幅降低了25.4%，又回到了45年前的80万户。

另一方面，以住宅存量的长寿命化以及有效利用为目标的实践，自1990年代开始在逐渐推进。此外地球变暖的问题和其对策成为近年国际政治上的主要议题，在国内对环境关怀的主题迅速成为热点，在住宅市场上，以长期优良住宅为首要求减少碳排量、降低环境负荷、可持续性的社会压力也是不可忽视的。

空置房屋迎来更新期的住宅存量是庞大的，取代过去的频繁拆建，不得不从再生、有效利用的方向上寻找出路。今后也期待政府的推动，如今的情况是并未出现明显的社会动向，除了成为话题的几个实例之外，只有中古住宅的交易、翻修产业等一部分市场有扩大的趋势，基本上停留在过渡的阶段。

◉ 以集合住宅的革新和可持续的价值为目标

在上述的闭塞感和状况变化中，以集合住宅的革新和可持续的价值为目标，把“再设计”作为课题为例，第一，如何把握作为主角的民间供给和市场。现在无视它是站不住脚的，只有积极地去配合。新兴的开发主体、NPO、分离体系住宅（SI住宅）、协议共建方式、基金的活用等，需要积极的思路和实践力。

第二，如何超越既有的框架。虽然也有设计奇特形式的前卫方法，但现实上，需要功能和空间有接受随机应变的余地和留白。

第三，如何把握建造者和客户（居住者）的关系。客户的价值观和评价，本来市场是涵盖不了的，建造者首先不是回避而是面对，从客户那里获得有益的价值观。特别是近来自由设计、用客自建、自主改装等积极地参与空间的居住者开始涌现，建造者和客户的关系已经发生了很大的变化。设计方如何在设计中体现这些好的建议也很重要。

第四，超越时间价值的共有，并不只有这个时间的优势，将时间轴考虑进去的价值判断，超越流行趋势把握世间大的动态。比如“求道学舍”，虽然付出一点代价，但使古典的有价值的建筑、空间得到再生，这一价值观是共有的。或者不仅是空间，居住方

激增的犯罪

一般刑事犯罪的认定件数截至2002年连续7年打破二战后最高记录，之后连续7年减少。

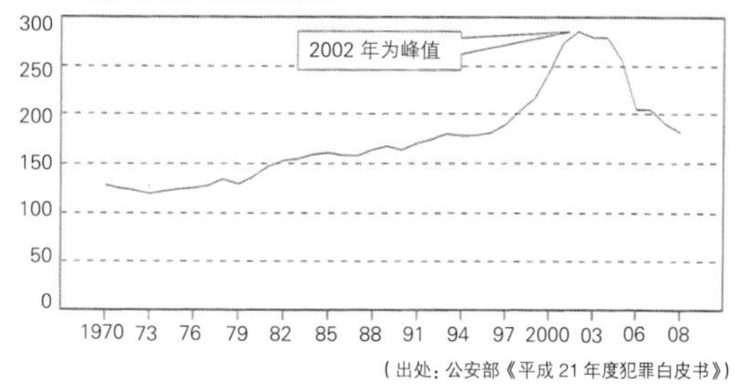

（出处：公安部《平成21年度犯罪白皮书》）

在各地组成防犯志愿者与自卫团

自主进行防犯活动的当地居民、志愿团体年年增加，2009年约有42800个团体。

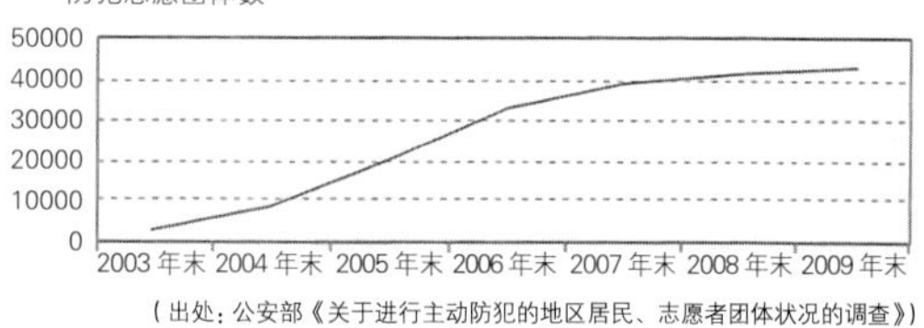

（出处：公安部《关于进行主动防犯的地区居民、志愿者团体状况的调查》）

邻里节

1999年在巴黎的小公寓里发生了高龄者孤独死去的事件后，居民们开始在建筑的中庭聚会，从举行以交流为目的的聚餐会开始，邻居们各自带来食物集聚在一起开展聊天的活动，现在在欧洲成为有29个国家800万人参加的市民运动，得到2008年月刊杂志《外面的事》等的支援，在日本也成为话题，在各地举行。

社区公交

作为地区居民的交通手段在地区内通行的公共汽车，有补充市区交通空白地带的例子、也有循环地区主要据点的例子，作为补充原有路线的公交服务，在全国迅速普及。作为先驱实例的武藏野市的Mubus很有名。

LRT（Light Rail Transit）

是指在城市和近郊运行的有轨电车等轻轨交通，通过引进低底盘式车辆（LRV）解除上下车时高差的无障碍化，人人都便于使用。环境负荷小，缓解机动车带来的交通阻塞，提高城市交通的便捷性等，作为对交通弱者和环境亲切的公交受到好评，也可以为中心市区带来活力。2006年在日本富山开业以来受到全国的关注。

紧凑型城市

有效利用既有城市的功能，保持市区的小尺度化，以可以步行的距离为生活圈，社区再生、方便居住的人体尺度的职住近邻的街区建设为目标，进行构想和城市建设。机动车发达带来的中心市区的空洞化、衰退为背景，为抑制城市郊区化、蔓延化，作为交通体系代替机动车促进公共交通、自行车的活用。与美国的新都市主义有共通之处。

SOHO（Small Office /Home Office）（参照：1-1）

SOHO是Small Office /Home Office的缩写。一般指兼有办公室的住宅和小办公室，以及其业务形态、从业者等。设计人员、会计师等自由职业者较多。也有利用电脑等信息通讯设备在宅上班、视频工作等类似的情况。因为节省通勤时间，可以说是职住近邻的终极形态，白天在家与地区接触增加了。

居住服务的利用

与居住相关的各种需求依靠外部服务的生活方式，在城市居住的富裕阶层广泛普及，以育儿、保育服务为首，家居维护、家庭保洁等各种服务，外卖服务等物流业务，用货币可以买到城市的方便、过上舒适的生活。

式、社区、记忆等各种东西，这一持续的价值观、评价轴如何共有，并与设计联系起来。

第五，如何适应当前迫在眉睫的存量时代。人们逐渐意识到它比起新建更加费事，有时还会有成本的提高，集合住宅对社会的影响强烈，有着公共作用，面对并非容易的存量盘活的课题，必须要攻破。

就是要把握时代，或者是预见超越时间的价值，让其在现实中发挥作用，攻克这些课题，是与以革新、可持续的价值为目标的实践相联系的。这正是本书所考虑的深化设计的意义。

◉ 8 个主题下的再设计

本书最大的特点是包括居住者在内，对完成后的集合住宅评价的集大成。在介绍作为新尝试的集合住宅的同时，并不是停滞在单纯实例介绍，而是重视居住后的评价。并且通过对过去重点关注的实例的再度评价、验证，提示预测时代的视角。由此总结了约 40 个案例，包含着诱导跨时代的可持续设计的启示。

设定了 8 个主题进行实例整理，尝试给每个实例定位。前面 4 个主题的推出，是以近年来建造的集合住宅为对象，以“个人”为切入口的。即“1 与城市息息相关的个人空间”中介绍了 SOHO、单身居住等;“2 用共有空间联系的住居”中介绍了自立的个人与他人的合租生活，以及共同住宅等;“3 附加了服务功能的住居”中介绍了配套托儿室和医院等;“4 公私边界的设计”中介绍入口空间、住宅群等，新建的住宅中居住者如何生活等。

后面 4 个主题的推出，是以建造后经过一定时间的集合住宅中的“时间”为切入口。即“5 时间推移与住居”中通过使用一段时间后的再调查，论述经年变化与居住履历等;“6 居住者培育的居住空间”中介绍居住者自身对空间进行的自建、定制等;“7 住宅和住宅楼的再生和使用”中介绍了既有存量的改造和整修;“8 连接过去和现在重建”中介绍了重建、更新相关诸问题，可以看出，经过一定时间后居住者、环境如何变化，如何与居住空间发生关系。不仅从设计的空间（硬件），更要从其空间如何被使用的生活层面（软件）来把握。必然要考虑城市、制度、金融、市场、生活方式等建筑以外的领域，要求超越既有的框架，寻求新的价值以及对相关的各行业专家的职能诉求，重新审视实例也是本书考虑的再设计。

新建住宅开工户数

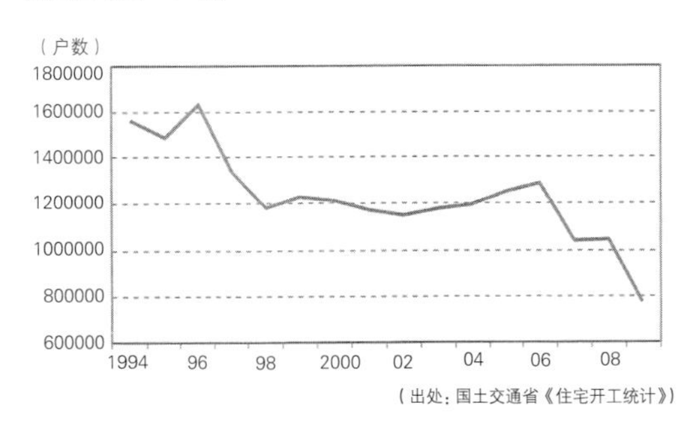

（出处：国土交通省《住宅开工统计》）

长期优良住宅

怎样才能长期使用住宅，抑制伴随着住宅的拆除产生的废弃物、减少对环境的负荷、通过削减改建费用以减轻对住宅的负担，为向更丰富、优质的生活转换而提倡优良住宅，根据《关于促进长期优良住宅普及的法律》（2009 年 6 月 4 日实施）在税制方面给予优惠措施。

分离体系住宅（SI 住宅）（→ p12，参照二级提供体制）

协议共建方式

（参照：2–6,3–5,4–1,5–3,8–4,8–5，专栏 03）

“想建造住宅的人们集合在一起、以居住者为中心，一起建造自己想住的房子的居住营造方式”（NPO 全国共同住宅推进协会）。使用者是建造主体，从居住者们的社区形态到住户自由设计，含有许多居住营造主题。

求道学舍（参照：7–4）

1926 年建造的学生宿舍（武田五一设计）从中发现作为历史建筑的价值，通过改建作为共同住宅再生的珍贵实例，以各种各样的存量再生的技术得以实现。

自建（参照：6–1,6–2）

不依靠专业人员，自己动手建造。从依靠居住者的自己动手（Do It Yourself）进行室内改装（6–1）到建造 1 栋集合住宅的例子（泽田公寓）。

定制（参照：6–1,6–2,7–2,7–3，专栏 06）

对既有建筑进行加工，改建成自己喜欢的建筑，称为定制。可以看到居住者积极参与集合住宅空间的改造改装的例子，其个性的表情引人注目。

翻新（参照：7–4,7–5，专栏 07）

对既有建筑物不进行改建，而是大规模修缮，进行再生和有效利用。旨在提高其功能、性能、价值，从一个住户到全楼，在各个层面进行。

◉ 实践和评价以及信息共享打开局面

不知道从什么时候开始，供给变成了以民间为主体、市场优先，与周围环境隔绝的大规模公寓和超高层的建造，使得集合住宅与地域的联系迅速淡薄。本来是主角的客户及其评价开始自然而然地转向对市场数据的依赖。其存在感变得暧昧，或者说建造方也失去了把最好的新设计、更好的实践奉献给社会的探索精神。然而把责任强加于政治、市场，也不能打开局面。

从事这些集合住宅设计规划的当事者如果说有可以率先投入的工作，其中之一就是尝试性的实践。为此要确保实践的场所。近年来建筑师与新兴的开发商等联合得到实践场所的明显增多，值得关注的实践也不少。其他作为候补的还有协议共建方式，以及与住居相关的、类似 NPO 那样的和市场保持一定距离，以追求价值的人们为主体进行的住宅供给。为推动这些动向，税制以及融资等制度方面的支持成为课题，如果能实现的话，为此的革新、可持续价值的追求就会成为主角，与此同时，比起实体感淡薄的假想市场，更加强悍的现实客户成为对手，他们会主动要求建造商提高水平。

进而这些成果有问世的必要。通过建筑新闻媒体发出的信息自然有意义，但对建筑师关于集合住宅的提议、构思、尝试的评价和定位，向社会发出信息更重要。通过这种有意义的实践和建议，评价建筑师等当事者的职能、职业，使他们鼓足勇气，进入到下一个实践。而且客户、社会也会了解其意义。这一动向会逐渐拉动社会以及市场，成为改变世界的动力。

也就是说，实践和研究的两个齿轮可以带来理想的集合住宅的革新和模式，比如已经有规划研究者创造的两级供给、筑波方式那样的模式被世人所认可的实践。也有规划研究者在实际的项目中作为规划者参与的仙台市营荒井住宅那样的实例。以及建筑师提供的城市小规模的协议共建住宅，可与过去的设计者公寓划等号的高质量的空间，评价不断提高。向这些集合住宅周边的社会发出信息，不仅建筑的专业杂志研究发展、媒体的若干频道和大学的授课，以及市民进行交流等会有很多的创意。当然有实践的实例才是最有说服力的。

与住宅相关的 NPO（参照：8–5）
非营利团体 NPO 是以营利以外的目的进行活动的，因此区别于在住宅供给相关的市场这点上有特色。有进行调研、科普启发、咨询支持、业务策划等各种主题活动的 NPO，也有与协议共建住宅的供给相关的例子，期待今后的推进。

两级供给 / 分离体系住宅（参照：7–2,7–4）
将骨架（主体）与填充体（设备、内装等）分离，结合符合不同性质的供给方式的供给，根据这一思路进行的集合住宅建造、供给的两级供给方式。按照这种理念建造的集合住宅称为分离体系住宅（SI 住宅），骨架部分有着长期耐久性能，填充体部分重视应对居住者的生活、社会状况的可变性。代表性实例有“实验集合住宅 NEXT21”。

筑波方式（分离体系定租）
根据定期租地权的应用，建造耐久性的分离体系住宅（SI 住宅）的住宅供给方式，1996 年第一个在茨城县筑波市被建造。可以以低廉的价格获得优质的住宅，还有充分考虑了长久变化等各种优势。

仙台市营荒井住宅（参照：4–4）
阿部仁史设计的以起居室联络型为特色的公营住宅，东北大学的小野田泰明从设计规划的立场参加了项目，体现了起居室联络型、私密调整等建筑规划的研究成果。

城市部的小规模协议共建住宅（参照：专栏 03）
近年，城市供给的协议共建住宅，称为赖特型的企业承担住宅建造的大部分流程，减少了客户的麻烦，住宅的自由设计成为魅力所在，这样的实例十分显著，特别是不与分售公寓进行竞争，在邻接道路等条件十分苛刻的用地上，依靠个人工作室的建筑师以特殊的设计建造了不满 10 户的叠加式长屋等实例，在建筑专业杂志上也有介绍。

01 与城市息息相关的个人空间

在急剧变动的社会中，人们的生存活方式和生活价值观发生了变化。积极享受个人生活的阶层以及选择独特生活方式的阶层增加了，在居住形态上也出现了变化，其结果是规划对象的家庭已经明显地呈现出向小单位家庭转变的图景。

日本的集合住宅的建造，长久以来是对应着夫妇和两个孩子这种标准家庭的标准户型。尽管居住形态多样化了，规划方还不能充分地提供应对各种个性的平面设计。此外不仅是充实个体的空间，同时要求游离于周围环境的集合住宅与近邻以及社区很好地结合。

有必要向人们提供理想居住的更广泛的多种选择。为提出有居住价值的方案，可尝试从实例中寻找各种居住形态和生活方式。

带有工作间的居住空间

SOHO 集合住宅的可能性

名称：Citycourt 目黑　所在地：东京都目黑区　完成年：2002 年　事业主体：城市再生机构　占地面积：约 16700m^2　户数：SOHO 住宅 11 户（共 484 户）　有效面积 63 ~ 87m^2

对称作 SOHO 的新型住宅类型的需求在上升。其背景是随着 IT 的进步，不需要通勤的新的商务形式的诞生以及女性、高龄者走入社会成为趋势。

所谓在宅办公（SOHO 中的家庭办公室）也是其形态之一，不仅以郊外居住地为据点，在城市中心利用其便捷性进行工作的情况也在增加。

但是，面对这种不受时间约束，确立独自的生活方式不断增加的动向，使多样的生活方式成为可能的容器——住宅还很少。

城市再生机构（原城市基础整备公团）提供了建在城市中心的附带工作间的 SOHO 型集合住宅。这些住宅的特征是拥有办公区专用的入口，完善了大容量的互联网环境，共用设施的集会室等可作为会议室使用等。

总而言之，虽说是家庭办公，实际上职住的空间要求是多样的，不仅是设备的考量、共用设施的设置，住宅的户型也有各种创意。

（藤冈泰宽）

可以看到正立面的 SOHO 专用入口

面向 SOHO 的住户围绕着中庭布置在一层，访客从 SOHO 专用的入口经由中庭进入，是工作区联系路线，居住者的入口布置在前面的道路一侧，与使用 SOHO 专用入口的访客流线明确分开。

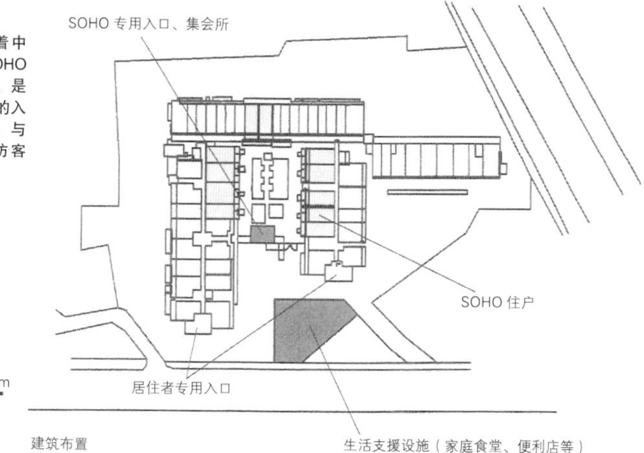

建筑布置

◉ 参考实例

自由房间 4.6帖
室外机位
共用走廊
MB
上部吊柜 厨房 3.3帖
玄关
浴室
厅
盥洗
厕所
储藏间
客厅 + 餐厅 10.9 帖
西式房间 7.1 帖
内露台 2.5 帖
阳台
避难口 奇数层
避难口 偶数层

船场淡路町的在宅办公型住宅（现城市再生机构）户型平面（1LDK+S 型）。工作空间（图纸上标示为自由房间）与客厅兼餐厅的中间是厨房，试图将住户内的流线加以分离的“分离”型平面实例（出处文献 3）。

1LDK+WS
WS
LD

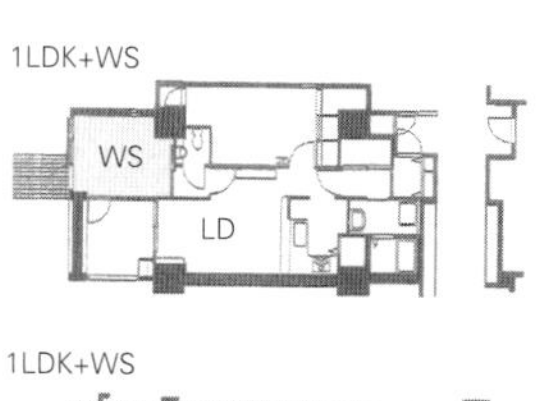

SOHO 住户平面

面向前面街道配套的生活支援设施

SOHO 专用入口旁边的集会所

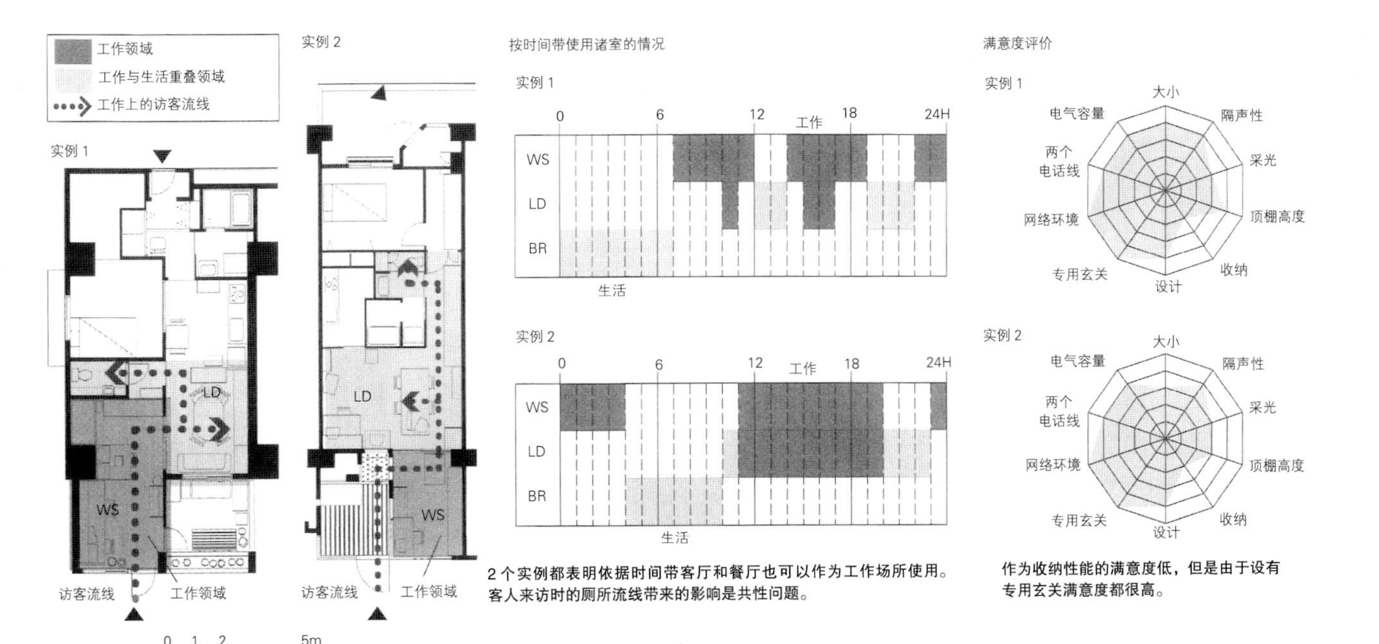

客厅 + 餐厅空间（LD）和工作空间（WS）相邻布置的"连接"型平面

面向 SOHO 的集合住宅中住户形式的不同和工作空间满意度等的关系（基于文献 1 调查结果笔者整理）

LD+WS 的关系（*1）	集合住宅	家族构成	性别	希望（*）	有工作气氛的空间（包括应对访客）	主要洽谈场所	共用设施的使用频率（每月次数）	WS 的满意度（*3）
连接	City Court 目黑	单身	男性	接点	LD	LD	1	高
	City Court 目黑	单身	男性	混合	LD	LD	0	高
	City Court 山下公园	有同居家属	男性	接点	LD	LD	0	稍高
	City Court 山下公园	有同居家属	男性	混合	LD	LD	1	稍高
	东云 Canal Court Codan	有同居家属	男性	接点	–	WS	0	稍高
	东云 Canal Court Codan	有同居家属	男性	接点	LD	WS 及 LD	0	高
	东云 Canal Court Codan	有同居家属	男性	接点	LD	WS	0	稍高
分離	City Court 山下公园	有同居家属	男性	分离	LD	LD	1	低
	City Court 山下公园	有同居家属	男性	分离	LD	LD	0	低
	东云 Canal Court Codan	有同居家属	男性	分离	–	WS	0	高
	南船桥	有同居家属	女性	分离	LD	WS 及 LD	0	低
	南船桥	单身	男性	分离	–	WS、近邻咖啡等	1	低
	船厂淡路町	有同居家属	男性	分离	LD	LD	0	稍高
	船厂淡路町	有同居家属	男性	混合	LD	LD	0	高
	船厂淡路町	有同居家属	男性	分离	–	WS、近邻咖啡等	5	稍高
	船厂淡路町	有同居家属	男性	分离	–	WS、近邻咖啡、集会室等	4	高
	船厂淡路町	有同居家属	女性	接点		近邻咖啡、集会室等	5	稍高
	船厂淡路町	有同居家属	男性	分离	LD	LD	1	低
	船厂淡路町	有同居家属	男性	分离	LD	LD	1	低
	船厂淡路町	有同居家属	男性	分离	–	WS、近邻咖啡等	3	稍高

左表的调查对象实例一览

名称	City Court 目黑	City Court 山下公园	东云Canal Court Codan	南船桥	船厂淡路町
所在地	东京都目黑区	横滨市中区	东京都江东区	大阪市中央区	大阪市中央区
建筑时期	2002年6月	2002年2月	2003年9月	2004年9月	2004年3月
SOHO 住户数	11户	40户	16户	58户	55户
共用设施	集会室	会议室、洽谈角	集合室、共用露台	会议室、洽谈角	集会室

全部是城市再生机构建造的，其中 City Court 目黑是城市再生机构的第 1 个 SOHO 住宅。

*1 设想 LD 和 WS 近邻布置一体地使用的户型用"连接"型，LD 和 WS 之间布置厨房，试图分离两者的户型用"分离"型标示。
*2 生活和工作的理想关系设定"完全分离""某种程度交集""混合"项目，回答某项进行标示。
*3 对 WS 的面积、隔声、收纳、入口等多数指标标示工作空间的满意度。

◉ SOHO 专用入口

"City Court 目黑"，位于距国铁目黑车站步行 2 分钟的地方，是与城市中心联系方便的环境。这是城市再生机构最初的包括为 SOHO 一族设计的集合住宅，共用设施有集会室可以作为会议室使用（200 日元 / 小时），基地内还配套建造了家庭餐厅、便利店、托儿所。集会室主要是作为 SOHO 住宅的入住者商谈工作的空间，小会议室也摆放了桌椅以备用。City Court 目黑入住者都可以使用。住宅楼入口分住宅专用和 SOHO 专用，让工作上往来的客人和居住者在流线上加以区分，来客从中庭、办公空间（以下称 WS）的入口进入。

◉ 职和住分离的创意

得到两名 SOHO 居住者的配合，对 WS 进行了满意度评价，对"专用玄关"以及"互联网的环境"等设备项目满意度很高。WS 是共用空间经常作为工作场所使用，住户面积小的家庭还与客厅餐厅（以下称 LD）一起使用的时间较多。住宅面积大的户型，LD 的使用是选择性的，午晚餐时作为生活场所使用，与作为工作场所使用是错开的。另外对收纳的评价很低，这在 City Court 目黑以外也能看到同样的现象。

◉ 对来客流线关注的课题

对城市再生机构其他面向 SOHO 的集合住宅居住者实施的同样调查结果得知，对 WS 与生活空间（LD）联系在一起的与 City Court 目黑一样的户型满意度高。但是这是出于居住者希望工作与生活的界限模糊地联系的生活方式的潜在需求。另一方面，看看 WS 和 LD 在空间上分离的住户平面的居住者，常见到 LD 空间中工作堆积如山的情形，在这些例子上，总的来说对 WS 的评价较低。最多见的是商务会谈来访的客人使用住宅内厕所时在流线上的问题。

◉ 运营方面的创意也很重要

在宅办公要考虑各种影响因素（单身与否、同居者家属是否从业人员、业种、公司规模、来客的频率、WS 的必要面积）。但是对定位和附加在住宅的附带空间 WS 的界限也会关注。特别是希望职住分离的住宅户型的在宅工作者，可以预测对包括收纳在内的 WS 的规模、性能的要求水平要高。对集会室等的使用有"租借的手续繁杂"，"不好用，不合用途"等意见，应让居住者自主制定规则，在运营方面需要考量。

◉ 作为新的生活方式的容器

在思考应对家庭办公这种新型生活方式的居住空间时，重要的是超越为提高劳动生产性的战后职住分离的住宅设计，要有新的应对。期待在掌握职住关系不可分的原则下，研究两者的距离、面积配比、可变的户型、便于使用的共用空间等具有附加价值的设计方案。

【参考文献】
1）永田康太郎・藤岡泰寛・小滝一正・大原一興「都心におけるSOHOの使われ方に関する研究「シティコート目黒」を事例としSOHOのライフスタイルと住戸プランの対応に関する考察」(『日本建築学会大会学術講演梗概集E-2分冊』pp.335-336、2003)
2）永田康太郎「SOHO向け集合住宅におけるワークスペースに関する研究 仕事と生活の関係性と使われ方に関する考察」(『横浜国立大学修士学位論文』2004)
3）小林重敬編著『コンバージョン、SOHOによる地域再生』学芸出版社、2005

复数据点居住

无法以“1 家 =1 户”统计的住居

名称：河田町 Konfo 花园　所在地：东京都新宿区河田町　完成年：2003 年　建筑面积：103041m²　户数：888 户（民间租赁除外，含业务用房）

第二次世界大战后（下称“战后”）迅速发展起来的日本住宅供给的基础有“1 家 =1 户”的概念。但是，价值观、生活方式多样化的现代，有着难以用这一概念套用的“复数据点居住”的生活方式。

复数据点居住就是，为实现自己的生活目标超出 1 住户的框架，积极利用复数生活据点的生活方式。过去拥有别墅等情景是不难想象的，但是近年的复数据点居住的概念不仅停留于此，各实例居住者的属性、所在地、建筑形态、所有形态、房租、面积、使用频率等许多方面差异很大，各有特色。

比如“每天在同一公寓中 2 个房间往来的实例”，“1 年中循环往返于有效利用宅地的 SOHO 以及北海道、海外 3 据点的实例”，都是城市中心型超高层集合住宅“河田町 Konfo 花园”，就这两个实例而言，其生活方式完全不同。

这些实例是某一瞬间的住居状态。复数据点居住，是应对个人的生活方式变化的据点数、使用方式发生变化，居住方式也会持续变化。另一方面与家庭成员以外的人共有据点的实例也不少。复数据点居住是重审“1 家 =1 户”概念的契机。

（渡边江里子）

和田町 Konfo 花园外观

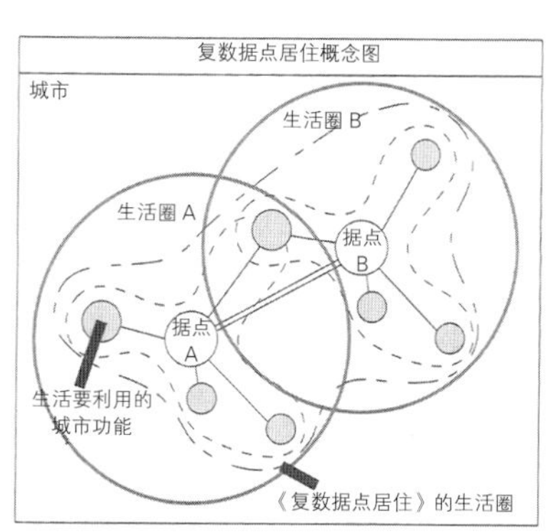

复数据点居住概念图
包括以各据点为中心的周围环境（城市环境）的生活圈在扩大

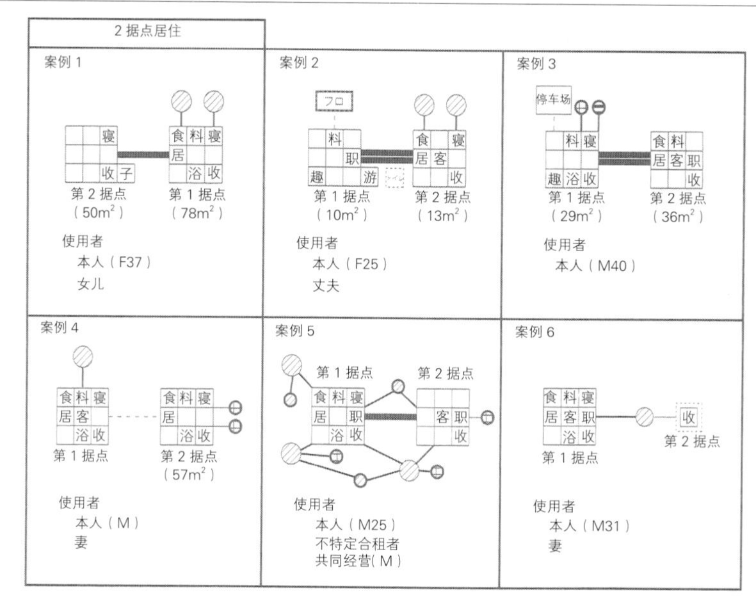

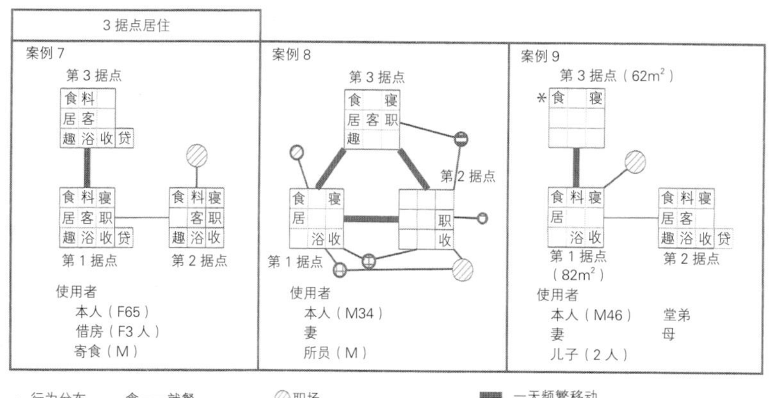

· 行为分布

食	料	寝
居	客	职
趣	浴	收

食——就餐
料——做饭
寝——睡觉
居——休憩
客——招待客人
职——工作
趣——享受爱好
浴——洗澡
收——收纳

职场，
职场以外的工作场所
住宅外就餐场所
住宅外休憩场所
占有房间，有空间的场所
住功能的一部分
＊在娘家借房等临时占有

一天频繁移动
一天 1 至数次，当天往返移动
一周 1 至数次，伴有住宿的移动
一次使用是长期的
城市功能的利用

各据点行为的图解

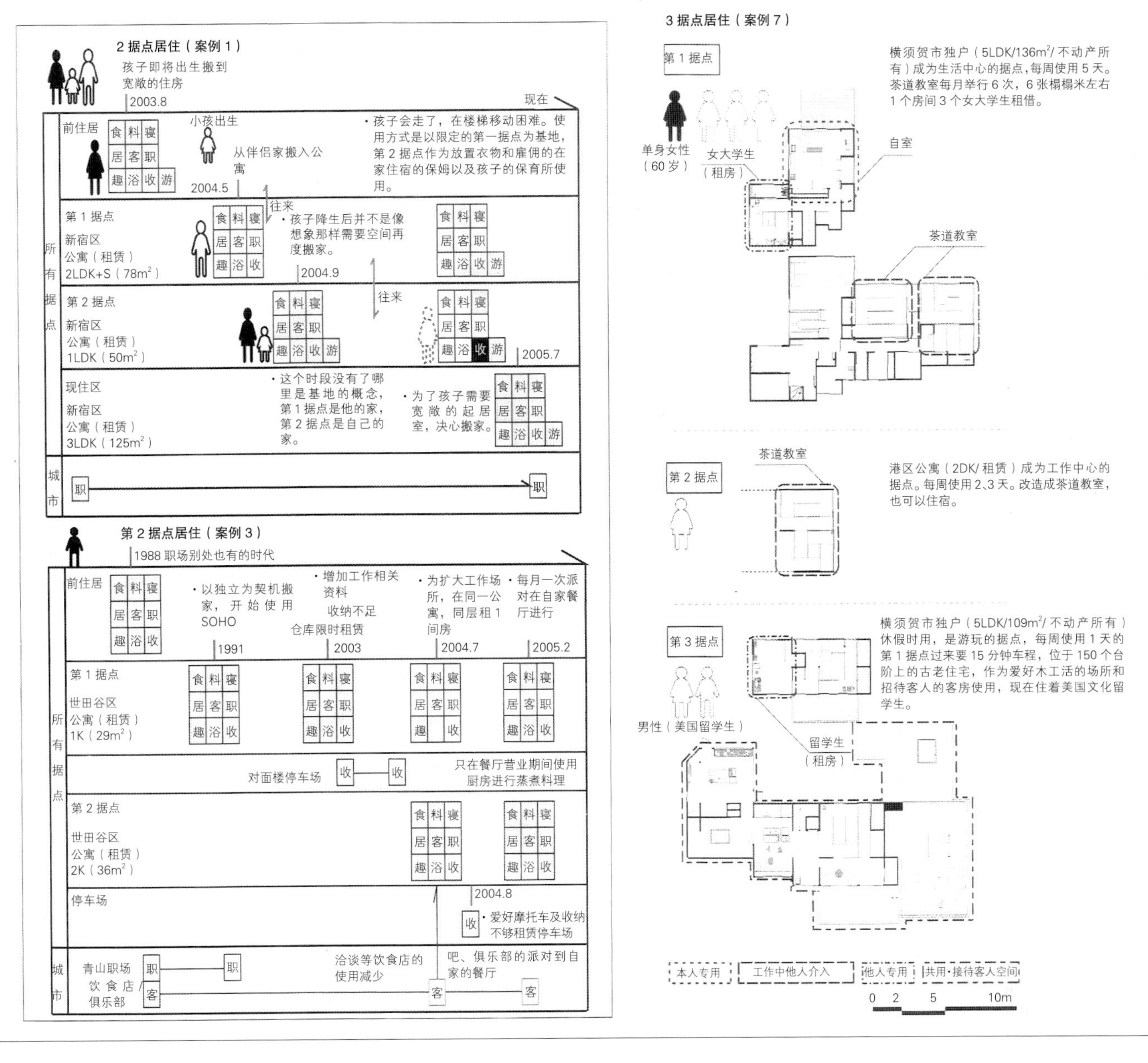

◉ 不需搬家增加据点

实例的居住者们，比如“收纳不足”，“2人住太小”，“想在家办公”，“想要趣味房间”等，通常是考虑搬迁地的场面，选择增加据点。针对生活目标补充不足，不断接近理想状态，结果出现了增加2~3个据点的现象。反之没有必要了就撤掉据点，顺应时下的生活方式可以将据点组合起来，由此看出这是顺应性高的住居。

◉ 周围环境各具魅力

据点包括①据点的空间本身有价值，与周围环境没有关系；②据点的选址、土地的特征有意义与周围环境关系密切这两种类型。每个组合实例各有不同，但从整体来看可以说有1个后者②类型的据点，就可以形成包括周围环境的复数据点居住。

此外据点和据点之间有距离时，以地理位置为目的的较多，这种倾向“工作方便”“外出吃饭地方多”“有利于孩子教育”“喜欢自然多的场所”等是所持据点的原因。

◉ 生活变化使用方法也发生变化

首先2据点居住的例子之一，以妻子怀孕为开端，在同一公寓内反复搬家，每次都在选择生活方便的户型，其中也有2住房区分用途使用，往返于2住房之间进行生活的阶段。第2据点，作为原本自己的房间，衣食住加上工作的要素，考虑孩子的成长，生活的基础转移到第1据点，留下“收纳”和“孩子的保育所”的要素，弹性地应对生活的变化，以及住户的使用方式。

◉ 城市功能转向住居

实例3以工作独立为理由租赁SOHO。为扩大收纳在公寓的前面租借停车场是复数据点居住的开端，那以后，在同一公寓内租借的住宅作为真正的复数据点居住进行职住分离。其结果是以前利用周边饮食店进行碰头等接待客人的行为、利用酒吧举办的每月一次的派对的行为变成在自家的餐厅，在第2居所进行，现在设置客卫等第2居所的公的色彩加强了。

◉ 重新构筑自己和他人的关系

据点有效利用无人在场的时间，与他人共用的情况很多。

3据点居住的实例7是单身家庭，第1据点是3个学生（使用频率为每月1次），第3据点是留学生（每日）租借1个房间，还有茶道教授等职业关系学生来访较多，第3据点也可以用于趣味的木工作业和陶艺为轴心的社区，居住者专用的空间在3据点中，第1据点只是卧室，据点几乎都是和他人共用，共用途超越个人居住，是职场，是宿舍，还是客房。由于拥有在物理上分离的复数据点，重新构筑了“自己和他人的关系”。

【参考文献】
1）中島寿・渡辺江里子・初見学「超高層賃貸集合住宅における住まい方に関する研究-その1」（『日本建築学会学術講演梗概集』2005）
2）渡辺江里子・中島寿・初見学「超高層賃貸集合住宅における住まい方に関する研究-その2」（『日本建築学会学術講演梗概集』2005）
3）渡辺江里子「都心の「スミカ」形成-超高層/マルチハビテーションからみる住まい再考」（東京理科大学修士論文、2006）
4）渡辺江里子・初見学「都心の「スミカ」形成-マルチハビテーション居住からみる住まい再考」（『日本建築学会学術講演梗概集』2006）

城市单身贵族的住居

将一居室组合在内的集住规划

名称:同润会江户川公寓　所在:东京都新宿区　完成年:1934 年(现已不存在)　规模:6 层(1 号馆),4 层(2 号馆)　户数:260 户(家庭:126 户，单身:131 户，管理用房:3 户)　占地面积:6801.795m^2　总建筑面积:12249m^2

近年地方政府一级的建筑控规朝着把单身居住者从城市中心搬迁出去的方向发展，即所谓限制一居室公寓的建设。即要排除由小规模住户组成的集合住宅 。甚至有的地方政府还对一居室公寓实行特别课税。这种限制给地域居民的单身居住者带来了“潜在的不安”，也没有具体而明确的根据和标准。

过去江户是单身者的街道。明治、大正，直至昭和中期都是这样。从东京发出的新文化信息，无疑都发自居住在城中心的单身们，从这个角度出发，一居室的限制可以说是对文化城市的束缚行为，对东京以外的大城市也是如此，这一问题今后也会被热议，这关系到外国人、独居老人与地域共生的问题。

然而，从历史来看，战前至少与一居室相关的建筑设计比现在还要做得经典。其典型的例子有同润会江户川公寓。

(大月敏雄)

江户川公寓的照片(《建筑的东京》东京市土木局内都市美协会 1935)

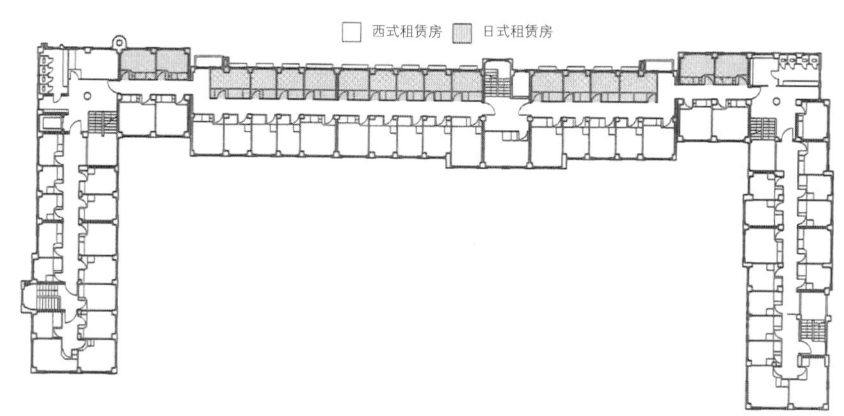

江户川公寓的五层平面图(1 号馆的五、六层部分都是面向单身的住户)

◉ 参考实例

九段下大楼(RC 结构 3 层，1927 年)
沿着靖国大道的町屋群在关东大地震遭遇火灾，在东京市外围团体的复兴建筑援助株式会社的贷款下共同进行了改造，一二层是与原有的町屋同样的平面构成，三层是由共同楼梯、共同走廊联系的“别馆”，这个“别馆”可以是自家用，也可以租给他人。同样是关东地震复兴住宅的同润会公寓，在集合住宅上部布置独立卧室的例子很多，但这种可以成为多功能的“别馆”的空间设置在集合住宅的上层部，可以产生多样的城市居住的可能性。

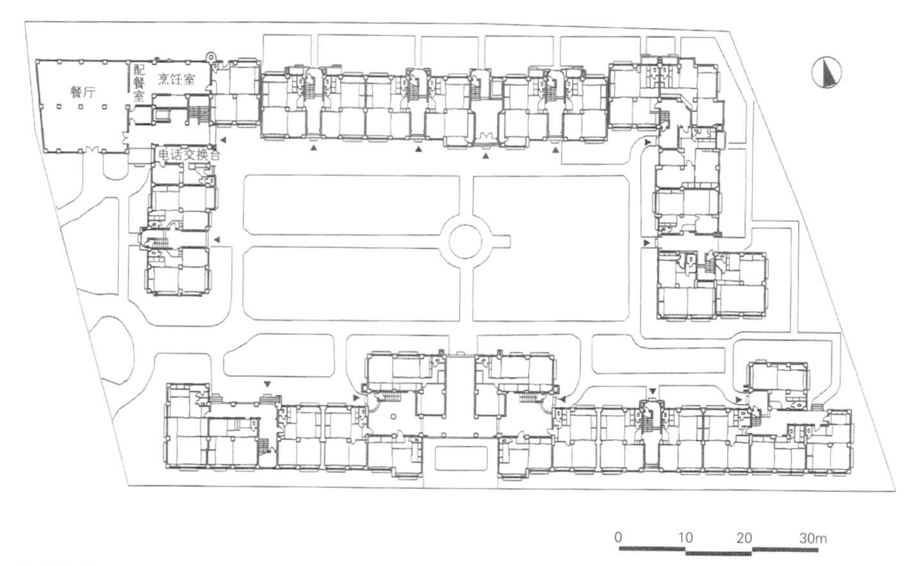

江户川公寓一层平面图(1、2 号馆一~四层都是面向家庭的住户)

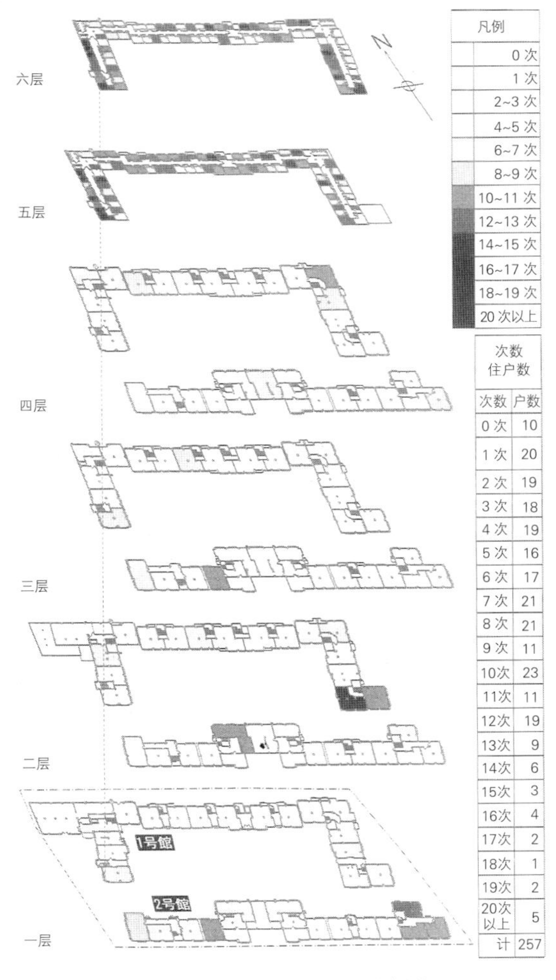

凡例
0 次
1 次
2~3 次
4~5 次
6~7 次
8~9 次
10~11 次
12~13 次
14~15 次
16~17 次
18~19 次
20 次以上

次数 住户数

次数	户数
0 次	10
1 次	20
2 次	19
3 次	18
4 次	19
5 次	16
6 次	17
7 次	21
8 次	21
9 次	11
10次	23
11次	11
12次	19
13次	9
14次	6
15次	3
16次	4
17次	2
18次	1
19次	2
20次以上	5
计	257

类型	按位置关系区分的件数(件)			计
	同一楼梯间	临接楼梯间	其他	
面向家族 + 面向家族	7	8	7	22
	同层	不同层		
面向单身 + 面向单身	31	11		42
	同楼	不同楼		
面向家族 + 面向单身	28	15		43

图例
——同属性的住户复数使用
（面向家族＋面向家族）
（面向单身＋面向单身）
……不同属性的住户复数使用
（面向家族＋面向单身）

面向家庭的住户(日式)《建筑世界》1934.09

面向家族住户（西式）《建筑世界》1934,09

六层
五层
四层
三层
二层
一层

表示按照住户换住次数（左）和复数住户使用的关联图（右）的累积
江户川公寓 1934 年开始约 70 年的经验面向单身的住户的定居性低，证明了面向家庭的住户作为“别馆”使用的情况，
（石堂大祐《关于同润会江户川公寓的住户单元的所有、利用关系的变迁的研究》东京理科大学硕士论文，2007）

◉ 无视单身者的规划

战后的集合住宅设计上，无意识地作为前提的思路之一是“1 个住户应为 1 个家庭专用”，但是这种天经地义的思路并不见得符合日本普通居民的生活，如果无视这个现实，今后集合住宅的设计就无从谈起。

战后的公营住宅和公团住宅基本上是一套住房，是为由夫妇构成的“家庭”提供的。特别是公营住宅以单身居住者为居住对象，至少要等到 1975 年代以后，公团初期虽建造了单身者用的集合住宅，但是 1965 年几乎不再建造。因此，在日本战后，接受单身者的城市住宅几乎都是民间的“木结构、钢结构租赁公寓”或者是企业的单身宿舍。真正将其作为研究对象的可以说没有，日本昭和时代（1926 ~ 1989）的集合住宅设计是没有考虑单身居住的。

◉ 没有“住宅双六”的攀升

过去考虑国家的住宅供给的基础是“换住”。这个思路被有名的“住宅双六”（1973 年，上田笃）极端地表达出来，日本人终极的目标是在郊外有一套带院子的住宅，要经历一系列住宅类型的更换，一路走来。这种假设，在同润会时代已经存在，同润会公寓的设计者在设计 2 室构成的 30m^2 左右的住宅时几乎没有考虑过那里是“定居的场所”。他们一味认为该住宅是以年轻夫妇为对象的，孩子大了自然会搬到其它地方。在这一预设中同润会的公寓被设计出来，这种毫无根据的预设一直持续到战后。公营住宅也好，公团住宅也好，总之公共住宅都是面对中低收入阶层，作为临时住宅进行定位的。

但是同润会公寓也好，公营住宅、公团住宅也好，都与这一假设相关的现实背道而驰，人们都在那里“定居”了，孩子大了在父母住宅附近租借一间孩子用房间，作为扩大家庭跨越公寓内外进行居住，采取这种行动的例子很多。这一自然现象作为设计条件却被忽视了，是很不幸的。为什么呢？比如现在公团住宅苦恼于高龄化，是因为当时设计时只考虑了小区的边界，如果把周边地区作为“街区”来考虑，就会有更多的居住在周边的年轻家庭照顾老年人。如果作为集合住宅的重要条件之一，把建筑以及周围居住的人们穿插在一起的人口构成作为指标，高龄者的问题就会呈现出另一种状态。

◉ 以地域为基础的设计

在考虑这个问题时重要的是不要用“住宅：家庭 =1：1”的公式描绘居住图景。婆媳问题并不是依靠媳妇的努力可以解决的，2 代居的形式没有普及是很正常的。必须考虑不即不离的 3 代人可以分散生活在地域中的地域住宅存量构成。在同润会公寓中，面对家庭的住户设计本身是以“换住”为前提的，提供了大量面对家庭和面对同一基地内单身的住户，与战后设计的构想有很大的不同。把面对单身的住户群放在了面对家庭的住户群之上，这使得战前的集合住宅设计再现辉煌。特别是同润会江户川公寓中，上层为单身住户，可以弥补和调节家庭住户的增减，作为“学习房间”“别室”发挥功能，保证了该公寓世代的新陈代谢。

以地域为基础来考虑，排除年轻人居住的一室户的街区，早晚会由于高龄化问题萎缩下去。

【参考文献】
1）同潤会江戸川アパート研究会編『同潤会アパート生活史』住まいの図書館出版局、1998
2）橋本文隆・内田青蔵・大月敏雄『消えゆく同潤会アパートメント』河出書房新社、2003
3）橋本文隆「わが住まいし同潤会江戸川アパート」(『私のすまいろん　立松久昌が編んだ21のすまいの物語』「すまいろん」編集委員会、建築資料研究社、2004)
4）大月敏雄『集合住宅の時間』王国社、2006

单身女性所有的公寓

拘泥于内装修

名称：ParkLUXE 本乡　所在地：东京都文京区　完成年：2008 年　规模：12 层　户数：52 户　占地面积：645m²　总建筑面积：2955m²　设计、施工：清水建设　业主：三井不动产民间住宅公司

单身女性购买公寓的实例在增加。首都圈的地域近年以 4.6%~7.7%（2001~2008 年）的速率推移。新建的商品房，面向家庭的供给仍然位居主流，但以城区为中心提供面向单身的小户型，包括投资用的公寓在内达到一定数量。但是大多数购买者是女性，很难说得到她们的满意，特别是许多用于租赁带来的投资目的，除了面向外国法人的一部分高端产品外，比起一般商品房，内装规格往往被轻视。在这种情况下，从感性丰富、挑剔较多的女性所追求的公寓、内装修以及各种物件中可以得到启发。

“ParkLUXE 本乡”是大型开发商 2008 年开始展开的公寓品牌系列第一个项目，主要是以城中心的单身女性以及丁克家族为目标人群的，小巧紧凑重视功能性的户型设计，以中廊的形式对私密的考量，防范体制的充实，活用 Web 展开的各种代销服务等，适应一个人生活的女性需求是其设计宗旨。

（佐佐木诚）

比较宽敞的住户内的空间容易进行室内设计

水系、玄关有富裕空间的设计，到处都是体现室内设计主题的空间

“温暖和冷漠”的评价轴

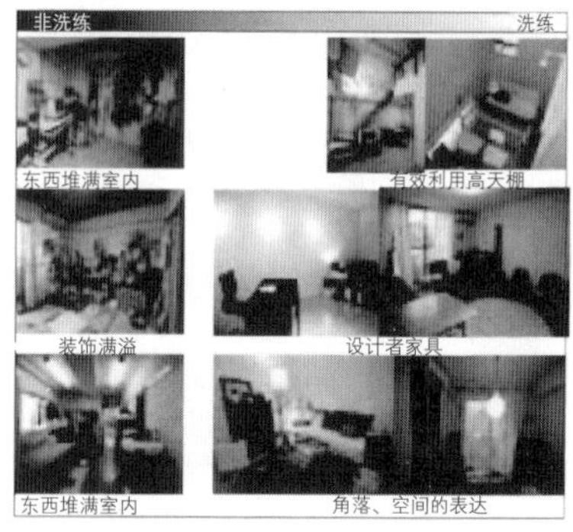

“洗练和非洗练”的评价轴

◉ 参考实例

StartsCAM/Ozarea 之江（东京都江户川区）/1LDK 40.39m²
工作的女性可以安心舒适地居住的租赁住宅，面向女性的杂志《OZmagazine》以及面向女性的基地《Ozmall》的会员发起问卷调查召开开发委员会听取意见等，在车站附近，室内共用走廊，宅急送邮箱，卡片钥匙体系，防范体系，浴室干燥机，加热功能等，对住宅的需求很高。

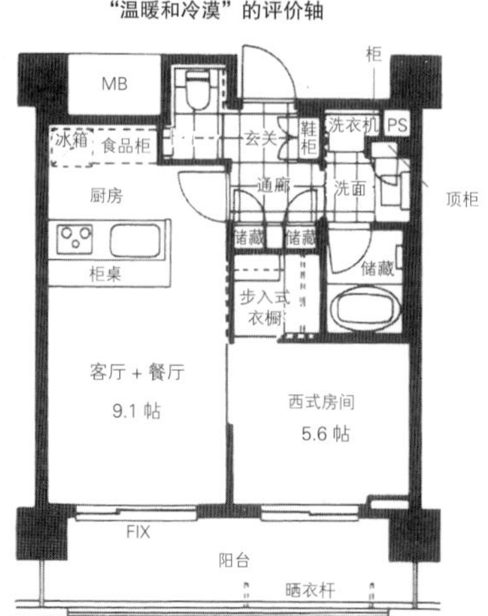

概念模式：43m²

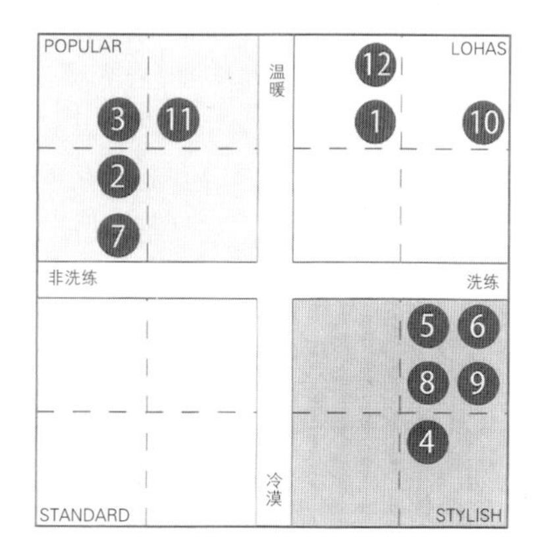

基于室内设计标准的实例 4 类型（数字是实例号）

女性单身居住（所有）的实际状况：调查对象实例的一览（实例称呼与图「根据室内设计标准的 4 种类型」相对应。基于文化学习研究所的委托研究）

实例名称	住宅及工作	基本情况					居住空间					价值观、生活方式							
		年龄	地址	户籍	年收入（万日元）	单身居住的理由	权利形态	最近车站徒步、分	建筑物层高、居住层	户内面积、房间布局	购买价格	结婚	工作	生活满意度	恋人	自己外出用餐	业余技艺学习	户外的娱乐活动	在自己家的娱乐活动
1	住两国的车站附近新建公寓和猫一起生活 家庭护理站的理疗士	32	墨田区	东京	500	希望远离父母	所有权	7	11 层住四层	$54m^2$ 2 室 2 厅	2800 万	可能	喜欢、如可能希望一直工作	75 分	无	工作结束回家时在大户屋餐厅、意大利式面馆、家常菜馆			种花
2	住初台的山手路沿线的旧公寓 房地产中介公司的财务	33	涩谷区	东京	400 ~ 600	父母的推荐	所有权、旧房	8	8 层住七层	$40m^2$ 2 室 1 厅	2000 万	肯定	工作是生活所必须	70 分	有	每周 2 次，吉野家	钢琴	散步、游泳、赛马	看书、算命、美容、做菜
3	住水天宫的隅田川边的旧公寓 IT 企业的营销	35 ~ 39	中央区	埼玉	400 ~ 600	工作	所有权、旧房	3	13 层住八层	$45m^2$ 2 室 2 厅	3000 万	可能	想继续，是生活的一部分	70 分	无	每周 3 次，印度咖喱饭		外出找旧和服	做衣服、和服修改
4	住建于八潮的自建住宅 IT 企业的总务和人事	36	八潮市	神奈川	500	工作	所有权	15	2 层别墅	$90m^2$ 1 室 1 厅＋S	2800 万	不勉强		95 分	无	平日早餐			欣赏电影、做菜
5	住获洼车站附近的新建公寓 家庭护理站的护士	36	杉並区	静冈	600	工作	所有权	3	13 层住四层	$39m^2$ 1 室 1 厅	3200 万	有合适的		70 分	无	每周 2 次、意大利面馆、日式面馆	工作的深造	照相	欣赏 DVD
6	在惠比寿的合建住宅与猫一起生活 房地产咨询公司的经理	38	涩谷区	兵库	1000 ~	离婚	所有权	4	6 层住三 ~ 四层	$63m^2$ 1 室 2 厅＋H	4300 万	可能		92 分	无	每周 1 次、附近的小酒店	瑜伽	赌博机、赛马、扎花	看书、洗澡、猫养
7	住目黑的旧公寓 1 层 电话销售化妆品厂家的客服部	38	目黑区	东京	600	离婚、父母家没法住	所有权、旧房	12	10 层住一层	$32m^2$ 1 室 1 厅	1600 万			70 分	有	仅午餐		雪地滑板、潜水、高尔夫练习	欣赏 VD、看电视
8	住上野车站前的新建公寓 服装厂家的营销部长	39	台东区	东京	700 ~ 800	父母推荐	所有权	3	14 层住十一层	$55m^2$ 2 室 2 厅	4000 万			88 分	无	每月 1 次单位附近的小酒屋	文秘、瑜伽	文秘、滑雪板、赌博机、赛马	看 DVD、做菜、睡觉
9	住樱台站附近的新建公寓 服装厂家的商品策划	39	练马区	东京	900	父母家没法住	所有权	2	9 层住五层	$73m^3$ 室 2 厅	4200 万			80 分	无	午餐有时	草裙舞、学英语		编织、草裙舞、种花
10	在目白的新建公寓和猫一起生活 出版社的杂志编辑	42	丰岛区	东京	700	父母家土地卖掉	所有权	15	11 层住一层	$59m^2$ 1 室 2 厅＋D	4240 万			70 分	无	每周 1 次、咖喱饭或面条、荞麦面		坐火车、以前玩赛马	织毛线玩偶十字绣、做早餐面包
11	住五反田的旧公寓 杂志广告制作的科长	42	品川区	大分	800 ~ 1000	父母调工作	所有权、旧房	5	13 层住十三层	$55m^2$ 1 室 2 厅	2950 万			70 分	无	仅午餐		潜水、去博物馆（佛像）	电脑上网、看电视
12	在池上附近的合建公寓与 2 只猫一起生活 大型电器厂家的营销策划	46	大田区	熊本	800 ~ 1000	单身	所有权	6	5 层住 B1-1 层	$704m^2$ 1 室 2 厅	4000 万			90 分	无	无	英语	参观水族馆	微博、看书、欣赏 DVD、猫像

◉ 买房的单身女性的画像

想自立，想稳固地储蓄，想得到老后的安心，租赁公寓太寒碜、房租浪费、容易得到贷款等，女性买房的理由有各种各样。2006~2007 年对 20~40 岁的居住在首都圈的 22 名单身女性（租赁 10 名，持房 12 名）进行了调查，持房的 12 人原先都居住在 23 区，与租赁相比，首都圈原居的居多。就单身居住的理由而言，租赁的理由全部为“工作”、“入学”，而买房的除此以外的理由超过半数为“父母规劝”、“父母家的情况”、“离婚”等。

◉ 单身女性购买的公寓

首都圈新建的商品房住户面积平均约 $75m^2$，$60m^2$ 以上的 90% 都是面向家庭型的，且为主流，城中心 $60m^2$ 以下的住户超过 20%。这种紧凑尺寸的住户适合于丁克、单身居住，投资用公寓和条件叠加，不一定能明确区分。12 人持有住宅的，距车站步行 5 分钟以内超过半数，中古的公寓 3 例，新建独栋式 1 例，新建公寓 8 例，公寓 $50m^2$ 左右，一居室的户型较多。

◉ 生活方式和价值观

对工作和职业大家都是乐观的，对于婚姻的态度大多数是积极的。注重磨练自己，10 年后或者结婚后愿意继续工作。生活的满意度（100 分满分的自我评价）也大多较高。兴趣等余暇的度过方式各种各样，但是看得出来希望得到休息。

◉ 室内设计的意趣广泛

实际的室内设计，中古的 3 例住户面积为 $40m^2$ 左右，狭窄，室内的东西满溢。其他的住户东西没有那么多，比较匀称，感性很好，表现出很讲究的个性。好像在商品介绍杂志上看到过的角落布置，照明以及家具等摆设很有品位，并非都是女性化设计，但个性的室内设计，植物、古典家具，或者说极端的东西很少，从淡雅的设计中看出几分考究。

◉ 从居住空间的价值观角度设定评价轴

从采访中得来的“空间构成”、“水系空间”、“室内设计”3 个评价结构的图表尝试了“居住空间的价值观”的可视化。其结果得出 19 项“具体要素”，分为“装修”“家具、物件”“窗、开口”“水系空间”“收纳”6 类，其“评价内容”得到 20 项。从“评价内容”的共性和类似性出发作为“居住空间价值观”可以归纳为“自然”、“简陋”、“舒适”、“洗练”、“冷静”5 个关键词。再进一步提炼为“温暖—冷静”“洗练—非洗练”设定与室内设计指向性有关的 2 个指标，构成两轴的图表。从第 1 到第 4 象限分别以“LOHAS”（“洗练”而“温暖”的室内设计）、“POPULAR”（“非洗练”而“温暖”的室内设计）、“STANDARD”（“非洗练”而“冷静”的室内设计）、以及“STYLISH”（“洗练”而“冷静”的室内设计）的名称定位，完成了各单身女性的室内设计类型化。

◉ 对住户的未来和设计的智慧

购入公寓的单身女性，由于工作繁忙，在有限的个人时间中消解压力，大体分为父母、朋友、城市、户外的兴趣等倾向外部的方向和室内设计，以及户内兴趣等倾向内部的方向这两种。特别是内部作为缓解压力的场所，居住空间显得尤其重要。从居住空间可以发现，为获得更高满意度的“物理的质量”以及“精神上的意义、作用”。其欲求膨胀的结果就是“挑剔”。挑剔分为寻求“温暖”和寻求“冷静”两个方向，入住者具有这两种类型的选择性。特别是在空间设计上预留接受“温暖”的余地（展示小物件等的角落，小空间的余地）是住居设计的重点。

【参考文献】
1）佐々木誠ほか「首都圏に暮らす単身女性の住空間に関する研究-22のケーススタディを通して」（『日本建築学会住宅系研究報告会論文集3』2008）

秋叶原建造的超高层集合住宅

“个”和“社区”两种生活方式

名称：东京时塔　所在地：东京都千代田区　完成年：2004 年　户数：319 户

市中心的超高层集合住宅，其设计方案倾向于以个人的生活方式为中心。比如基地在市中心的车站附近，是日常生活场所，也是就近就可以解决休闲娱乐的场所，因此就会更强调应对居住者生活方式的生活。

虽处于市中心，但过去没有人把这里视为愿意居住的街区，在这种社会意识下建造了秋叶原站前的超高层集合住宅。“东京时塔”作为站前开发的一环而建造，这个超高层集合住宅，在车站附近以像饭店那样的大堂服务和最前沿的管理体制，最尖端的超高层集合住宅优势进行出售受到社会的关注。据说在销售时，“秋叶原”街道特色、“筑波快车开通”、“可期待站前开发”等未来性成为“卖点”，并以方便往来日本桥和银座的宣传吸引女性。

但是不能忘记的是“秋叶原”曾是留下传统商业街的地域，以该地域为中心现在还在进行着町会活动。东京时塔以积极的姿态面对这一町会活动，并实际上建立了町会，举行活动。一面确保过去超高层没有见到的以个人为中心的住居，同时也拥有“地缘性的超高层集合住宅”的生活方式。

（杉山文香）

东京时塔

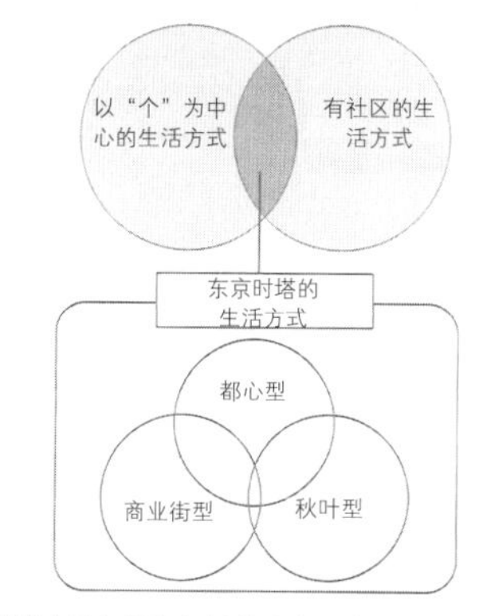

东京时塔的生活方式是以“个”为中心的生活方式和有社区的生活方式 2 个层面。而且可以根据“都心型”“商业街型”“秋叶型”进一步分组。

	丰洲	秋叶原	目白
单身	8.6%	37.8%	20.0%
夫妇	34.3%	31.1%	33.3%
夫妇 + 子女	40.0%	8.9%	26.7%
老人	17.14%	13.33%	20.0%
其他	0.0%	8.9%	0.0%

家族形态的比较

东京时塔比其他地方单身的比例高，家庭型的户数少也是特色。

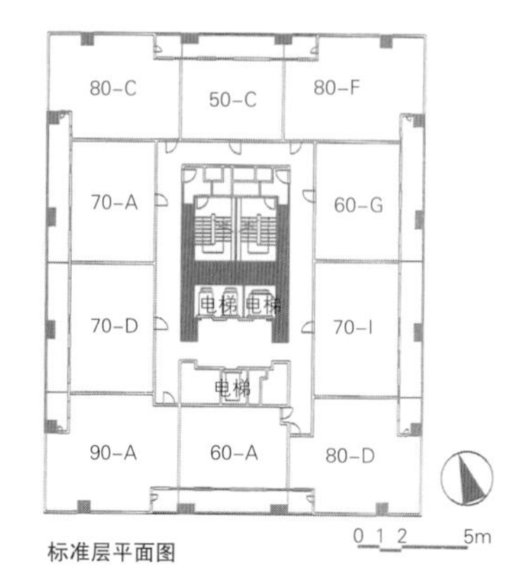

标准层平面图

户型名	住户类型	套数	合计
40-A	1LDK	10	86
50-A	1LDK	10	
50-B	1LDK	10	
50-C	1LDK	6	
60-A	1LDK	7	
60-B	1LDK	10	
60-C	1LDK	1	
60-F1	1LDK+DEN	10	
60-F2	1LDK+DEN	1	
70-B1	1LDK+DEN	1	
70-B2	1LDK+DEN	10	
70-H	1LDK+DEN+ 储藏	10	
60-D	2LDK	10	175
60-E	2LDK	12	
60-G	2LDK	6	
70-A	2LDK	7	
70-D	2LDK	7	
70-E	2LDK	11	
70-F	2LDK	12	
70-G	2LDK	7	
70-I	2LDK	6	
80-A	2LDK	11	
90-B	2LDK	12	
90-C	2LDK	12	
130-A	2LDK+AnnexRoom	7	
80-B	2LDK+DEN	10	
80-C	2LDK+DEN	7	
80-D	2LDK+DEN	6	
80-F	2LDK+DEN	6	
90-A	2LDK+DEN	7	
70-C	2LDK+ 储藏	12	
100-B	2LDK+ 储藏	7	
90-D	3LDK	12	52
100-A	3LDK	12	
120-A	3LDK	7	
80-E	3LDK+ 储藏	7	
100-C	3LDK+ 储藏	7	
110-A	3LDK+ 储藏	7	
计			313

全户型一览

住户户型虽然有效面积较大，但是房间数少，1LDK、2LDK 等适合单身、丁克的户型较多。

离城中心近	75.0%
离车站近	83.3%
周边环境好	6.3%
共用设施	14.6%
眺望好	25.0%
大品牌店	35.4%
户型好	22.9%
室内装修好	8.3%
平面可选	2.1%
颜色可选	2.1%
安全	56.3%
建筑结构	37.5%
其他	29.2%
回答数	48

购入理由

◉ 参考实例

使用起居室作为工作间

名称：芝公园塔
所在地：东京都港区芝
竣工：2001 年　总户数：252 户

大企业总部大楼，有名的饭店林立的地理位置，夜间人口减少，空洞化的街道。居住者单身、丁克占有大半。与地域关系松散的以“个”为中心的生活方式。

“别墅的实例”

照片是芝公园塔的别墅使用的例子，入住前进行改装，将客厅和卧室一体化，类似饭店的房间。将主卧作为办公室使用，与家族居住的家另外还有一处，在公司和这个家工作。

节事	举行日期	参加人数
全体大扫除（春）	6/7	14 名
纳凉会	8/9	约 122 名
万世桥文艺复兴	9/14，15	7 名
区民体育大会	10/19	7 名
全体大扫除（秋）	11/11	21 名
夜警	12/25	22 名
拜年	1/12	约 15 名
新年联欢会	1/12	21 名

2007 年度主要的町会活动和参加人数

“都心型”30 岁左右单身女性的住居

a

a.“都心型”30 岁左右的单身女性 /7 层居住
对秋叶原街道没有感到特别的魅力，但对地理位置比较喜欢，电车公交路线都通达，当然自己上班方便，主要是朋友来访也方便。

b.“秋叶型”50 岁左右的单身男性
喜欢电脑。新产品等经常到大品牌电气店去踩点，实际上是在小的专卖店购入，不仅是客厅，手提电脑有几台摆在那里，平时自己的房间也有无数的电脑，甚至在步入式衣橱里也放有电脑主机及附件等。

c.“商业街型”70 岁左右的夫妇
以前就住在秋叶原，现搬到这里，可以到以前居住的家附近会朋友，但是感觉这个公寓附近很难交往。

纳凉会的场景

“秋叶型”50 岁左右单身男性住居

b

纳凉会使用的杯子、筷子、碟子等都是千代田区发的，区政府对町会活动也是积极支持的。

“商业街型”70 岁左右夫妇的住居

c

1. 餐桌　6. 书架
2. 床　7. 桌子
3. 柜子　8. 沙发
4. 冰箱　9. 被褥
5. 洗衣机　10. 衣柜

◉ 什么样的人以何种理由居住

问及购买住房的理由，多数回答“离车站近”、“离市中心近”、步行只需 2 分钟就到达地铁口、交通方便、重视地段而决定购买的，值得注意的是回答“周围环境好”的居民很少。在秋叶原日常必要的东西马上就能买到的商店很多，被人们所熟知的有“个人电脑”、“动画制作”等商店很多，在采访调查中得知，居住者多为每天只往返于职场和家的单身和丁克家族。

◉ 家族形态和以单身为对象的户型

东京时塔的居住者按照家族形态分类并与其他超高层集合住宅进行了比较。东京时塔中单身的比重非常高，家庭型户数比例较低。其理由推测与前述的地理位置的关系很大。

销售时通过对基本户型按照家庭类型进行分类，得知这个超高层集合住宅是以单身为对象的。户型的定型产品为 3LDK，只占整体的 16%，剩下的是 1LDK、2LDK 的户型。60~70m^2 的 1LDK、2LDK 的户型占有如此大的比例，可以说该超高层住宅是面向单身和丁克的，现状是中高层集合住宅看到的“80m^2=3LDK”的定型产品在这个超高层住宅中是不成立的。

◉ 特殊地段培育生活方式

在总结东京时塔居住者问卷结果的基础上，分为 3 组，把秋叶原的特征分为 6 个区，从普通生活去哪些场所以及对秋叶原的印象等进行了推测。分为不仅限于秋叶原街区也重视市中心居住的“都心型”；对秋叶原的文化有兴趣和关心的“秋叶型”；过去就居住在秋叶原，对秋叶原有亲切感的“商业街型”等 3 组，在采访调查中可以分别听取各组代表的发言。

虽然居住理由不同，但是从中得知，这是秋叶原特殊地段培育的生活方式。

◉ 积极参加町会活动

该东京时塔的几乎所有住户都参加了町会，这在一般超高层住宅中是很少见的。因为这个地区过去有菜市场，以此为中心商业街的社区生活丰富多彩，町会也存在，随着菜市场的搬迁，町会也消失了。但是 2007 年以东京时塔为中心参加了联合町会，町会的活动有集体清扫，举行纳凉会、新年会等。根据活动内容，参加的人数有多有少。进行采访调查时，对这一活动有半数人表示认可，有近半数人表示愿意积极参加，特别是对纳凉会认知度较高，有参加经历的人也多。天气好的年景在户外举行，去年天气不好在室内的共用设施中举办的，当天从小孩子到年长者，各年龄层的居住者都参加了。一般认为超高层集合住宅社区交流很薄弱，在这里可以看到实际的社区交流活动，对这种具有地缘性的超高层集合住宅可以说是罕见的。

◉ 超高层住宅的 2 个层面

在秋叶原这种一般居住意识薄弱的街区建造超高层住宅，可以看到两个侧面。享受“个”的生活方式和通过町会具有“社区交流”的生活方式。在多数人居住的情况下，这两个侧面是重要因素。而且超高层住宅的居住者是意识到这两个因素进行生活的，这也是与超高层住宅整体价值相关联的。

【参考文献】
1）杉山文香・友田博通「L-Hall型住戸プランの評価とその可能性・超高層住宅の商品企画調査・その3」（『日本建築学会大会学術講演梗概』2006）
2）田中貴和子「進化するオタク文化と住居環境で揺れる秋葉原」（『昭和女子大学卒業論文』2009）

高级公寓的规划设计

六本木丘的高级住宅全景。自左（西）开始住宅 A（RC6F35 户）、B（CFT 减震 43F333 户）、C（CFT 减震 43 层 198 户）、D（RC 隔震 18F227 户），共计 793 户。A、B 权利者住宅为主体。C 是高级租赁住宅。D 是带服务的公寓为主体。

照片左是入口的场馆，连接榉树大道层（停车场层）有泊车位的主要走廊层，连接人工地基层的纵向流线位于两栋超高层建筑的中央，可以透过流水的玻璃屋顶仰视住宅楼。地面是打入玻璃砌块的 PC 板。
照片下，泊车位有 20 辆车等待迎送居住者。

（摄影：SS 东京）

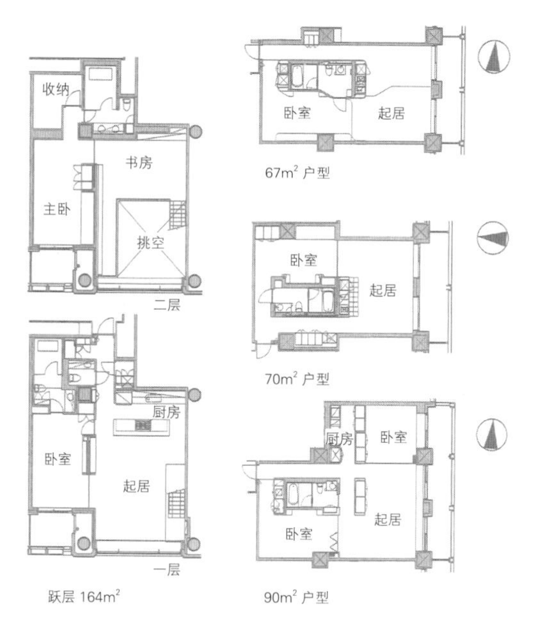

具备什么要素才能成为高级公寓。地理位置、装修、设备等规格暂且不说，看一下六本木丘的高级住宅所追求的“高级”的内容。

一是，便捷性加上运营方服务的充实。有守门人保卫的饭店档次的总台服务、温泉、医疗照料等附带设施及由此提供的丰富时间，被盛情款待所打动的服务是高级的见证。

冰箱等设备器具一应俱全，步入式更衣室等收纳宽裕充分，因此搬家也很方便，其中也有在同一建筑内向不同设计趣味的房间搬迁的，或居住 2~3 年后就换到新建的评价高的公寓的。

带服务的公寓从家具、餐具、各种家电到日用织品都准备得十分周到，享受与饭店同等的服务，以携带家眷长期滞留的外国人减少为背景，把项目单位的中长期滞留者作为假想客户进行策划。职住贴邻的同时享受与饭店不同的宾至如归的空间。

在规划设计上以欧美生活方式为前提。在通常的家庭公寓市场上，要求 4 卧室的 90m² 程度的住户，大胆作成 2 卧室的空间设计成为可能，可以看出从原来只满足食和卧的空间到享受生活的居住空间的质的转换。

以上的例子是“六本木丘的高级住宅”租赁住户的户型，“296m² 类型”是 G2 设计工作室设计的大型住户。从通用口到厨房可以直接服务，因此可以送餐举行派对，餐厅使用玻璃隔断，来客人时作为家族房使用。主卧带有可眺望风景的浴室，在欣赏窗外夜景的同时，缓解一天的疲劳。“184m² 类型”和“跃层 164m² 类型”是 Conran 和合伙人的设计，公共区域多用日本的大型凹窗陈设，通过没有上框的玄关设计回游动线。以岛式厨房为中心的家族团圆是主题。“67m² 户型”、“70m² 户型”、“90m² 户型”6 是 Conran 设计的服务式公寓。是回游式的，将睡卧区的隔断打开就是一间大房子。

（涩田一彦）

02 用共用空间联系的住居

集合住宅与其他住宅的根本不同是“集合居住”。因此，要求设计把集合居住具有的优势最大化。

像客厅、公共那种共用空间是超越家族关系而存在的，应从共有的集合住宅、合租住房生活中寻求有价值的居住方式。不仅是硬件的共用空间的设计，为方便住户开心地使用的运营方式等，需要在软件方面也要精心设计。在生活上如何用好共用空间是重要的视角。即便是普通的集合住宅的共用空间也要做出居住的舒适性、丰富性来，使其在设计上、空间上产生附加价值。由于经济上的原因，被限定的因素很多，但如何使之成为可用的空间，左右着集合住宅的价值，了解在这些空间中发生的实际情况，会得到设计上的启示。

与他人共居的 Guest House

介于饭店与租赁房之间的住居

名称:HouseNY 所在地:东京都丰岛区 管理户数:Dormitory-2 室(每间男性 6 人) 名称:GuestPlaceMS 所在地:东京都江东区 管理户数:合租 24 床,单间 8 间(定员 32 人)

Guest House 是在一个住宅中非血缘关系的人们共居的住宅。是合租居住的一种形态,厨房、浴室、厕所等空间、以及设备共同使用。主要是由业主专门经营管理的,房间内配备有家具、家电,日常生活的必备品等,此外,共用空间的清扫等不是自主管理的较多。最近把 Guest House 称为“合租 house”或“合租住宅”的业主增加了。

Guest House 的多数是利用既有建筑,独户住宅、公司宿舍、杂居楼等作为单身住宅使用。

现在包括 Guest House 的居住受到关注的理由是:①没有押金、礼金等定金制带来的经济性;②通过网页招募入住者节省了不动产寻找的时间成本;③一个月以上的合同期也可以根据客户的生活方式有多种的居住体验;④有家具、家电类等备品带来的合理性;⑤位于城中心,便于交通换乘,方便上学上班;⑥由于共同生活,在防范方面有安全感;⑦可以享受共同生活的乐趣,为寻求经济性合理性的城中心居住的单身所青睐,近年不仅房租便宜,甚至等同于一居室公寓的价格,希望地理位置好,居住环境优越,质量高的合租居住的居住者在增加。

(丁志映,稻叶 SONO 子,小林秀树)

定员少的实例:House NY
所在地:东京都丰岛区
管理公司的本社大楼内的麻将屋退出,改为 Guest House
管理户数:住宿房 2 间(每间男性 6 人)
管理开始年:2005 年 4 月
房费:4.2 万日元(2005 年 6 月时段)
入住时负担金额:定金 1 万日元,房费 4.2 万日元
共用空间:客厅、DK、厕所、洗脸间、投币式淋浴、屋顶晒台
生活规则:共用房以外禁烟,禁止朋友留宿

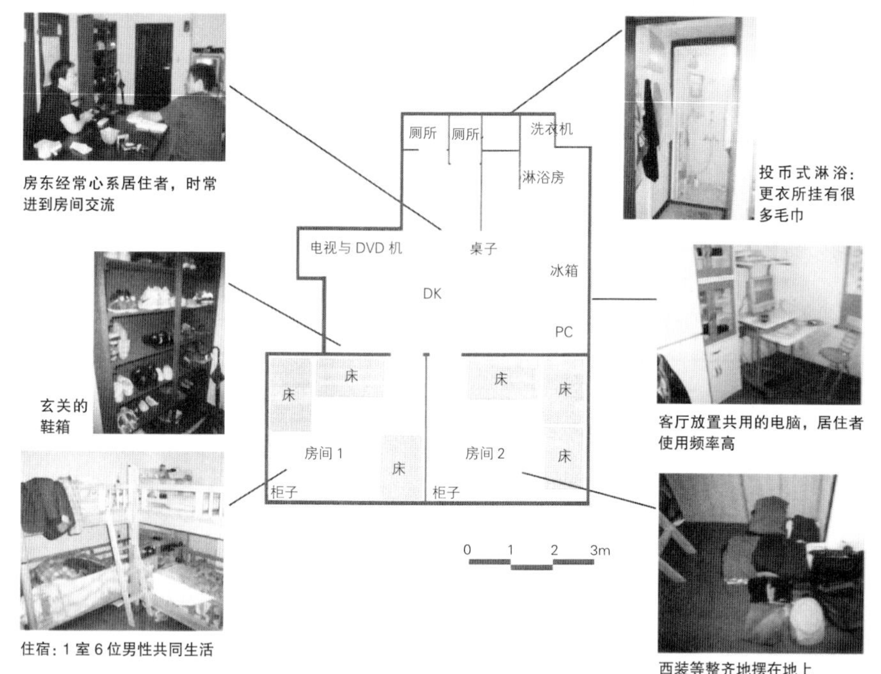

房东经常心系居住者,时常进到房间交流

投币式淋浴:更衣所挂有很多毛巾

玄关的鞋箱

客厅放置共用的电脑,居住者使用频率高

住宿:1 室 6 位男性共同生活

西装等整齐地摆在地上

定员多的实例:Guest Place MS
所在地:东京都江东区
地下 1 层、地上 3 层的餐饮店改造
管理户数:合租 24 床,单间房 8 间(定员 32 人)
房费:合租 3.8 万日元,单间 7 万日元左右(2005 年 8 月时价)
入住时负担:定金,房费
共用空间:客厅、DK、淋浴房间、厕所、电脑房
生活规则:抽烟只限玄关等

共用厨房

洗面台

电脑房

玄关
吸烟区
净化器 宣传栏
沙发
桌子
合租
淋浴房
客厅
+300
承租者:盒饭公司
厨房
PC
PC
电脑房
厕所
地下一层
一层

地下有男性用宿舍,二、三层有女性用宿舍和单间。一层的一部分作为承租房出租

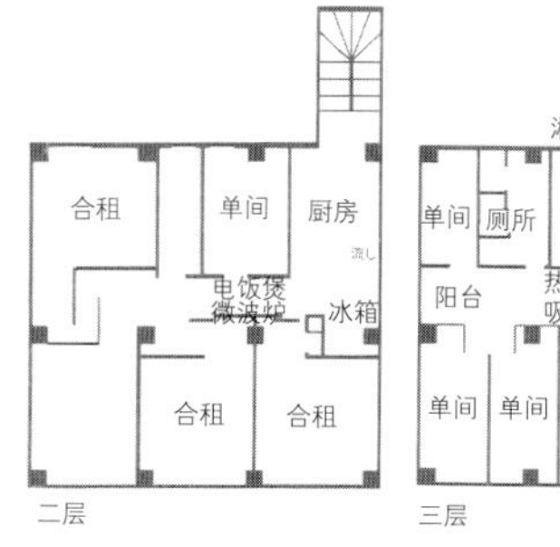

◉ 参考实例

Share Place 五反野,东京都足立区,共 48 户,6 层高,定期租房权,职工宿舍改造

Oakhouse Tamaplaza House 神奈川县横滨市,定员 106 名,职工宿舍改造

居住者的基本属性

性别	女性	59%
	男性	41%
职业	其他	9%
	无业	6%
	自由职业	5%
	打短工、打工	25%
	学生	6%
	职员	49%
年龄	40 岁	7%
	30 岁	29%
	20 岁	63%
	10 岁	1%
居住期间	2 年以上	11%
	2 年以内	5%
	1 年半以内	11%
	1 年以内	25%
	6 个月以内	28%
	3 个月以内	15%
	1 个月以内	5%
入住理由（复数回答）	经济	64%（男 31　女 41）
	地理位置好	52%（男 22　女 36）
	美观	42%（男 23　女 24）
	安心感	20%（男 3　女 19）
	有居住经历	18%（男 5　女 9）
	安全	3%（男 0　女 3）
	其他	23%（男 11　女 15）

房间类型和选择理由

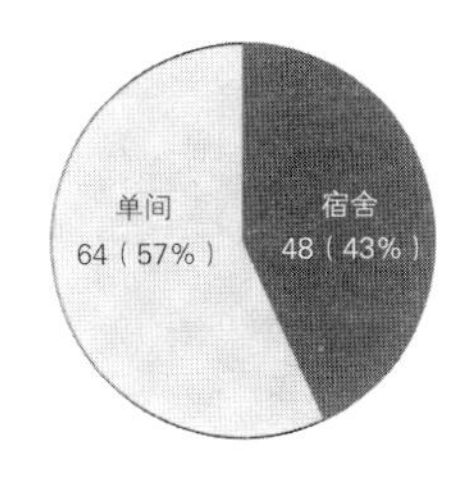

	单间选择理由		宿舍选择理由	
1	确保私密	54%	房费便宜	57%
2	行李收纳	15%	不寂寞	7%
			短期居住	7%
3	房费便宜	7%	-	-
4	短时间入住	3%	确保私密	5%
5	其他	19%	其他	24%

共用空间和房间的行为

	房间类型	共用空间的行为		房间的行为	
A	单间	用餐	25%	睡觉	41%
		聊天	23%	爱好	31%
		玩电脑	21%	工作、学习	24%
		看电视、录像	18%	其他	4%
B	单间	用餐	27%	睡觉	40%
		聊天	23%	爱好	30%
		玩电脑	21%	工作、学习	26%
		看电视、录像	18%	其他	4%
	宿舍	用餐	25%	睡觉	47%
		聊天	21%	爱好	25%
		玩电脑	17%	工作、学习	22%
		看电视、录像	19%	其他	6%
C	单间	用餐	32%	睡觉	39%
		聊天	32%	爱好	31%
		玩电脑	7%	工作、学习	22%
		看电视、录像	25%	其他	6%
	宿舍	用餐	27%	睡觉	50%
		聊天	24%	爱好	16%
		玩电脑	16%	工作、学习	32%
		看电视、录像	20%	其他	2%

共用空间和房间的行为，只显示了前 4 位
A 规模的宿舍，数据只有两个太少，从分析对象中删除，复数回答

居住者室友召开圣诞会餐，欢送会等

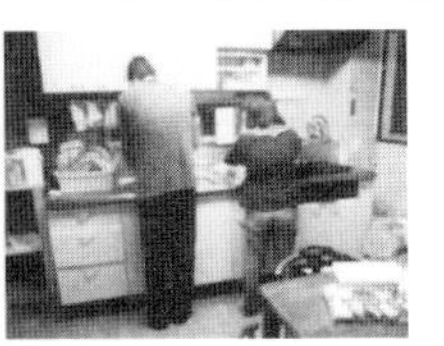

与外国人居住者一起共进晚餐进行会话

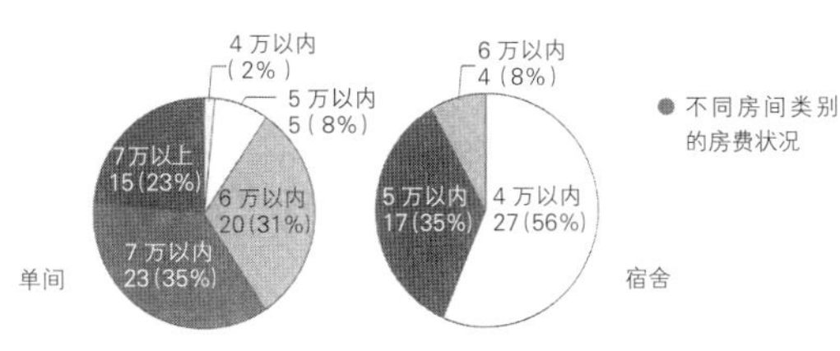

共用空间设备一览

餐厅 / 厨房	共用电视、录像机、桌椅、餐具、厨具、冰箱、电饭锅、微波炉等
洗衣间	洗衣机、干燥机
客厅	无线 LAN、共用 PC 机、桌椅、沙发等
其他	吸尘器等

居住者间交流内容和有无活动

规模	有无交流		居住者之间的交流内容		有无活动	
A	有 无	100% 0%	寒暄	27%	有，无	66% 34%
			聊天	24%		
			一起吃饭	19%		
			看电视	15%		
			外出	14%		
B	有 无	97% 3%	寒暄	34%	有，无	66% 34%
			聊天	26%		
			一起吃饭	15%		
			看电视	19%		
			外出	6%		
C	有 无	95% 5%	寒暄	26%	有，无	37% 63%
			聊天	25%		
			一起吃饭	20%		
			看电视	17%		
			外出	12%		

※A（10 人以内：N=33）、B（11–30 人：N=35）、C（31 人以上：N=44）
※ 规模的宿舍，数据只有两个太少，从分析对象中删除

共用空间的滞留时间

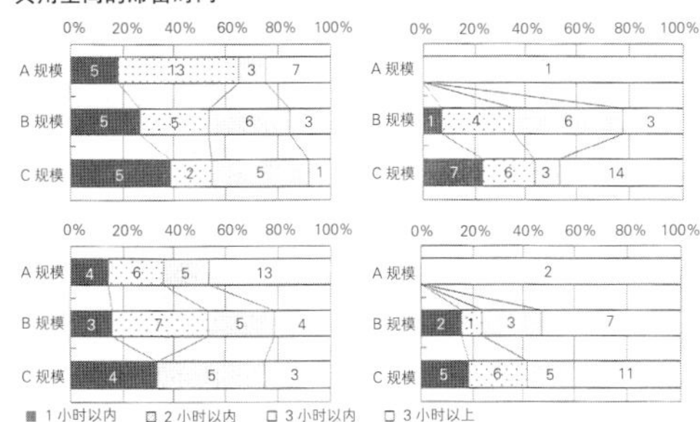

※A（10 人以下 N=33）、B（11～30 人 N=35）、C（31 人以上 N=44）

※ 表和图基于东京、横滨、川崎的 50 多处客房居住的 783 位居住者进行的问卷调查（2005 年，回收 112 张）制作。

◉ 饭店的短期滞留使用者和一般租赁住宅的使用者混住

Guest House 的居住者中女性比男性多，另外有固定职业的在职者居多，不一定只是学生或无业者等收入不稳定阶层，居住时间不满一年的居住者占多数，居住 2 年以上的居住者占 1/10 以上。而且饭店短期滞留使用者和一般租赁住宅的使用者混杂在一起，作为 Guest House 的入住理由依次为“经济性”，居住在城中心的“地理位置”，共同生活带来的“乐趣”和“安全感”。此次调查对象 Guest House 多数是没有押金、礼金的定金制，配备家具等也很多，这点支持了寻求经济性合理性的短期居住者。

◉ 共用空间是促进居住者之间和谐交流的重要场所

由于单间和宿舍居住者在共用空间（LDK 或 DK）滞留时间长，居住者通过共用空间以任意方式进行交流，其中寒暄最多，其次是聊天、就餐（以及电视、录像鉴赏），特别是合炊就餐的居住者占整体的半数以上，就餐的 AA 制没有承诺和规定，是自然发生的，可以轻松参加，入住 guest house 前最担心的“人际关系”问题，通过一些活动、共用空间的交流“解除了担心”的回答很多。

◉ 住宅内的合租适合人群规模 10 人以下是理想的吗?

关于现在的居住者数量，回答 30 人以下“正好”的约占 70%，而针对 31 人以上规模的居住者回答“多”的占 40%，其理由是“共用空间人太多会产生焦躁”，也有自由回答“大家都集合在共用空间时面积就太小了”，说明对共用空间的面积和设备感到不满。

针对居住者对住宅中适合人数的条件设问，回答“可以认识住宅内所有居住者”的最多。特别是“如果人太少了，有讨厌的人时很难受”、“不大和性格不合的居住者对话”的发言较多，居住者之间的交流保持一定距离是可能的。针对可以实现快乐生活的居住者人数希望是 10 人以下。但是共用空间发生纠纷时，通常是在居住者之间说和，与房东协商等解决纠纷的较多，如果人数少，居住者之间在解决问题时，会出现为规避人际关系的恶化不予解决搁置的情况。

◉ 地域社会良好关系的构筑界限和房东的作用

包括 Guest House 合租居住的社会认知度较低。因此地域居民对不特定多数的男女出入感到不安全。此外，对倒垃圾、噪声、停车等没有管理社会的检查，给地域社会带来不少麻烦，在陌生的地方生活的单身者，得不到地域社会的信息，一旦有事，不知如何处理，另外担心居住者之间关系的恶化，想说的话不敢说。今后，为在居住者之间构筑与地域居民的良好关系，房东（或管理社会）有必要在单身者与地域之间建立联系，发挥重要的中介作用，以防止给地域招致麻烦。

注）本调查主要由稻叶 SONO 子承担。

【参考文献】
1）稲葉その子「都心部における単身者向けシェア居住に関する研究」（『千葉大学修士論文』、2005）
2）丁 志映 ほか「都心部における単身者向けのシェア居住に関する研究-ゲストハウスの選択理由と規模別による共用空間の使われ方」（『都市住宅学63号』pp 75-80、2008）

生活在地域中的合租住宅

房东参加型工作坊下的住宅设计

名称：本乡合租房　所在地：东京都文京区　设计、监理：Forumusu（田中友章）　完成年：2005 年 占地面积：82.80m² 　建筑面积：62.17m² 　总建筑面积：191.00m² 　房东住宅改建：地下 1 层、地上 1 层（房东）地上 2~3 层（租赁）　策划和项目：总咨询介入　设计：设计竞赛方式决定 大学研究室主持实施 work shop 和入住后的生活协调　居住者：男 1 人，女 3 人

所谓合租居住，就是像过去的公房、宿舍那样，厨房、浴室、厕所等空间，以及设备共同使用的居住方式，合租居住有住宅形态，地理位置，居住者的年龄、性别，入住人数，入住动机，房间的类型（单间、宿舍），合租居住有家电、家具等设备的有无，共用空间的管理以及使用情况等各种各样的类型，大体分为合租 “room share”、“house share” 以及 “guest house” 三类。合租住宅主要是借既有的一套房屋，非血缘关系的人们共居的住宅，称为 share house，hared house，house share 。应该指出普及的理由是合租房的经营者（房东）以及居住者在海外留学住所、旅行住所积累了合租居住经验，由于网络发达，在网上招募合租者，购买合租所需物件已不鲜见。

“本乡合租房”就是房东和入住申请者通过工作坊的形式塑造 house share 这种新的居住方式的形象，培育相互信赖关系的实例。有长久在该地居住的房东的存在，居住者在精神上得到慰藉，即便居住者变更了，通过房东对居住者做工作就会继承合租房和地域居民的良好邻里关系。

（丁志映，小林秀树）

Sharehouse “社区寮” 周围环境（保留历史街区的区域）

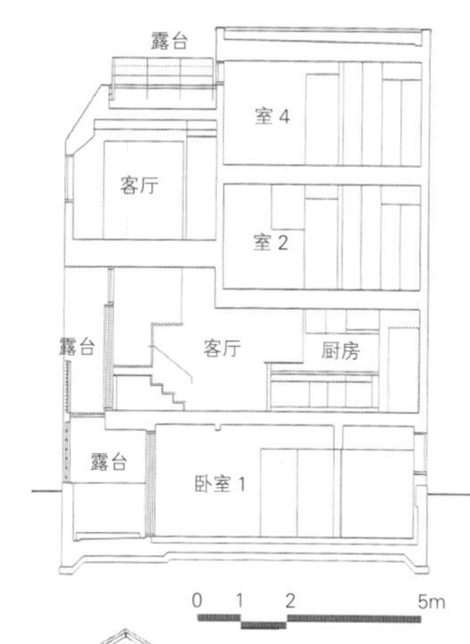

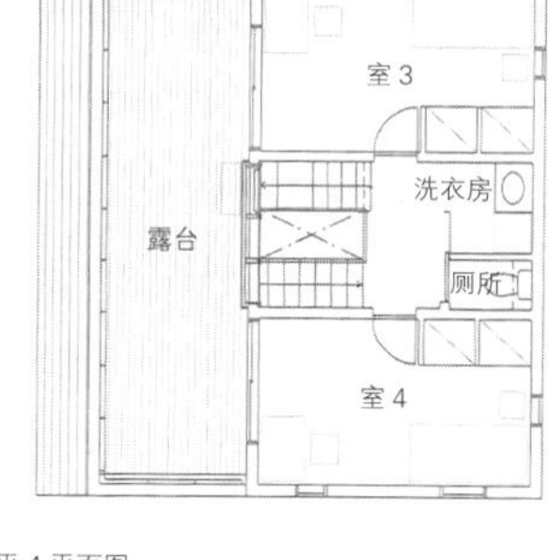

水平 4 平面图

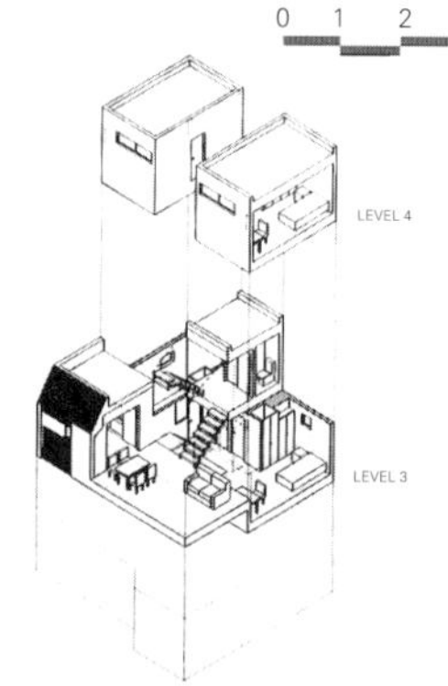

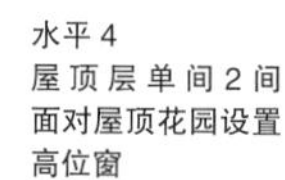

水平 4
屋顶层单间 2 间
面对屋顶花园设置高位窗

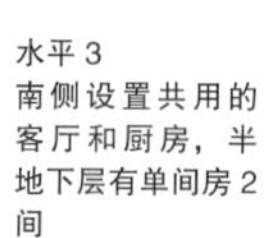

水平 3
南侧设置共用的客厅和厨房，半地下层有单间房 2 间

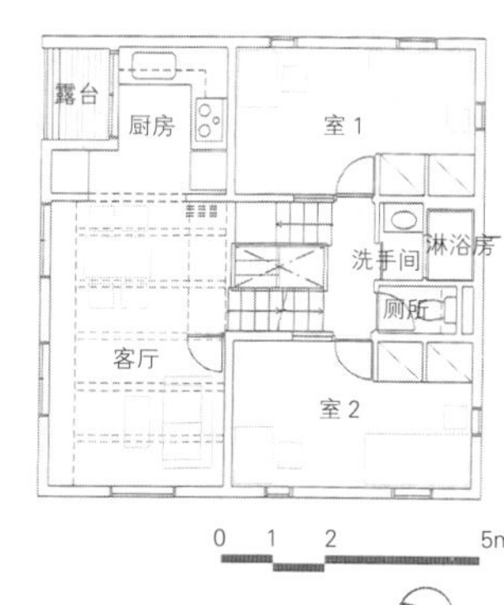

水平 3 平面图

◉ 参考实例

松阴 Komonzu，东京都世田谷区，7 个房间（定员 7 人）,2002 年开始管理，NPO 法人为业主。

Share House Sion，东京都台东区，4 个房间（定员 20 名），2002 年开始管理，管理公司为业主

共用厨房和客厅

单间

入住前后的活动和工作坊等日程

2004年						2005年												2006年	
春	5月中旬	6月5日	6月12日	6月22日	11月14日	1月23日	2月15日	2月23日	3月12日	3月	4月	9月	10月	10月30日	11月4日	11月中旬	12月	1月14日	2月23日
计划开始	设计竞赛征集	设计竞赛截止	决定入选	第1次设计洽谈	第1次工作坊	第2次工作坊	确定施工单位	第3次工作坊	第4次工作坊	设计结束	开工	居住者招募开始	竣工	观摩会	决定入住者	入住开始	近邻茶话会	第1次会议	第2次会议

工作坊实施前后的规划变更

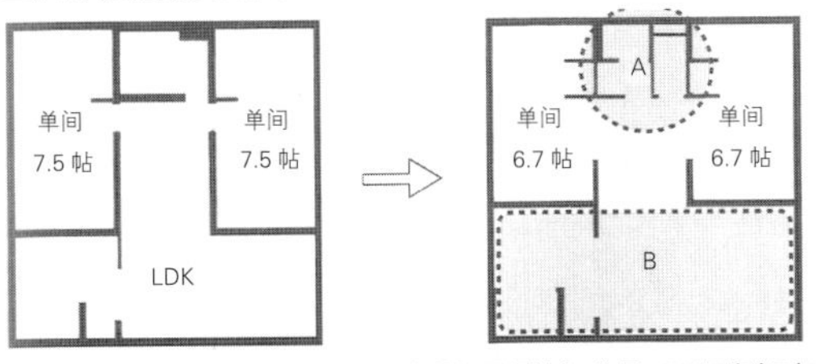

LV3 的平面变更：浴缸变为淋浴房（A），单间面积缩小，共用 LDK 面积（B）扩大

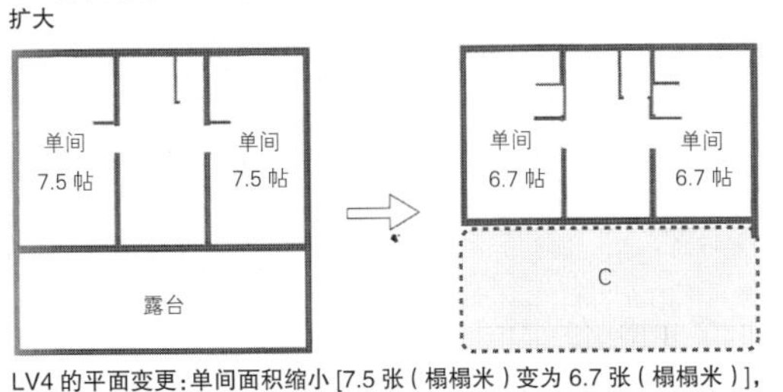

LV4 的平面变更：单间面积缩小 [7.5 张（榻榻米）变为 6.7 张（榻榻米）]，共用露台面积（C）扩大

工作坊（1~4 次）的概要和效果

WS	内容	WS 的效果图和各 WS 的情况
第 1 次	召开：2004 年 11 月 14 日（10：30~12:00） 参加者：一般参加者 8 名（男性：4 人，女性：4 人） 20~70 岁，学生、职员等 WS 的目的： ①对 2005 年 1 月决定的实施设计的平面，把握希望入住者的需求 ② WS 参加者对集体居住图像的塑造	房东 / 设计方案 / Ta / WS / 反映 / 设计 / C 住宅 WS 参加者发言　Ta：综合建议
第 2 次	召开：2005 年 1 月 23 日（10：30~15:00 含午餐时间） 参加者：一般参加者 5 名（男性：5 人，女性：0 人） 20~70 岁，学生、职员等 WS 的目的： 规划基地周围的情况告知，形成日常生活的形象	地域 / 认识地域 / 房东 / WS / 形成生活形象 / C 住宅 C 住宅周围踏勘
第 3 次	召开：2005 年 2 月 23 日（10：30~13:00） 参加者：一般参加者 13 名（男性：5 人，女性：8 人） 20~70 岁，学生、职员等 WS 的目的： ①通过参观集合住宅 K，把握共用空建的使用和居住方式 ②找出 C 住宅和集合住宅 K 的相似点和不同点，用于住宅设计	房东 / WS / 认知共生型居住方式 / 合租房形象具体化 / C 住宅 集合住宅 K 的居住者答疑
第 4 次	召开：2005 年 3 月 12 日（10：00~15:00） 参加者：一般参加者 7 名（男性：5 人，女性：2 人） 20~70 岁，学生、职员等 WS 的目的： 第 1 部：参观具有都心部小规模合租房共同点的合租房 S，把握共同生活的实态和居住方式 第 2 部：供 C 住宅的策划参考，推出可以应用的内容，作为具体的生活形象塑造和居住规则的见解	房东 / WS / 认知共生型居住方式 / 合租房形象具体化 / C 住宅 【第 1 部】WS 效果图 Ta / 房东 / WS / 提出希望 / 住宅方案 / 住宅形象明确化 / C 住宅 【第 2 部】WS 效果图

入住后居住者及邻里间的交流

房东和居住者的会议

与邻里的茶话会

居住者生日宴会

房东参加型工作坊带来房东和参加者的意识变化

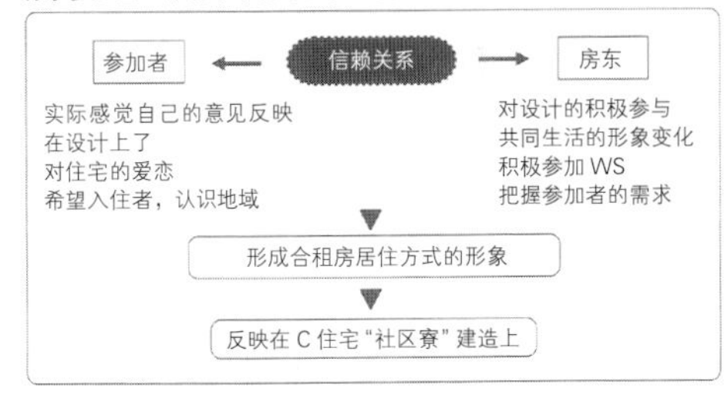

◉ 未知数多的新建类型的小规模 Share House 的尝试

位于东京都文京区本乡的小规模 Share House 规划为了研究未知数多的空间规划、居住规则，实施了有房东和居住申请者参加的工作坊(workshop 以下称 WS)。在策划和项目上，总咨询介入，进行了策划的整合和相关者的协调，最初是策划共同住宅，以设计竞赛的形式决定设计者。笔者千叶大学研究室为把握入住者的需求实施了 WS，现在正在进行入住后的调整。

◉ 房东参加型 WS 对新的居住形态是否有效

本项目在规划过程中，房东在独户住宅的改建时，讲述了有着留学经验的长女在海外合租住宅的情况，为了地域的未来不想再建造简单的一居室，因此计划新建以单身为对象的 4 室小规模合租住宅，不分国际和年龄，设定了低于周边市场价格的房租并进行了策划。

WS 参加者，在基地周边的大学生和社会人居多，房东夫妇也作为其中一员参加了每次的 WS，通过 WS 可以看到房东和参加者的观念有了很大的转变。房东经过 WS 参加者的商讨，感到共用空间的重要性，萌发了想把参加者的意见反映在住宅上的意识，这一方向性与设计者为在断面设计上提高结构合理性提出的变更一致，变更了住宅设计（单间面积从 7.5 帖榻榻米缩小到 6.7 帖榻榻米，扩大了共用面积，把有浴缸的卫生间变成了淋浴房）。此外，参加者共计参加了 4 次 WS，描绘了集中居住在地域的生活图景，参观其他共生型住居等，形成共同生活的快乐目标，消除了不安，发展到亲自参加街区建设的行为。所以，通过 WS 不仅得到空间规划、居住规则的启发，也培育了房东与参加者的信赖关系，带来了双方意识的改变。

◉ 入住者招募方式和选定的问题解决

入住者的招募是在 WS 参加者的基础上，在基地周围的餐厅，大学的学生科、留学生中心等的广告牌上张贴广告，以及在网上的广告中宣传合租房的招募要领，最终 WS 的参加者，由于出现招募条件的变更而没有经济能力的学生不能入住，对入住报有乐观态度的在职者也因与入住时间不符的理由放弃，WS 最终招募为零。但是对没有参加 WS 的居住者，由于房东事先说明了设计理念，促使了居住方式的顺利适应。而且居住者接受了在 WS 展示的设计变更以及居住图景，WS 的效果得到了确认。

◉ 与他人越来越亲近的住居和课题

入住后，房东亲自探望由于感冒而卧床的居住者，并介绍医院等，距离拉近的房东的存在是居住者安心的保证。而居住者也邀请房东参加单位的活动、生日宴会等，房东与居住者的自然交流发生了。为从事研究从家中搬出来选择合租的 50 岁左右的研究员说："同居者是 3 个 30 岁左右的职业女性，她们由于工作等原因回来晚了，我就会像担心自己孩子那样等着她们"。但是今后退出时的应对，居住者的性别，生活上的规则等，4 户这种小规模所具有的意义应该更明确。

【参考文献】
1）「Topics 居間や水まわりを共有する賃貸住居 - 現代版下宿「シェアードハウス」で適度な交流」（『日経アーキテクチュア』822 号、2006）
2）丁 志映 ほか「大家参加型ワークショップによる小規模シェアードハウス計画に関する研究」（『日本建築学会住宅系研究論文報告会論文集1』pp.23-30、2006）
3）丁 志映 ほか『若者たちに住まいを！- 格差社会の住宅問題』岩波書店、2008

共同住宅

集中居住，走向更丰富、更便利

名称：共同住宅 kankan 森　所在地：东京都荒川区日暮里"日暮里社区"二、三层部分　入住开始：2003 年　规模："日暮里社区"占地面积：2800m²；"共同住宅 kankan 森"总建筑面积：2000m²　户数：28 户

家族人数在减少，过去以血缘、地缘结成的关系变得淡薄了。在这一背景下，工作和家庭生活的双重负担，育儿、孤独等，一个人生活，单靠小家族难以解决的问题，依靠集合居住解决的代替方案的住居，就是共同住宅。

共同住宅以北欧为中心，诞生于 20 世纪 70 年代，是追求真正的富足，实践自己的生存价值和生活方式而产生的住居。

在日本，2003 年真正的由民间建造、租赁的"共同住宅 kankan 森"（以下简称 kankan 森）出现了，这就是第 1 个居住者自己运营管理的所谓自建（self work）型的共同住宅。

"kankan 森"的空间特色是紧凑的专用住户，以及各住户让出 13% 的面积作为住居延伸的共用空间的存在。其中有厨房、餐厅、居室的共用空间是称作公共厨房、公共客厅的协同进行烹调、会餐的中心共用空间。"kankan 森"的运营、管理是建立了居民协会"森之风"，以定期例会的形式运营，共炊、扫除等以轮值制进行。

超越家族关系，有着日常的联系，在室内有相应的装置共同住宅，可以说是对今后日本生活方式的一个应答。

（大桥寿美子）

"日暮里社区"外观，二、三层部分是"共同住宅康康森"

在共用空间会餐

在共用客厅游戏的孩子们

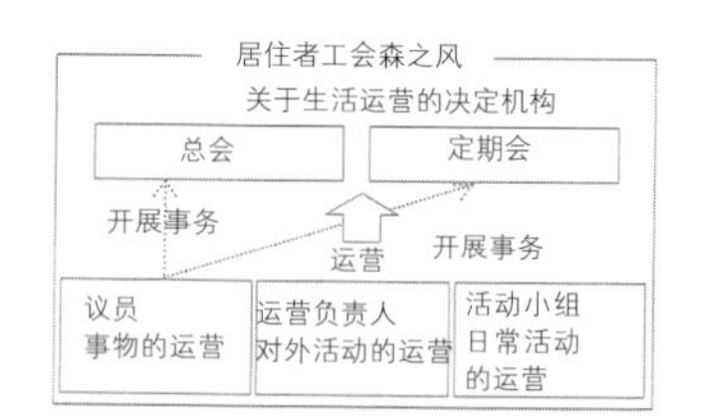

行为分类和图例
M: 关于集合运营的行为
L: 关于集合的生活行为
C: 关于非正式交流的行为
P: 个人的生活行为
（个人）个人的生活行为
（家族）家族间的生活行为
（孩子）孩子们的生活行为
（他者）居住者以外的人

共同露台
M: 准备共炊、收拾
L: 扫除、和孩子玩、酒、茶、点心
C: 寒暄、会话
P（个人）体操、培育植物
（家族）孩子们的照料（孩子）玩

共同厨房
M: 共同餐的准备
L: 扫除
C: 寒暄，会话
P（个人）为家人烧饭
（家族）为家人烧饭

工作露台
M: 家具制作
L: 堆肥的管理
C: 寒暄，会话
P:（个人、家族、孩子）无

菜园露台
M: 植物的打理
L: 蔬菜的收获
C: 寒暄，会话
P:（个人）蔬菜收获，（家族）无

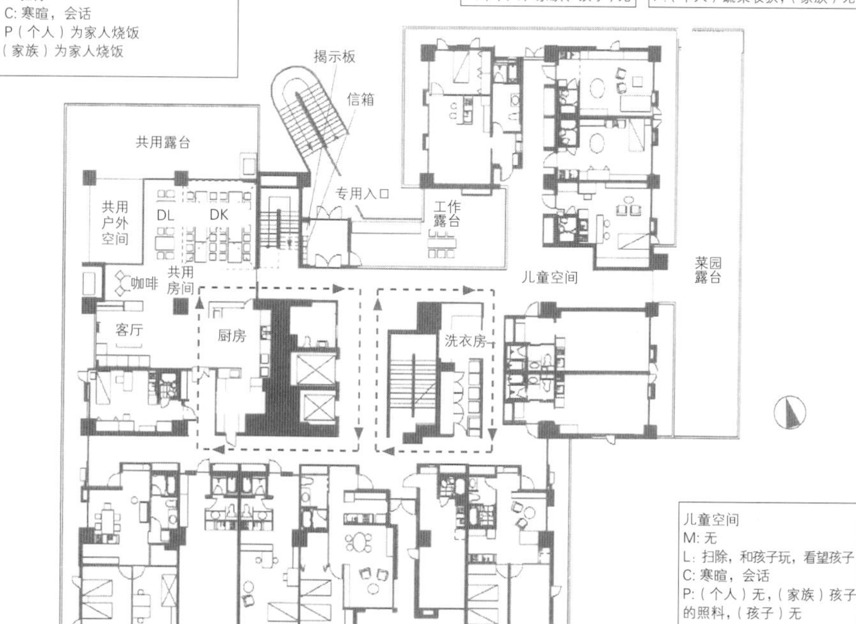

儿童空间
M: 无
L: 扫除，和孩子玩，看望孩子
C: 寒暄，会话
P:（个人）无，（家族）孩子的照料，（孩子）无

共用客厅
M: 集会、活动、商谈、扫除
L: 喝茶、吃点心，和孩子玩
C: 寒暄，会话
P:（个人）睡眠、工作、学习、休息、看报、思考，和孩子玩，听音乐、看电视、躺卧（家族）孩子的照料（孩子）玩

共同咖啡
M: 参观会（映像）
L: 扫除
C: 寒暄，会话
P:（个人）听音乐，读书（家族）无
（孩子）玩

共同用餐 DH，DL
M: 集会，学习会，扫除，商谈
L: 吃饭、喝酒、喝茶、吃点心，和孩子玩
C: 寒暄，会话
P:（个人）工作、学习、休息、爱好、看报刊杂志，和孩子玩
（家族）孩子的照料，家务杂事
（孩子）玩

◉ 参考实例

"共同住宅菲鲁得库内喷"
成为"kan-kan 森"样板的菲鲁得库内喷的共同住宅。公共的租赁集合住宅，有"40 岁以上，不与学龄期的孩子同居"的条件。入住经过了 15 年以上，现在仍进行积极稳定的居住运营，可作为居住方式的先进事例进行参考。

从共用空间的使用进行生活方式分类

类型	共用空间的使用		就业形态	主要家庭构成	主要生活舞台	共同会餐按时参加	共同活动、居住运营的参加	交流	符合者人数（人）
Ⅰ	私人的生活 共同	白天使用，作为自宅的延长，不仅进行共同活动，也可看到私人的生活行为和交流	无业 在家办公	单身	自由期 活动期 （在家办公者）	几乎都参加	积极地活动	有日常的交流的核心成员	5
Ⅱ	私人的生活 共同	回家后及休息日等使用，可以看到交流	专职 打短工	单身、夫妇＋孩子 母亲＋孩子	活动期 安定期	几乎都参加	积极地活动	有日常的交流的核心成员	7
Ⅲ	私人的生活 共同	休息日及有时间时使用		单身	自由期Ⅰ	几乎不参加	积极地活动	邮件的交流多	3
Ⅳ	私人的生活 共同	共同会餐轮到自己当班时使用，基本上不怎么使用共用房		单身	安定期	几乎不参加	有时间时活动	平日没有什么特别的交流	8

居住者的变化

		入居5年后	入居3年后	入居1年后
性别	男性	9	14	10
	女性	18	27	26
年龄	10岁未满	3	5	1
	10岁	0	1	2
	20岁	1	9	7
	30岁	6	5	4
	40岁	3	3	4
	50岁	4	8	8
	60岁	6	8	5
	70岁	2	0	4
	80岁	1	2	1
家族型	单身	19	22	21
	（合租居住）	2	8	6
	夫妇	0	4	8
	夫妇＋孩子	4	7	3
	母亲＋孩子	4	8	4
合计人数		27	41	36

一揽子租借合同的机制

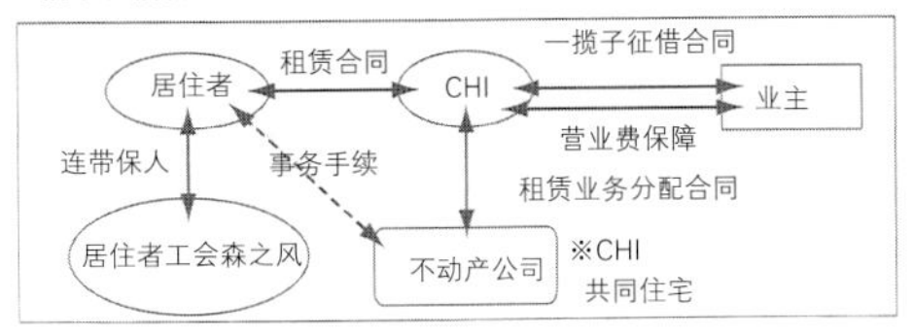

入住后的生活变化

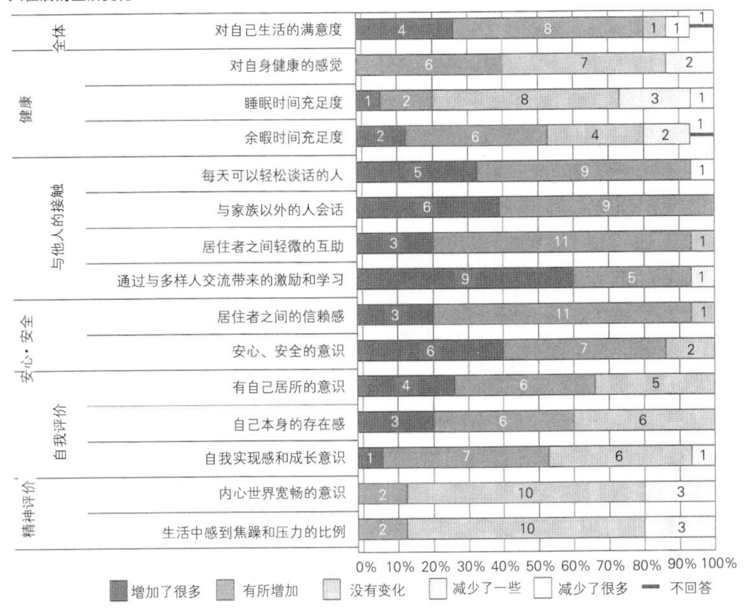

◉ 从孩子到高龄者共生的多代居住

设计意图是要实现从孩子到高龄者的多代共生的住居。从性别上有很多女性，从家庭构成上有很多单身者存在。特别是入住5年后，30~60岁的单身者增多了，只有夫妇两人的家庭以及夫妇和孩子组成的家庭有减少的趋势。

◉ 多样的生活方式的居住者

人们或许认为共同住宅的居住者都是一样的生活方式。实际上有从事多种多样工作的人分别选择了适合自己生活方式的共同活动以及与社区的距离，使用共用的房间。根据入住5年后的居住者的生活方式和共用房间的使用实态分析，可以看到有4种类型（表：从共用空间的使用看生活方式的分类），居住者的业态为无业的，居家办公的、坐班的，从晚上很晚回来到准时回来的以及做短工的，就业者各种各样。共同住宅的生活，是寻求工作与自己的时间与共同活动以及时间的筹划。调查结果表明自由支配时间的多少还是会影响到居住者之间日常交流方式的，但是正像组建当初的成员中如表“类型Ⅲ”那样，即便没有充裕的时间，仍可以看到积极参加居住运营等集体活动的人们，感受到创造丰富共同生活的坚定意志。

◉ 作为自己住宅延伸的共用房间

在共用房间中同时会存在多种行为，不仅是居住者的行为，也可以看到私人家庭行为，作为自家的延伸进行定位，使用频率最高的是共用房间内挑空下的餐厅，是形成共同活动和交流的中心场所，特别是在入口附近，回家时的站立交谈等，可以看到自然的交流场景，庭院一侧少数人在聊天，天棚较低的餐厅，常有工作场景等个人作业的行为等特征。在起居室可以看到孩子们游戏、躺卧、读书等个人的放松行为。居住者自己动手修建的庭院、露台甲板是居住者满足度最高的领域。

◉ 日常会话、互助、激励等寓教于乐，生活满足度上升

每周使用1次共炊的达半数以上，运营主体是居住者，烹饪和收拾，分别为1月1次的义务劳动，根据时间方便在下个月可以调换等有着灵活性，每次3人左右担当，菜单由烹饪者拟定，每月1次共同下厨，高兴参加的人很多。几乎所有的人感到没有共同住宅是不行的。通过“kankan森”生活支援的这个集体活动，互相认识，与家庭成员以外的人构成自然交流。而且可以“委托照顾孩子”等，通过日常细微的帮忙就可以换来安心、安全。从入住到现在“与多样的人们进行交流感到激励和充实”、“社区的一员的意识增强了”等比起过去的住居，生活整体的满意度在上升，经常被居住者这样评价。此外与入住1年的居住者相比，在自己可能的范围内，主动参加集体活动的人增加了。

◉ 居住者有志株式会社一揽子承租

入住4年后的2006年，居住者有志建立了株式会社共同住宅（CHI），在生活运营上，对共同下厨、共有空间的使用在一定程度上确立了规则。结合每日的变化在居住者协会“森之风”的例会上进行协商。与CHI项目主体的株式会社生活科学运营签署了一揽子承租合同，入住者招募、空置房屋的管理等“森之风”协助进行。朝着实现真正的自主管理运营方向，在不断摸索中成长。

【参考文献】
1）小谷部育子編著『コレクティブハウジングで暮らそう』丸善、2004
2）岡崎・大橋・小谷部ほか「居住者参加型の賃貸コレクティブハウジングに関する研究（4）～（6）、（7）～（10）」（『日本建築学会大会学術講演梗概集E-2』2007、2009）
3）「コレクティブハウジング研究委員会報告書」住宅総合研究財団、2009

家庭层居住的超高层住宅

作为社区核心的玄关门廊

名称：目白 Frais 塔楼　所在地：东京都丰岛区　完成年：2007 年　户数：156 户　住户有效面积：42.40m²~134.22m²

城中心超高层住宅的区位首先考量了站前再开发地区的交通的方便性，其中多半倾向于以单身和丁克一族为销售对象，其结果在城中心的超高层集合住宅的居民之间以及与地域的联系松散成为问题核心。

“目白 Frais”位于超高层集合住宅中少有的城中心区域中，教育设施配套，绿地自然丰富，设计和销售是把家庭居住纳入计划的。实际上超出了想像范围，在目白 Frais 超高层集合住宅中罕见地均匀分布有家庭层、单身、丁克等各种家族形态的居住者。

其中也关注在城中心超高层集合住宅中比较少的“家庭层”，以及“育儿家庭”，调查在那里存在着怎样的社区，居民多大程度上意识到社区的存在。结果得知共用空间的玄关门廊成为其超高层集合住宅社区的核心空间，并在超高层集合住宅的社区构建上发挥了重要的作用。

（杉山文香）

目白 Frais 塔楼

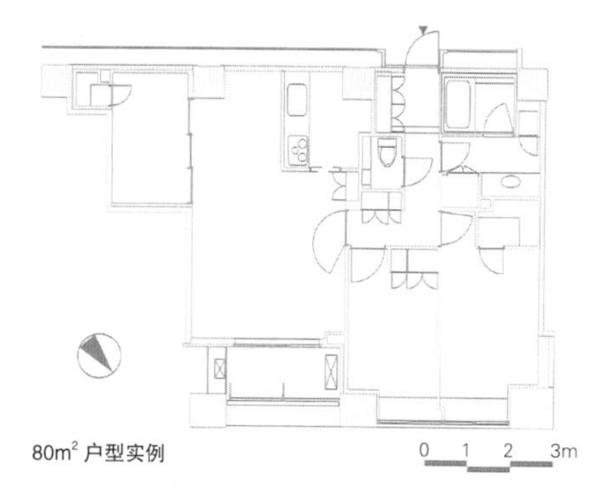

80m² 户型实例

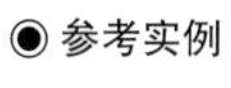

□家族构成
①孩子们游戏场所在哪儿
②对该公寓内与孩子们关联的设施、服务、交流有什么需求
③在该公寓内认识有同年代孩子的家庭吗
④需要认识更多吗
⑤与该公寓内认识的家庭怎样接触
⑥认为现在住宅内抚养孩子比较好的点以及不安、不满意的点

◆案例 1　□ 30 岁夫妇 + 孩子（1 岁）
①区民广场，公寓内外朋友家，池袋西武内托儿所
②托儿服务，孩子可以游玩的室内设施
③有：6 人
④这样就好
⑤可以和孩子一起玩，进行信息交流
⑥好：同年代的孩子多

◆案例 2　□ 30 岁夫妇 + 孩子（5 岁）
①区民广场（+ 邻里公园）公寓内外朋友家
②孩子可以游玩的室内设施，家长们交流
③有：4 人
④想认识更多
⑤可以和孩子们一起玩，信息交流、分享，互相寄托照料孩子，一起吃饭

◆案例 3　□ 40 岁夫妇 + 孩子（8 岁）
①公寓内外的朋友家，其他（自宅）
②孩子可以玩的室内设施
③有：2 人
④想认识更多
⑤可以和孩子们一起玩，信息交流、分享，互相寄托照料孩子，一起吃饭
⑥不满：比想象的孩子少

有孩子的家庭问卷结果

家庭形态比较

	丰洲	秋叶原	目白
单身	8.60%	37.80%	20.00%
夫妇	34.30%	31.10%	33.30%
夫妇 + 孩子	40.00%	8.90%	26.70%
老年人	17.14%	13.33%	20.00%
其他	0.00%	8.90%	0.00%

招待家庭以外的人多吗

很多	20.0%
比较多	33.0%
一般	33.0%
比较少	7.0%
几乎没有	7.0%

□家庭构成
①招待家庭以外的人多吗
②有机会的话想招待吗
③你认为自家的客厅是招待客人的合适空间吗
④平时经常接触到什么样人较多
⑤现在住宅可以实现的项目

◆案例 1　□ 30 岁夫妇 / 丁克
①招待客人很多
②很想
③基本上是
④工作关系，昔日的朋友
⑤身心得到休息，家庭团圆，享受地域生活

◆案例 2　□ 30 岁夫妇 + 孩子（5 岁）
①招待客人比较多
②有点想
③很适合
④孩子的关系
⑤身心得到休息，家庭团圆，可以得到充实的饮食

◆案例 3　□ 50 岁夫妇 + 孩子（20 岁）
①招待客人很多
②很想
③有：2 人
④很合适
⑤其他（理事会成员）
⑥身心得到休息，享受地域生活

关于在家招待客人情况的问卷结果

◉ 参考实例

“石神井皮尔利斯”位于郊外住宅区的超高层住宅，“Gentle Air 神宫前”是城中心非营利组织型超高层住宅。
石神井皮尔利斯距城中心稍远的住宅区，家庭型的居住也很多，社区很活跃。另一方面，虽然 Gentle Air 神宫前离车站并不近，由于是位于神宫前招待亲戚和朋友到自己家社团型社区可以看到很多。

名称：石神井皮尔利斯
所在地：东京都练马区石神井（西武池袋线"石神井公园"站，步行 1 分钟）
竣工：2002 年
户数：227 户
站前再开发实例，位于城中心郊外住宅区。低层有商业设施，家庭层居住者也很多。

名称：Gentle Air 神宫前
所在地：东京都涉谷区神宫前
（东京 metoro 副都心线"北参道"站步行 6 分钟）
竣工：2007 年
户数：111 户
距离地铁等站稍远，步行可以到达表参道、原宿等，居住者可以享受城中心的生活。

公寓内与认识的人相遇的契机

管理工会的总会、理事会	30%
搬家的寒暄	31%
通过孩子	23%
电梯偶遇	8%
同是一个公司的职员	8%

除了管理工会的总会、搬家的寒暄外，通过孩子认识的比例较高

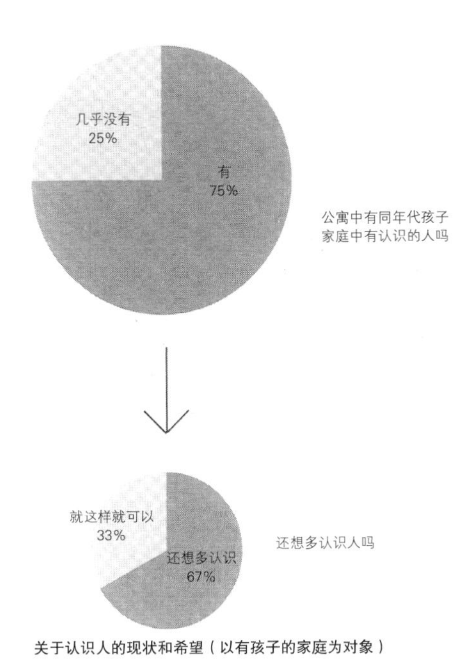

关于认识人的现状和希望（以有孩子的家庭为对象）

管理休息室
入口
管理室
除风室
业主沙龙
前台
电梯厅
宴会厅
消遣房间
WC
会议室
车升降厅
除风室
商务之角
门廊入口
停车场入口

玄关走廊周围的平面图

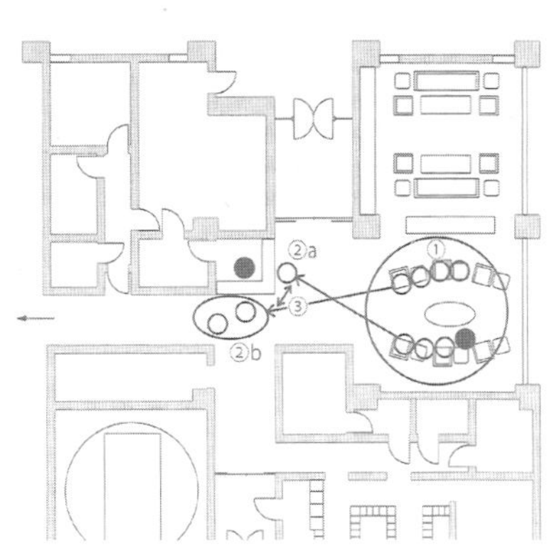

玄关走廊周围的社区情况

●：管理人员　○：居住者

观察调查中看到的重要滞留行为

对管理人员	承接干洗衣服
	收发快件
	转交文件
	停车场及共用设施的接待
	寒暄伴随的站立交谈
仪式	停车场优先权的抽签
站立交谈	女性之间的站立交谈
	与熟人在楼道站立交谈
社交室的使用	给孩子穿鞋
	等候进车出车
	等待去同一场所的妈妈
	等待接送的孩子
	与来访客人寒暄
	孩子们的游玩
	在休息室放松
	外出前或回家时短时间滞留
共同设施	森林公园的使用
	私人露台的使用
其他	来确认邮箱
	在楼道让孩子玩
	与同行者的擦肩而过

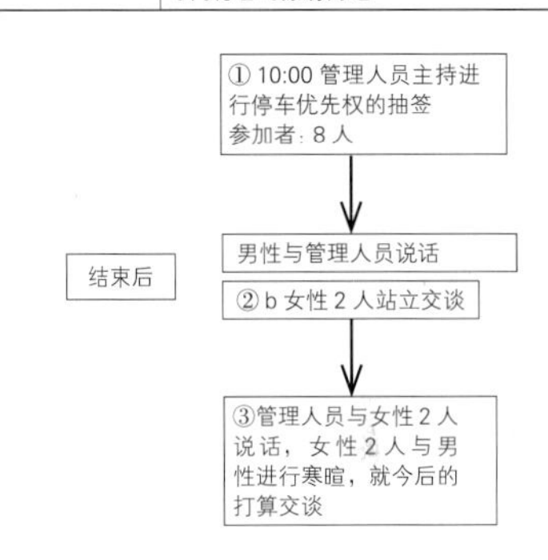

◉ 家族形态的平衡

超高层集合住宅的居住者家族形态是左右其社区质量的重要因素。秋叶原的＂东京时塔＂（p22）单身居住多的理由是近邻车站的区位，另一方面丰洲的超高层住宅距离车站步行10分钟，因此不仅是单身家庭，有孩子的家庭也多起来。在目白 Frais 均衡分布着单身家庭，高龄者家庭以及有孩子的家庭等各种家族形态。这是因为目白 Frais 地理位置离城中心近，方便出勤，由此看来位于城中心具有居住地要素的基地因素很重要。

◉ 有孩子家庭的社区

目白 Frais 的社区特色是把焦点放在了有孩子的家庭。从各种案例得知有希望形成积极的社区形式的，与有同年代孩子的家庭相识的，有作为孩子游戏场使用的设施的，超高层集合住宅尽管居民之间联系不多，但以孩子为中心的社区是存在的，居民也是这样期待的。

◉ 在家招待朋友的生活方式

在城市中心居住的优势之一是方便招待客人，那么居民能招待多少客人呢？我们就此进行了调查，“非常多”“比较多”的回答占半数以上，说明在自家招待客人是积极的行动。而丁克家庭，社区不是扎根于地域，是利用城中心交通机关的便利确立了与工作的联系，以及招待朋友到自家的生活方式。也有招待孩子的朋友等情况。

◉ 生活礼节

要形成良好的社区，就要求每个居民的觉悟。在这个目白 Frai，在公寓内尽量打招呼一项问卷来自全体居民，得知每个人都在用心生活。这里有构筑社区的生活礼节值得关注。孩子们互相往来各家时，存在着没有家长在家不去也不让去的潜在规则，此外得知相较于高龄者与年轻人积极交往，自然照料的姿态更理想。

◉ 玄关门廊的重要性

作为居住者之间的社区场所是玄关门廊周围。前台有管理者，承担着各种服务。因此可以看到寒暄、站立会话等现象。通过对玄关门廊的观察，可以看到以相关管理者为中心的居民间积极交流的情形。在目白 Frai，从柜台可以眺望休息室，由此自然地产生管理人员和居住者一起构建社区的契机，另外通过管理相关者的介入产生居民之间的交流。

◉ 超高层集合住宅的社区是什么

积极参加社区建设的居民即便是少数，但也希望结交更多的朋友。通过管理者建立的居民之间的关系这一现状得知，只要知道一些居民之间的交往方式就可能成为社区建设的开端。特别是有孩子的家庭，与孩子们一起安全生活的环境，一旦有了紧急情况有可以托付的熟人邻居的安全感比什么都重要。在这个超高层集合住宅中，玄关门廊就是一个社区建设的工具，如果再能很好地利用共用空间，就会加深相互间的情感。

【参考文献】
1）杉山文香・友田博通「都心住宅地に立地する超高層住宅-超高層住宅の商品企画調査-その4」（『日本建築学会大会学術講演梗概』、2008）
2）勝俣茜「都心超高層マンション居住者のコミュニティ」（『昭和女子大学生活環境学科卒業論文』、2007）
3）杉本久志「超高層集合住宅の生活環境および近隣交流に関する研究」（『東京大学西出研究室修士論文』、2007）

重视软件的大规模集合住宅

建立形成社区的机制

名称：Siteia　所在地：千叶县我孙子市　完成年：2003 年　占地面积：44000m²　建筑面积：16000m²　供给形式：商品房集合住宅　户数：851 户　住宅有效面积：84~105m²　销售价格：2808~3818 万日元　供给主体：兴和不动产　建筑策划、设计监理：设计工坊　建筑设计、施工：长谷工股份有限公司

大规模的集合住宅规划可以与数千人的街区规划相匹敌，需要与新住民形成良好的社区交流。利用集合居住的有利方面提供充实的共用设施（硬件）是有魅力的，但如果只是这些就可以促成社区的形成还为时过早，结合居民交流的共用设施建立促进有效利用的机制才是重要的。

千叶县我孙子市的 Siteia 就是作为重视软件的大规模集合住宅受到关注的。染谷正弘的建筑策划的重点是建立“形成社区的机制”，从销售宣传阶段开始，取代硬件方面的广告宣传以体验、启蒙“集合住宅的生活”的活动，积极主办未来入住者的交流会，发行各种广告杂志，启动社区形成支援体系。

共用设施有 Siteia 大厅、俱乐部等建筑和田野公园汤姆冒险森林等户外空间。入住初期设置的“Siteia 俱乐部”是促进社区形成的关键，入住后 2 年是以有外部支撑的状态进行活动的，以后转入自主经营，入住后第 4 年成立“自治会”，在其领导下继续俱乐部活动及小组活动，入住 5 年共用设施得到扩大，有了促进居住者交流等进展，作为大规模集中居住的典型成熟过程得到认可。

（持田知子，曾根里子）

B 栋围绕的共用设施和户外共同空间

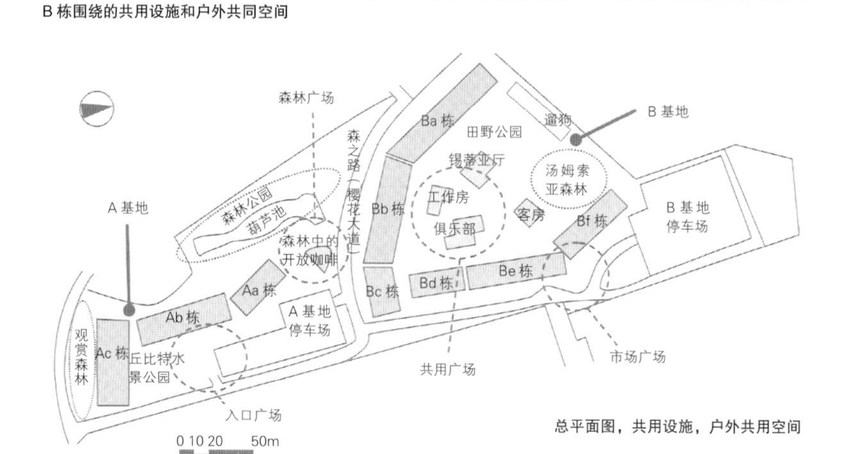

总平面图，共用设施，户外共用空间

从“田野公园”看“锡蒂亚厅”（中央）和 B 楼

在“森林中的开放咖啡”举办演唱会

在“锡蒂亚厅”的小组活动场景（草裙舞）

在妈妈休息室、图书馆（俱乐部内）看书的孩子们

在“手工室（工作室内）”的小组活动场景

在“田野公园”举办夏季节

◉ 参考实例

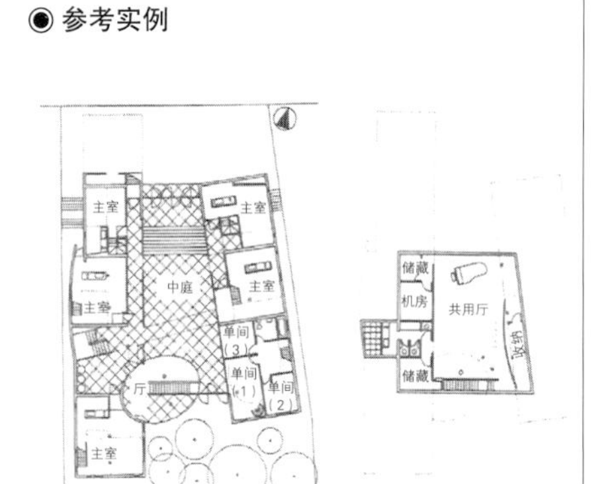

用贺 A 平面（东京都世田谷区，1993）
早川邦彦设计的民间租赁住宅。地上 3 层部分是跃层形式的住户，地下有多功能的“共用厅”，设定入住人群为艺术家、设计人员，建筑策划是可以活用有大钢琴的共用厅，追求个性生活。

入住前的活动参加状况和参加理由

	复数回答	实数	%
参加状况	体验会	86	18.3%
	圣诞会	79	16.8%
	入住者的集会“停在这个手指！社区聚餐会”	49	10.4%
	入住前的“社区聚餐会”	54	11.5%
	展示会	33	7.0%
	其他	13	2.8%
	都没有参加	296	62.8%
	全体	471	100%
参加理由	可能会与入住的其他人相识	97	57.7%
	活动的内容可能很有意思	95	56.5%
	可能会获得关于我孙子地区的信息	53	31.5%
	可能会获得购买 Siteia 的信息	50	29.8%
	其他	8	4.8%
	全体	168	100.0%

入住前的“体验会”、“圣诞会”、“社区聚餐会”（入住申请者集合）等，为促进交流举办了各种活动，约有 10~20% 的人参加。作为参加活动的理由“可以与入住的其他人相识”等居多。

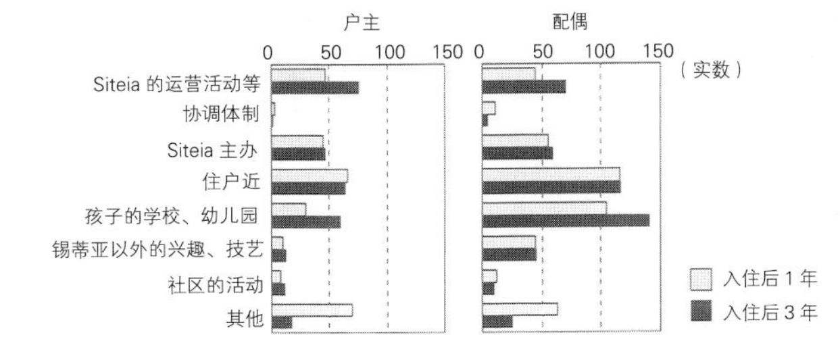

居住者之间人际交流的契机，入住后 3 年基于“Siteia 的运营活动等”人际交流的契机增加了。

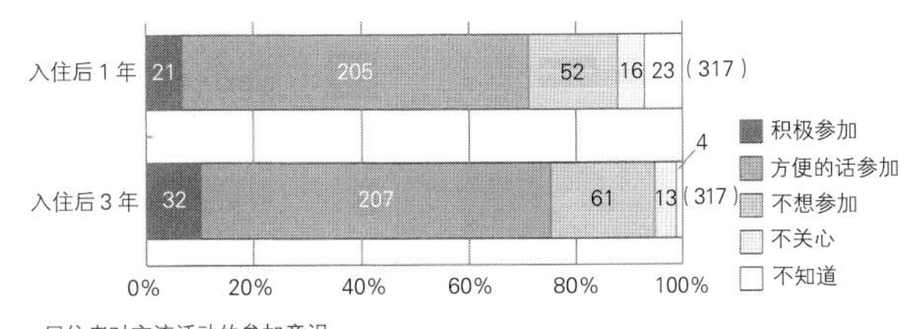

居住者对交流活动的参加意识
交流活动的参加意识，多年来“积极参加”，“方便的话参加”占 70% 以上，有增加的倾向。

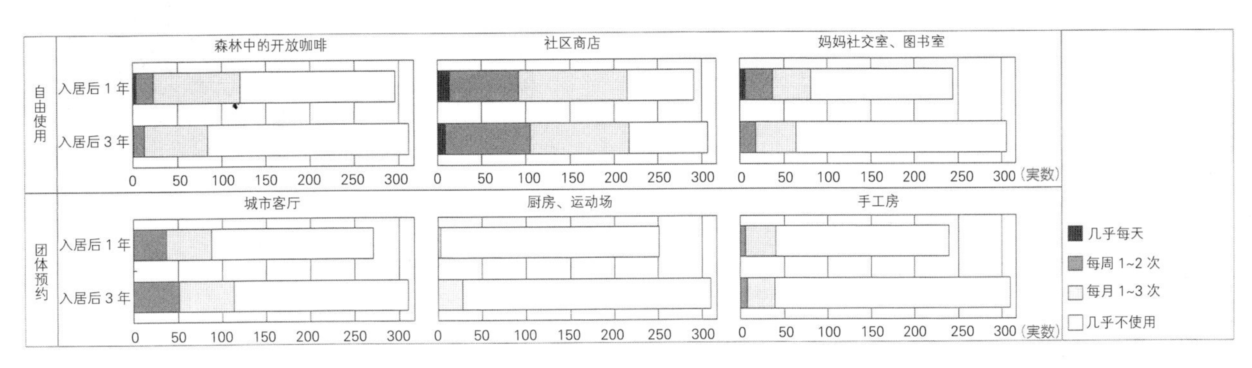

共用设施的利用度和推移
入住后 3 年共用设施中需要“团体预约”使用设施的有增加的倾向，特别是“Siteia”的利用者达三分之一。

◉ 作为集中居住软件规划的机制建立

在 Siteia 项目中，从入住前开始就进行了业主负担费用的社区支援活动。从事社区管理的有限公司派支援者常驻，主持召开 Down 聚会（原居民和新居民的集会）、启蒙社区活动体验展示会等，入住后就成立 Siteia 俱乐部进行了意见交流（表：入住前参加活动的状况和参加理由），入住后的调查表明，参加这些活动的居民成为入住初期社区活动的核心成员（图：居民之间交流的开端）。

业主提供的“机制”建立（配置支援人员活动）入住后坚持了 1 年，到了第二年是居住者负担费用继续进行支援者的活动，在集中居住的开始阶段，这种支援者的协调能力之高发挥了效果。

◉ 自主运营的转换期成立“自治会”

入住后 3 年，撤销了支援者，“Siteia 俱乐部”事务局的机能等也移交居住者自主经营。管理协会本来的职能是财务管理，加上社区活动支援负担太重，于是在入住后第四年正式成立了区别于管理协会的管理职能，专门负责社区活动支援的“自治会”。虽然“Siteia 俱乐部”的名称没有了，但其职能以纳入自治会的形式继续着。

此外，从“Siteia 俱乐部”时代开始组织的社区活动内容“（俱乐部活动）更好的生活的自主经营活动”和“（小组活动）趣味、学习”等活动，经过整合，入住第四年把俱乐部活动扩大为“节日组”、“冒险组”、“市场组”等 13 个小组，活用各种设施的小组活动多达 30 多种，创出了与大规模的集合住宅相符的丰富的生活方式。

◉ Siteia 大厅的使用活跃

共用设施的中心“Siteia 大厅”与生活相关的自主经营开展的小组活动的聚会，多种趣味活动、学习活动等小组活动的场所，有频繁使用的倾向，发挥了交流据点的功能。

可以自由使用的设施“妈妈社交、图书室”、“森林中开放咖啡座”等的利用逐年减少。由于要求上锁、记名的管理方式变化，使其使用方便性下降，带来了使用在减少的趋势。（图：共用设施使用率和变迁）。

◉ 集中居住意识的引导

居住者对加深交流活动的态度是“积极参加”“只要时间允许就参加”，大多属于这个层次，是持续集中居住的有效手段（图：对交流活动居民参加意识）。

在大规模的集合住宅中，管理协会理事会核心成员的负担较重，克服这些困难，在构筑自主经营的活动组织过程，对其他大规模集合住宅社区形成活动也是有效的借鉴。

大规模集团中相对薄弱的社区的充实，不仅是硬件方面规划，集中居住机制的软件规划在入住前就有必要考虑进去，通过这一手段可以提高居住者的社区意识，带来一定的积极活动的效果。而且建立入住数年后可以自主将社区活动持续下去的机制尤其重要。

【参考文献】
1）曾根里子・沢田知子・浅沼由紀・染谷正弘「大規模集合住宅における共用空間の活用に関する研究-その1～4」
（『日本建築学会大会学術講演梗概集 E-2』pp.113-118、2005
『日本建築学会大会学術講演梗概集 E-2』pp.289-290、2006）
2）曾根里子・沢田知子・浅沼由紀・染谷正弘「大規模集合住宅におけるコミュニティ形成過程に関する研究-その1～5」
（『日本建築学会大会学術講演梗概集 E-2』pp.57-58、2007
『日本建築学会大会学術講演梗概集 E-2』pp.257-260、2008
『日本建築学会大会学術講演梗概集 E-2』pp.87-90、2009）

有效利用农田的合作住宅

有农业劳动的共同生活

名称：樱花园　所在地：神奈川县横滨市泉区　策划、设计："人情丰富的集住体"研究会　完成年：2002 年　土地面积：1099m²（商品房 830.13m²，租赁房 269.02m²）　户数：商品房 4 户（80.32m²/ 户）租赁 4 户（平层 45.36m²，跃层 45.35m²）　家庭构成的年龄：30~40 岁（入住时）

时下人们对有农业生活的关心与日俱增，在城市、乡村与农家菜园接触的机会和场所不断增加。慢生活、LOHAS（Lifestyles Of Health And Sustainability）的语言不绝于耳，不言而喻，作为与环境协调的生活方式之一，正在日本逐渐固定下来。

另一方面，看看城市近郊，为控制和调整城市化剩下的丰富自然、农田、农宅基地遍布，近年这些区域，由于农户的高龄化、劳动力的不足，许多田地荒废了，以继承对策为目的的公寓建设使得地域无秩序地开发。

距横滨市中心 10km 的城市近郊农田伸延，隶属于横滨市泉区的"樱花园"在这种背景下应运而生，按照协议共建方式建造的商品房 4 户和租赁房 4 户，共 8 户构成的 3 栋分栋式集合住宅，除了居住楼，另外分租了约 300m² 的土地（现在的面积，建设当初 150m²），每天与农家菜园结合的生活是其特色。

虽是 8 户小集合住宅，却表明了近郊农田有效利用的一个方向性和可能性。

（藤冈泰宽）

住宅楼围合菜园布置

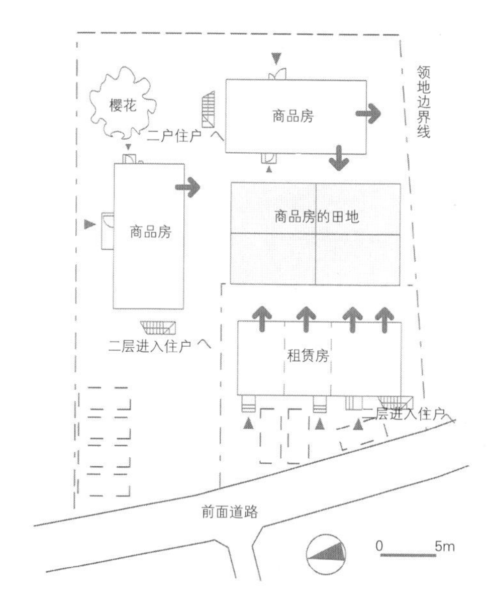

建设当初的建筑及菜园布置和一层住户联系通路的朝向

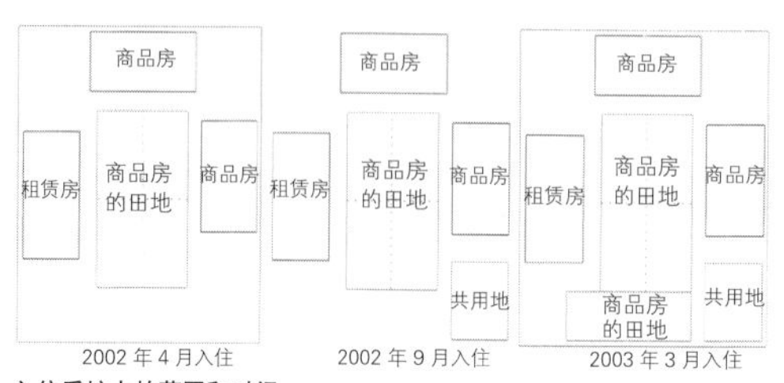

入住后扩大的菜园和时间

无农药的安全的农家菜

招待朋友、熟人的家宴

用收获的蔬菜点缀餐桌

分享用自己烧制的石锅做披萨饼的乐趣

◉ 参考实例

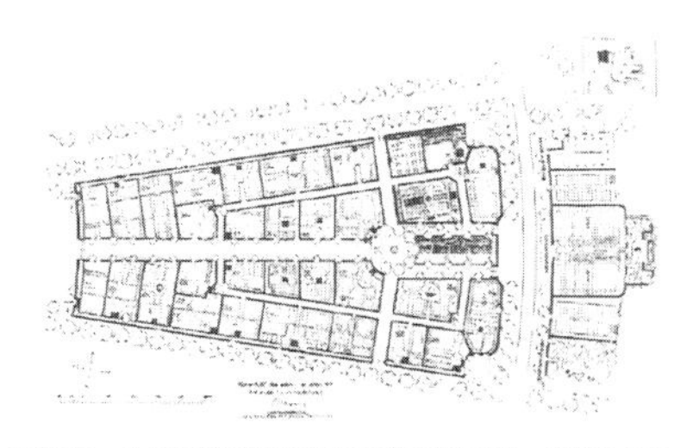

在德国，为应对随着城市化带来的环境恶化，以城市周边为中心的市民菜园很普遍。图为法兰克福的市民菜园实例之一（1919 年）。区划规模为 100~300m²（文献 3）

现在德国整合了全国通用的法律，在该市有 100 多俱乐部在运营，在菜园建设简易的带有厨房的小屋是允许的。

商品房 4 户住宅，居住区选择理由

		商品房（4 户）			
		A	B	C	D
住宅选择的理由	经济的理由			○	
	自由设计	○	○	○	○
	共同生活的兴趣		○	○	
	熟人介绍				
	对菜园有兴趣	○	○	○	○
	地理位置	○			
	户型				
	周围环境				○
居住区选择的理由	喜欢住在城里但没办法				
	感到郊外的魅力	○			○
	想居住在农村				
	通勤方便				○
	没有特殊的理由		○	○	

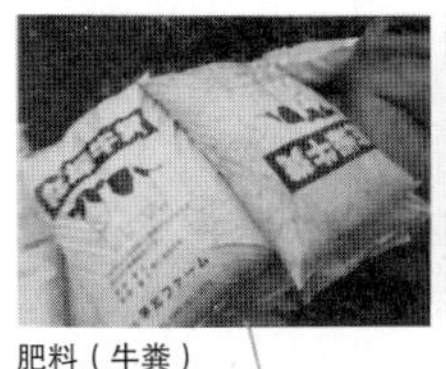
肥料（牛粪）

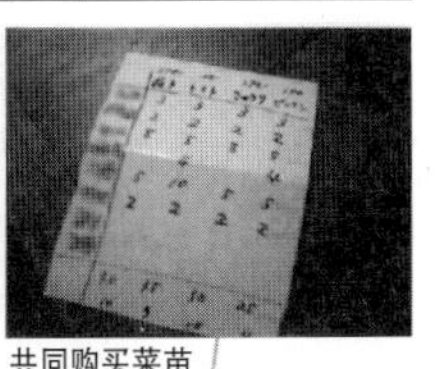
共同购买菜苗

割草 – 施肥 – 撒石灰 – 耕作 – 平地 – 播种 – 浇水 – 收割

采购的共同化：共同购入割草机；共同购入牛粪石灰；共同购入耕耘机；覆盖栽培塑料布购买；共同购入种子、菜苗；雨水利用

作业的共同化：割草（根据时间）；个人作业为基本 + 互相帮助（农忙时等）；掘山芋等

道具的共同使用：割草机、肥料；镰刀、铲子、锄头、手推车；耕耘机；覆盖栽培塑料布；细致的打理用工具各自的原物

支援：道具的支援（租借，帮助，解决问题的建议）；情绪上的支援（分享、后援、评价、信赖）

田间作业的流程和资产、作业、道具的共同化应对

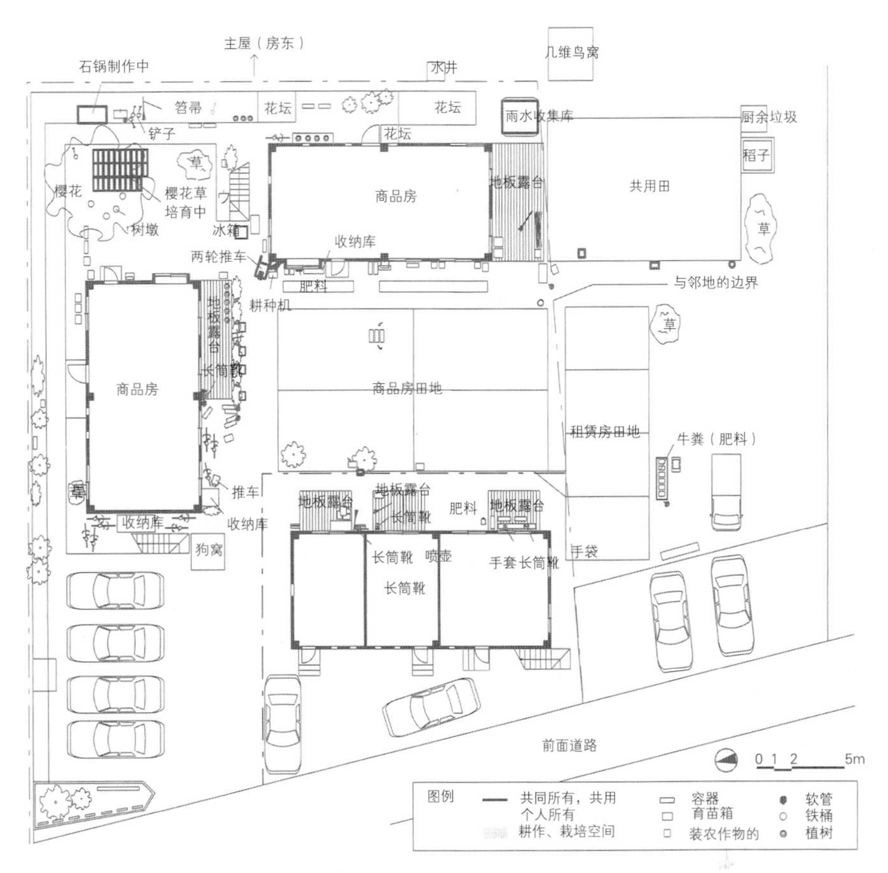

越过围墙的来往不断扩大（2009 年 1 月左右的情况）

活动＼年度	2004	2005	2006	2007	2008	2009
赏花	（20）	（4）	（7）	20	46	46
纳凉节	23	（14）	26	34	36	
收获节	无记录	无记录	无记录	23	21	
捣年糕	44	26	22	25	31	

每年 4 次活动，每次有很多客人来访（单位：人）（表中（ ）内是只有客人的参加人数，其他为包括居住者的参加总数，都没有包括小学生以下的，因此实际数字更多）

◉ 继承高龄农户的愿望

横滨市泉区位于横滨市的西南端，占横滨市整个农田面积（经营耕种面积）2305hm^2 中的 330hm^2（约 14.3%，2005 年），是拥有市内最大农田面积的城市近郊地域。另一方面，城市化区域的比例固定在 50.2%（2007 年），是横滨市城市化比例最低的地域。对象实例是在城市化调整区内，选址在周围农田、农宅伸延的地区，从江户时代就持续务农的地主由于高龄不能继续从事农业劳动了，以此为契机摸索代代相传下来的栽培西红柿的农田的有效使用。

◉ 付出时间的规划研讨

住宅供给上的精心策划，首先从规划开始，既是业主（地主农户）家属也是建筑师作为项目经理参加，发挥着协调居民、设计者以及业主意向的作用。采用协议共建方式，召开说明会 9 次，入住者决定后开了 4 次规划讨论会。把有菜园以及自由设计作为选择住宅的理由几乎是共同的，这种付出时间的深思熟虑，给予后来居民关系及相邻的业主、地主、农户的关系也有良好的影响。

◉ 有农的共同生活的韵律

有共同生活特征的菜园活动，以季节蔬菜为中心、遵循春夏和秋冬每年 2 季的旱田周期周而复始地耕作，把居民组织到一系列的作业程序中，为了吻合地与每个季节的韵律合上节拍，通过道具、资财的共用化提高工作效率。菜苗和肥料等的筹措、分配的管理以合租居住者为主承担的同时，可以使各居住者持续参加也是一大特色。东京、横滨的中心部通勤也是有充分可能的，最终实现多代共存。

◉ 与时间一起成长变化的菜园

入住初期只有商品房 4 户用的 4 个地块约 150m^2，入住后不久追加了约 80m^2 的共有田。这是因为入住者在每家拥有的田地基础上自然产生了有一块大家共享的共有田的愿望，后来接受了来自租赁房居住者的意向，追加了 70m^2 的农田。现在规定了共同想收获的东西在共有田上，除此以外的在自家田上分开种植的方针。而且在樱花园，除了管理协会另外组织了“菜园之会”的菜园运营组织，现在包括租赁房 8 户，全部参会了。扩大的田地越过了邻居的边界线，表明了邻居地主农户对菜园活动的理解。

◉ 从樱花园扩展的交流圈子

在每日菜园活动的基础上，居民的熟人、朋友聚会的一年 4 次的派对在樱花树下或利用停车场空间定期举行也是特色。这些会餐多使用菜园收获的食材，居民各显身手，也是向来自东京、横滨城市的熟人、友人传达近郊丰富自然魅力的场所。

◉ 城市近郊特有价值的传播场所

樱花园继承了作为农田使用的土地价值，该集合住宅实例表明了城市近郊宅基地化的可能性。菜园活动和交流圈子的扩展，意味着这个集合住宅地主农户和樱花园居住者之间的良好关系的建构，而且也是向城市生活的人们传播近郊丰富的自然环境的价值的场所。

【参考文献】

1）橋本真一・原久子・近藤弘文「農地・緑地保全と建築ストックへ向けたコーポラティブファームの試み、宅地とまちづくり」No.186、pp.28-33、(社)日本宅地開発協会、2001

2）近藤弘文・原久子「都市近郊農地を活用した「さくらガーデン」の実践と考察（その1、その2）」（『日本建築学会大会学術講演梗概集 E-1 分冊』pp.1102-1105、2008）

3）Ein Jahrhundert Kleingartenkultur in Frankfurt am Main, Studien zur Frankfurter Geschichte 36, 1995

4）藤岡泰寛・重村英彦・金森千穂・大原一興「都市近郊農地を活用した菜園付き共同住宅居住者による協調的環境管理と交友の広がり-菜園付きコーポラティブ住宅「さくらガーデン」の事例研究」（『日本建築学会計画系論文集 No.651』pp.1007-1016、2010）

专栏 02

无家可归和居住安全网

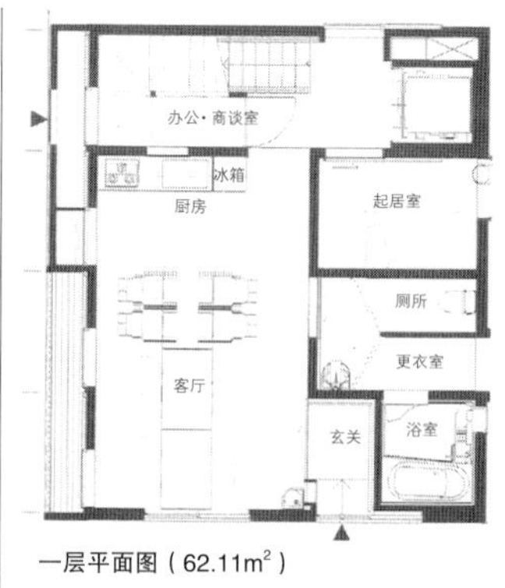

一层平面图（62.11m²）

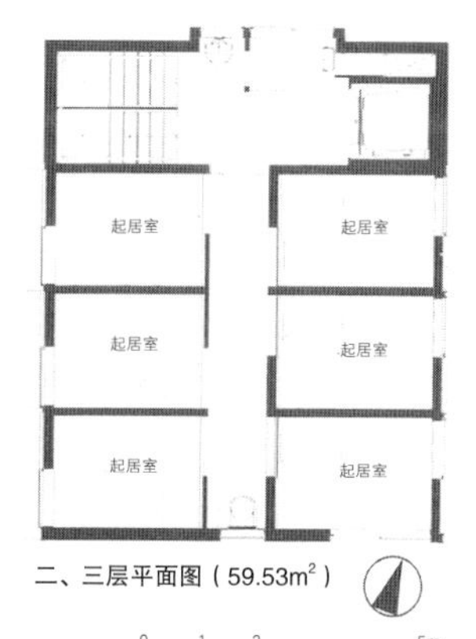

二、三层平面图（59.53m²）

0 1 2 5m

东京都山谷地域（台东区，荒川区）的支援住房
木结构住宅（妓院）改造成租赁房作为第 2 种社会福利事业的住宿开始的。预备 24 小时自立支援关怀用，小起居室较多，保证 NPO 项目预算，作为生活重心的共同客厅确保入住者在一间房可以会面的面积。
以 NPO 自立支援中心故乡会的形式 最初的“故乡千束馆”，床位式 20 名，配套要介护高龄者居室“故乡朝日馆”2 人 1 间，定员 25 名。

展开自立援助房
“住宿所”说到底是设施，但摸索更接近“住宅”的形态，自立援助房项目开始了。对山谷地域的简易住宿房进行了改造，变成大型自立援助中心“故乡饭店三晃”，单间定员 78 名。作为社会住院患者的地域收容机构，与地域干洗店、保健站、介护保险事务所等联手。

以终老的归宿为目标，NPO 访问看护站大波斯菊自建开设的终老关怀的支援房“大波斯菊花”有单间 13 个，新建的有带食堂的共用大楼、电梯。

致力于解决丧失了居所的人们，即所谓“无家可归”（狭义指马路生活者）问题的今天，从居住支援的探索走到了实践阶段。在采取对策上属先进国家的欧美在初始阶段，出于收容和个人责任论只是就业支援。以“居住的权利”和居住法为前提的居住支援 NPO 等，是与支援团体紧密联系的实践，渐渐取得生活重建和自立性高的成果，公共行政也承认其意义，首先出于居住安心的“Housing First”概念取得的成果。在日本以民间 NPO 独立的自立支援设施、自立援助之家等，以此为开端“东京都无家可归地域生活转移支援项目”（2004~2008 年）的租借公寓的长期贷款，“无家可归的自立支援等有关特别措施法”（2002~2010 年间）的中间评价下的自立支援中心（自立支援项目内进行短期生活训练的独立住居）等居住支援对策与原有的紧急状态、自立支援中心等收容设施并行实施。但是，这些措施非常有限，依赖福利政策和生活保障制度，不包括在“住宅政策”里。（在欧美，住宅局负责解决无家可归问题，在韩国由韩国土地住宅公社购买租赁住宅直接提供）。

NPO 的居住支援事业在 10 年前，与 NPO 法的施行同步开始了。拿着居民证就可以得到以自立生活为目标的照料。也有某段时间暂住的中间居住设施式的支援住宅。自立援助之家、就业支援型援助之家、以介护为前提的共同客厅等多种多样。当时“设施”（第 2 种社会福利事业住宿所）。最近也落成了租借 1 栋公寓改造的集合“住宅”。其大多由 NPO 承担租赁的改造和运营，可以自立建设。其大多为古老木结构住宅、公寓的局部改造，建设资金承担者的问题留下很多，支援 NPO 以无家可归支援组织等为母体在全国出现。探索内含支援的住居等新的“住宅”主题。

经历了流浪街头的生活、社会性住院，陷入居住贫困的人们，在接受相应支援的同时，通过个人生活和共同生活，以缓慢地日复一日的复兴生活为目标，必要时提供处方管理、金钱管理等，基本上是自由的，集聚在一起通过用餐、洗浴、参加活动、工作团队等进行相互交流，促进与地域社会的接触。

依靠福利的项目试点也遭到“贫困生意”“生活保护产业”的批判，可以窥见到负面。此外除夕派遣村等社会内在的贫困是明显存在的，实际上据说以前就有纯咖啡难民、DV 受害者，外国人劳工、难民、亲属难以为继的残障者等加速了居住不安定化的潜在的“无家可归”者在国内有数百万人。

Housing First 的实践表明，把社会照料作为解决居所安定、居住保障问题的第一步是有效的。担负人力资源的安定和振兴的安全网是担负今后市民公共圈的住宅政策的课题，“集中居住”开辟了住宅设计的新天地。

（大崎 元）

03 附加了服务功能的住居

过去住宅兼备的婚丧嫁娶红白喜事的仪式、家庭作业等居住以外的功能，到了现代这些功能逐渐从住宅中分离出去了。集合住宅只剩下了居住这一最纯粹的功能。过去住宅所承担的其他功能依托于城市的各种设施予以补充。

另一方面，商业街以及过去的店铺街，兼用住宅的街道工厂、店铺、医院等配套布置的住宅还依然存在，特别养护老人之家、商业、办公复合在住宅楼内等，也有把住宅定位在设施延伸上的例子。

目前，在作为生活据点的住宅上积极附加额外功能和价值的实例在增加。“爬楼梯”以独户住宅为终极目标的单纯的“住宅双六”现象已经消失，“双六”从一开始就向多方向拓展。我们时常可以选取住宅和服务形态，此外成长期的孩子们和高龄者住宅如何设计也是重要的视角。

有幼儿之家的集合住宅

育儿支援环境之后

名称：Urbane 朝霞 Eldir　所在地：埼玉县朝霞市　完成年：1995 年　占地面积：4011.36m²（规划基地面积）　总建筑面积：8397.78m²　户数：95 户

以孩子父母"育儿担心"为背景，对育儿支援体系、育儿环境的关心不断高涨。地方自治体中以育儿支援公寓为标准进行设计等，让集合住宅中有育儿支援功能的也多起来。公寓开发时要求业主进行保育院、学童托管所的配套。但是幼儿之家的设置等集合住宅中的育儿支援体系，一部分业主 10 年前就已经启动了。

关于幼儿之家，作为孩子们游戏场所和居住者交流场所期待其有效性，然而随着孩子们的成长存在着有效性逐渐减弱的危险。阿因贝 Urbane 朝霞爱特梅尔 Eldir 由最初使用幼儿之家的名称的开发商 livlan 于 1995 年被分售了。入住开始经过 10 年，在这个公寓中幼儿之家现在仍然受到居住者的肯定，但是当初想通过幼儿之家达到居民之间交流的目的并没有取得像所预期的成效，在今后的使用上并不是保持现状就可以了。此外还保留了孩子们游乐场的功能，要求创建可以用于其他目的的机制。

（小池孝子，江川美子，定行 MARI 子）

幼儿之家

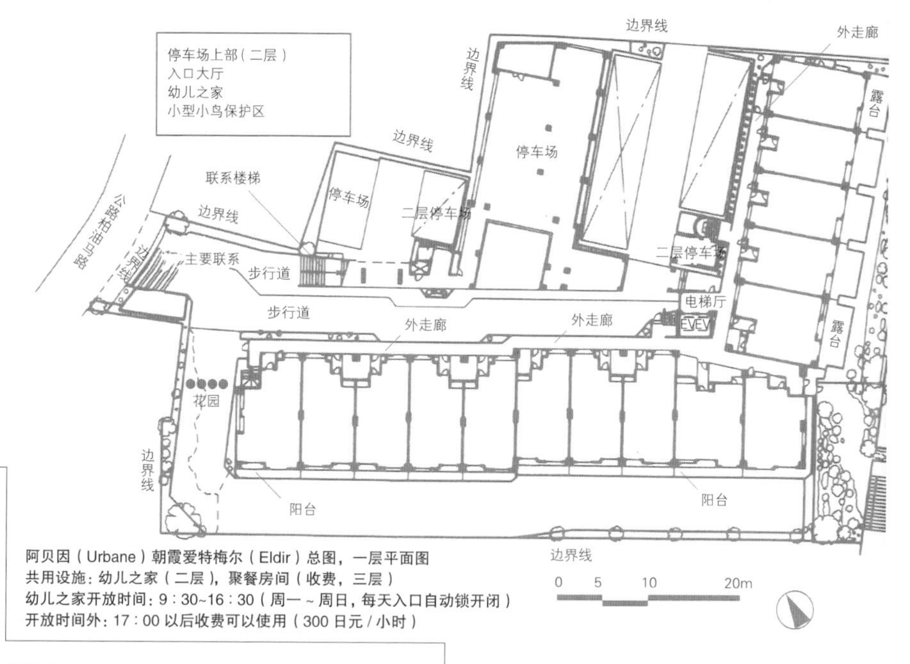

阿贝因（Urbane）朝霞爱特梅尔（Eldir）总图，一层平面图

共用设施：幼儿之家（二层），聚餐房间（收费，三层）

幼儿之家开放时间：9：30~16：30（周一～周日，每天入口自动锁开闭）

开放时间外：17：00 以后收费可以使用（300 日元 / 小时）

边界线

0　5　10　20m

◉ 参考实例

Star-Court 丰州（江东区丰州）

在集合住宅的共用部分设置幼儿之家，此外在同一基地内其他楼栋配套托儿所（私立，许可）、学童托管班（公设民营）。

幼儿之家的利用，要求是集合住宅的居民，但是托儿所、托管班是地域居民可以利用的设施。

幼儿之家

托儿所（一～三层）学童托管班（一层）

幼儿之家：图书、玩具

幼儿之家：游具

调查概要（Urbane 朝霞 eldir）

回收户数	2000 年调查	38 户 /96 户
	2007 年调查	22 户 /96 户
回收率	2000 年调查	39.6%
	2007 年调查	22.9%

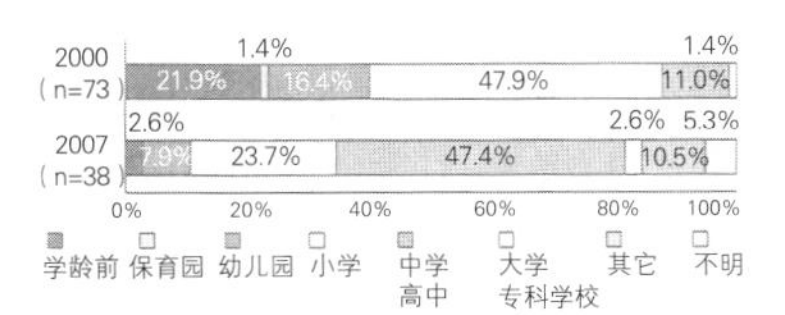

孩子就学情况

幼儿之家的利用情况

幼儿之家使用人数

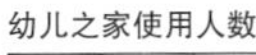

回收户数	观察时间	利用者数	幼儿	小学生	中学生
10 月 26 日(五)	10:00~16:30	11	1	10	
11 月 19 日(一)	14:00~16:30	9		9	
11 月 21 日(三)	14:00~16:30	2		2	
11 月 26 日(一)	14:00~16:30	6		6	
11 月 27 日(二)	14:00~16:30	5		5	
11 月 29 日(四)	15:00~16:30	6		2	4
11 月 30 日(五)	15:00~16:30	6		3	3

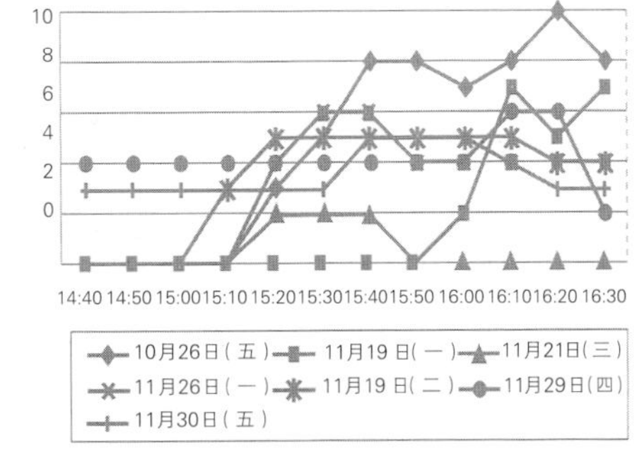

幼儿之家使用时间段

幼儿之家

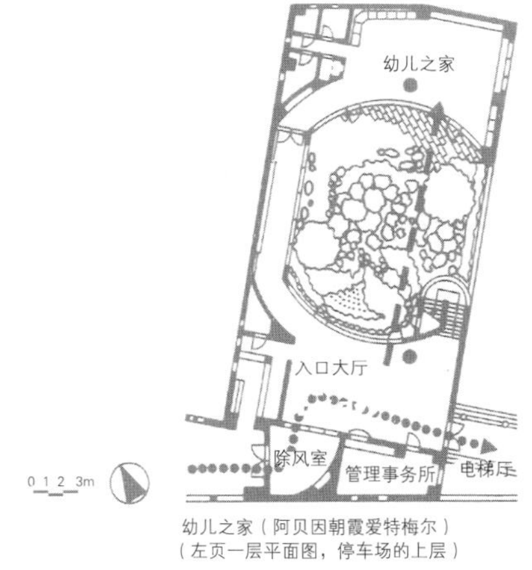

幼儿之家（阿贝因朝霞爱特梅尔）
（左页一层平面图，停车场的上层）

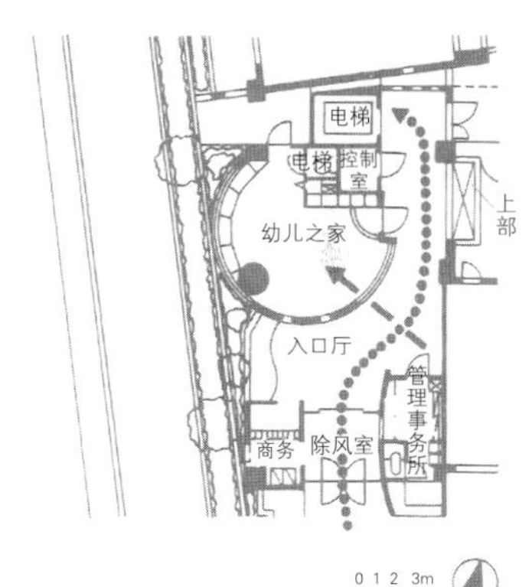

幼儿之家（Urbane 川越上町幼儿林荫路）

图例
视线
居住者的流线

对幼儿之家的评价

◉ 随着孩子成长而变化的使用者

2000 年，公寓内的孩子们小学生以下的占多数，入住后 12 年在 2007 年中学生以上的孩子达到半数以上，初期幼儿之家的学龄前儿童和母亲寥寥无几，从观察调查可以确认，使用幼儿之家的幼儿非常少。但是可以看到以小学生为主的孩子们连日使用幼儿之家的情况，还可以看到中学生使用的情况。在幼儿之家游戏的孩子们的年龄层比最初预测的范围要广，只是平日白天使用的几乎没有。小学生回家 15 点以后是使用的核心时间带。从共用设施的有效利用的视点来看很难说幼儿之家被有效利用，可以说还有着改善的余地。

◉ 与时俱进的居民评价

居住者的孩子们几乎都有实际使用幼儿之家的经验，但是由于孩子们的成长不再使用的很多，从历年变化的居住者满意度来看“作为育儿的场所”的评价不断升高，可以说幼儿之家作为育儿的场所有效性通过长期的使用被居住者所认可。此外 2000 年、2007 年作为“多代交流的场所”“居民之间的交流场所”的评价很低。孩子们成长后不再需要父母的陪伴，只是孩子们自己使用，因此通过幼儿之家促进居住者之间形成良好的社区可以说的是牵强的。

◉ 使自然地看护成为可能的布置规划

考虑幼儿之家的安全性的基础上，其布置规划是非常重要的。Urbane 朝霞 Eldir 从二层的入口大厅以及管理办公室穿过绿色盎然的中庭可以眺望到幼儿之家的情景，入口大厅以及幼儿之家入口采用的是自动锁的形式，Urbane 河越岸町幼儿林荫路上的幼儿之家设置在有自动锁的安全入口处，透过安装的玻璃窗可以看到里面，在布置上巧妙设计，上小学的孩子没有陪护也可以安全地游玩，是质量高的设施。

◉ 摸索不仅适合幼儿的使用规则和空间构成

过去育儿之家只考虑了幼儿的游戏场所，而作为孩子的游玩场所发挥作用是长期的，可以说作为共用空间的有用性高。孩子们不断成长的今后，可以想象使用率会大幅度降低，居住者的意识调查也表明了这一悬念。过去陪伴幼儿一起使用的家长们也希望作为不带孩子的交流场所来使用。旨在幼儿之家的有效利用，作为共用设施保留其功能的同时，制定允许其他用途的使用规则，同时不偏重幼儿，也包括儿童、大人使用的空间构成才是合理的。

【参考文献】
1）小池孝子·定行まり子「分譲マンションに設置されたキッズルームについて-利用状況と居住者意識の経年変化」(『日本建築学会学術講演梗概集』2008)

银发住宅

团圆室的 Warden 作用

名称：新砂 3 丁目住宅　所在地：东京都江东区　完成年：2002 年　规模：地上 14 层　户数：一般都营住宅 248 户，银发住户 24 户　生活协助员：warden 常驻、女性 1 人

随着迅速的高龄化，身体机能衰弱的后期高龄者和痴呆症的增加面临危机，安全的住宅和生活支援的确保受到关注。以公共的高龄者住宅的供给和提供生活支援的形式，全国建设的银发住宅着眼于建筑与福祉事业的结合。其中供给数最多的东京都是考虑了单身高龄者多的城市特性作为独立的机构推进东京都的银发事业。由于公共财源的不足等，在没有预测今后新的供给的情况下，建设了 212 栋住宅 5537 户，约占全国的四分之一。作为既有存量的价值很大。以促进入住者的相互交流、生存价值为目标设置的团圆室，人员看护体制完备的环境具有成为高龄社会的地域据点的可能性。作为人员看护定位的 Warden 是基于东京都银发事业运营主旨培养的人才，以确认安全与否，以紧急时的应对为主要业务。没有特别资格条件，是个人委托在配套的专用住户中与家属一起居住为原则。

"新砂 3 丁目住宅"，2002 年开始管理的都营住宅，是一般都营住宅与银发住宅混合在一起的，高龄者住户为 $35.35m^2$，都是单身用，Warden 常驻在专用住户。团圆室为 $70.65m^2$，从管理方便考虑，与看护用住户相邻，室内配备高龄者也可以宽松使用的椅子和桌子，日式房间和西式房间可以根据用途区分使用，作为入住者的交流和信息交换的场所在 Warden 积极的管理下发挥有效的功能。

（大塚顺子，定行 MARI 子）

新砂 3 丁目住宅楼外观

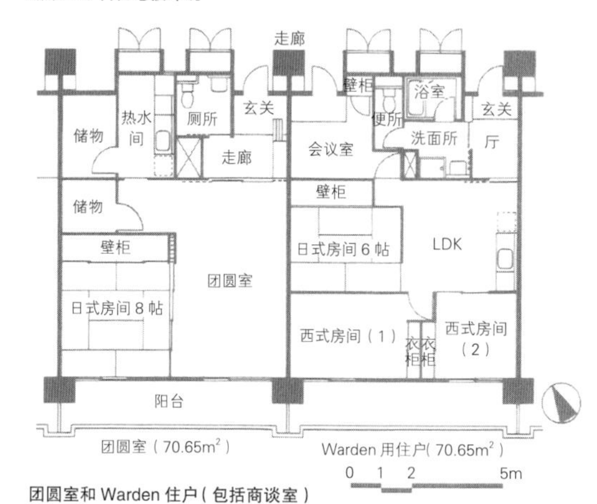

团圆室和 Warden 住户（包括商谈室）

新砂 3 丁目住宅楼构成
14 层建筑，一般都营住宅和银发住宅的复合楼。银发住户一～七层的一部分，在一层布置 Warden 专用住户和团圆室。住宅楼一层有都营住宅用集会所（收费、管理是自治会）。
团圆室管理状况
开放时间原则为 9：00~17：00，但可以根据需要开放，钥匙是管理是 Warden，免费使用，主要的使用内容有再循环教室、编织教室、布草屐教室、大正琴教室等

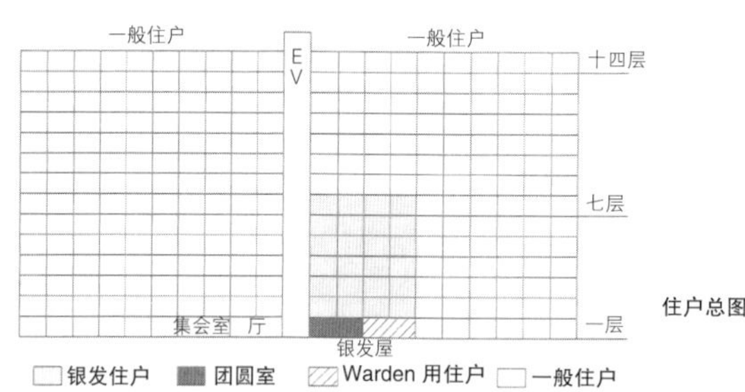

住户总图

◉ 参考实例

文京区区立银发屋
一层配套高龄者在宅服务，团圆室（二层，$48.88m^2$）入口附近的长椅空间，可以作为轻松站立的空间利用。

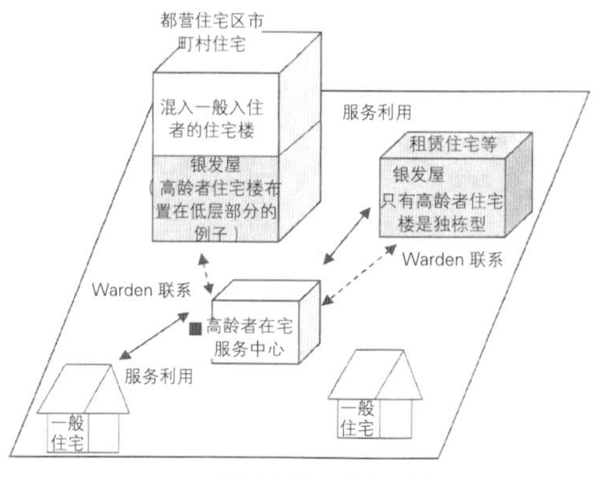

银发事业的概要和主要特征（1987 年）

银发住宅

大多为 65 岁以上的单身生活的高龄者，或者高龄者家庭自立经营日常生活的

建筑要素
- 考虑高龄者的建筑规格的住宅
- 设置紧急通报设备
- 生活商谈处、团圆室的设置

福利要素
- Warden 的守护
- 配套、邻接、近邻高龄者在宅服务中心

Warden 是基于银发事业大纲（1987 年）定位的，现在根据大纲的改正，也引入了生活支援观察员（LSA）。

团圆室的情景（再循环教室）（新砂3丁目住宅）与合得来的朋友进行手工活动

生日宴会（新砂3丁目住宅）在Warden、银发居民、一般居民策划准备的基础上实施

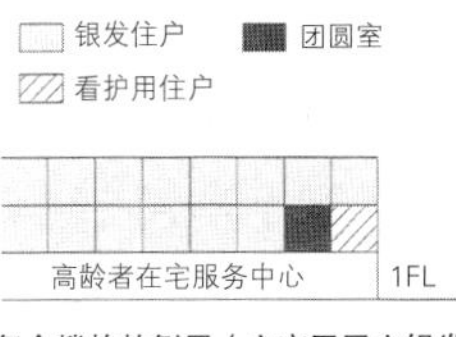

复合楼栋的例子（文京区区立银发屋）。银发屋住户和高龄者设施复合在一个建筑中

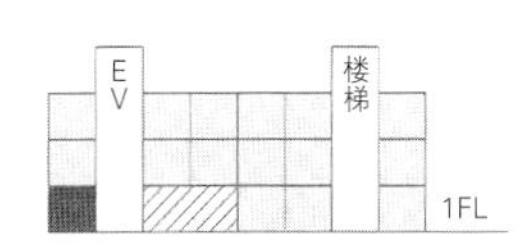

银发屋单体楼栋的例子（调布市都营银发屋）只有银发屋住户

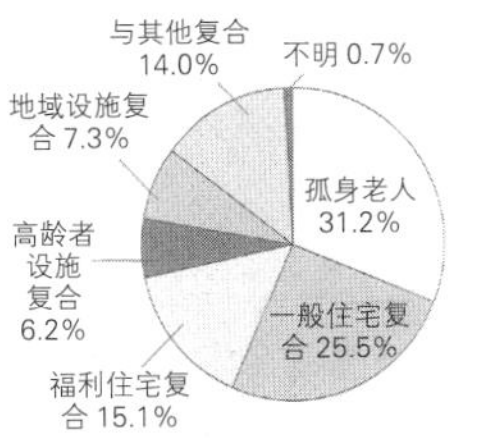

住宅楼的复合状况（n=436）（东京都内436银发事业规划书分析结果）

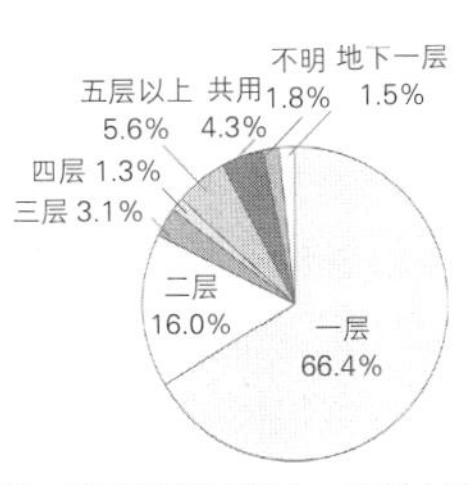

团圆室的布置层（n=393），（同左）有团圆室的393银发屋中，接地性的布置较多

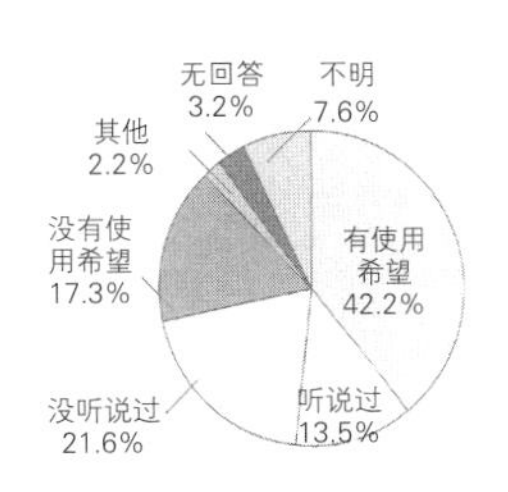

外部人对团圆室的关心（n=185）（对从事东京都内37区市的银发屋生活协助员的问卷调查结果）银发屋以外的外部人对团圆室的关心度很高

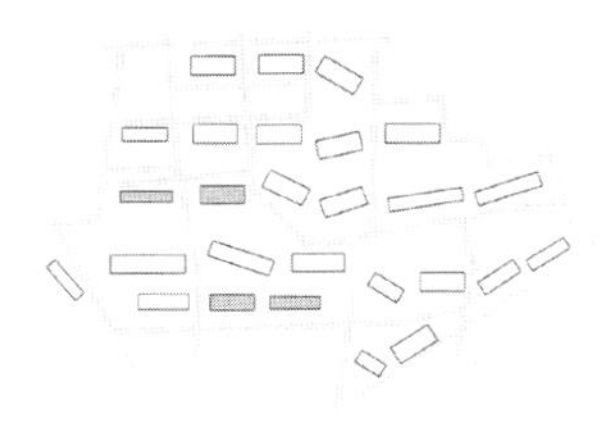

小区型的住宅楼构成例子（东村山市都营银发屋）复数的住宅楼构成

调布市都营银发屋的团圆室（56.6m²），在志愿者的协助下作为午餐服务的场所使用

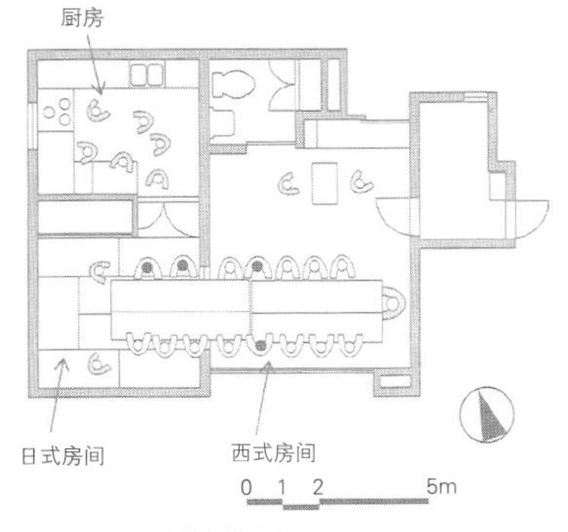

日式房间和西式房间的使用

东村山市都营银发屋的团圆室（140m²）作为地域的外廊供小区居民使用

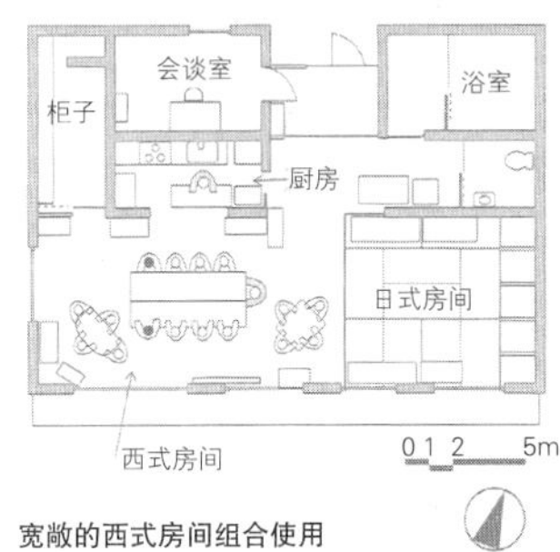

宽敞的西式房间组合使用

◉ 建筑与福祉并设的住宅

银发住宅，有着关心高龄者的建筑上的配备，附加有紧急通报系统的设置，看护、生活支援咨询（LSA）的照料等，并把配套，就近、临近设置高龄者居家服务中心（现在的地域支援中心）作为条件。而且为单身、地缘少的高龄者相互交流、创造生存价值为目的设置团圆室的银发屋很多，Warden在专用住户中与家属一起居住的常驻型很多，只在上班时间内派遣LSA的目前是少数。

◉ 易向地域开放的楼栋构成和团圆室的设置

银发屋的高龄者住居和一般住户的高龄者设施配建在一个建筑物中的复合楼栋，比仅有高龄者住户的银发屋单独楼栋多，特别是一般住宅与福祉住宅的复合占一半以上，住宅楼的构成有只有一栋的一栋型，和几栋构成的组团型，整体来看一栋型占60%以上。复合栋和组团型的住宅楼构成其生活范围狭窄，对于与近邻自然发生交流难的高龄者来说，有自然碰面的可能。另外，团圆室几乎都是设置在有接地性的一层，银发屋布置也方便地域以外的人使用。因此对团圆室的使用和关心度很高。

◉ 团圆室的使用方法和开放性

团圆室的面积平均为53.3m²，使用只限定银发屋的入住者，因此随着入住者的高龄化，积极的使用在减少是事实。但是实际上由于对复合住户的高龄者以及地域的人们开放，作为地域的据点被有效使用的很多。高龄者的使用，多伴有饮食，因此厨房设备的状况是左右高龄者活动的重要原因之一。

◉ Warden的存在促进居住者交流

照料那些地缘少，自闭性强的高龄者的生活，以团圆室为中心顺利展开近邻交流的银发屋，Warden和LSA的存在是非常重要的，常驻较多的银发屋的Warden，容易发现生活的变化，其存在是高龄者很大的安心要素。有效地调动高龄者的特技、趣味和嗜好，促使其参加的warden的积极作用可以说是有效活用实例中的共同要因。

◉ 有效利用团圆室的课题

以团圆室为据点寻找生存价值和进行相互交流，作为扩展住宅楼内以及与地域联系的场所发挥作用，对单身高龄者来说，Warden与LSA一起成为支持日常生活的安心要素。今后，作为向外部地域开放的地域据点，团圆室能发挥作用的话，就可以实现地域的专门机关与地域居民携手的保护高龄者的多元支援体制。重新评价从公共事业的银发屋的供给业绩转向作为地域资产的团圆室的存在方式，其价值不可忽视。希望根据地域状况对促进团圆室的使用和顺利管理的warden的作用支援，以及空间的有效性进行研究。

【参考文献】
1）大塚順子・定行まり子「シルバーピアの住棟形態から見た団らん室の利用に関する研究」（『日本建築学会計画系論文集』2009）
2）大塚順子「シルバーピア事業の実態から見た高齢者集合住宅の今後のあり方に関する研究」（『日本女子大学博士論文』2009）

让“生活安心”的住居

与医院复合的高龄者的住宅

名称：Vivace 日进町　所在地：神奈川县川崎市　完成年：2005 年　占地面积：2005.1m²　建筑面积：1739.3m²　总建筑面积：9302.2m²　结构/规模：SRC 结构，地上 11 层，地下 1 层　开设主体：医院部分一～四层马屿医院，住宅部分四～十一层，川崎市住宅供给公社　设计/施工：竹中工务店

高龄期的居住单有住宅是不成立的。特别是单身、夫妇等只有高龄者的家庭，住宅以外具备“生活安心”的环境是必不可少的。这里说的安心，第一是减轻经济负担的房租体系；第二是代替家属功能的看护、商谈功能；第三是支撑身心功能衰老的日常护理、医疗环境。这三个要素都具备的就是面对高龄者的优良租赁住宅“Vivace 日进町”。川崎市住宅供给公社（以下称公社）和民间医院共同进行的日进町项目规划，2005 年诞生。

本项目，包括疗养病床 85 床的民间医院和面向高龄者的优良租赁住宅（以下称高优赁）55 户，面向一般人群的租赁住宅 10 户的复合建筑，医院配置在一～三层，住宅布置在五～十一层的中高层中。其中四层部分是双功能的联系和融合的空间（图：建筑构成）。看护服务，公社委托 NPO，由称作“Yarozuya（万事通）”的商谈员常驻在六层的圆形广场。此外以入住者之间的交流和互助为目标，设置了各种公共空间，其设计也经过深思熟虑。

开设后经过 5 年，这个时段的课题是伴随着入住者年龄的增加，带来的身心变化，如何持续居住面临着难题。

（园田真理子）

全景（本实例 5 张照片提供：小川泰祐，竹中工务店）

四层户外木板露台

十层工作室广场

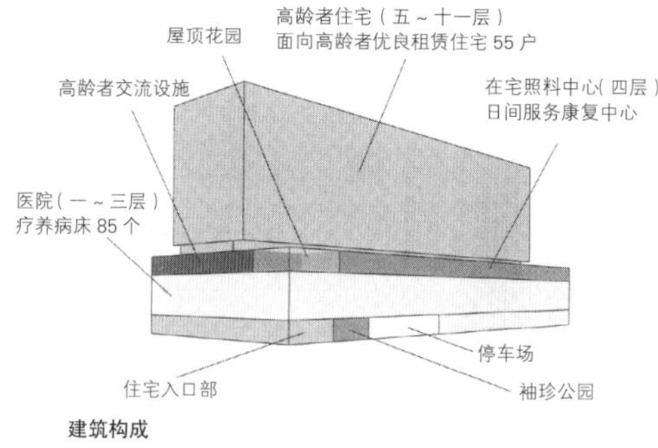

建筑构成

六层小组活动广场

四层交往广场

◉ 参考实例

Care 小镇小平

从支撑在宅疗养的诊疗所，日间照料中心等和医疗、看护、介护到食堂复合在一起的租赁住宅。所在地：东京都小平市，业主：晓纪念交流基金，设计监理：太田 Care 住宅设计，占地面积：2645m²，建筑面积：921m²，总建筑面积：2117m²，结构层数：RC 结构，地上 3 层，地下 1 层，户数：21 户

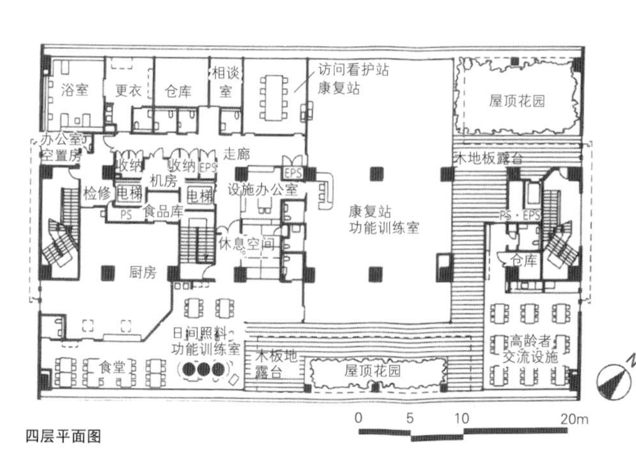

四层平面图

医院、福利功能和住宅功能融合的空间设在四层、屋顶花园。露台对面设置有康复室和日间服务中心，高龄者交流设施的“交流广场”

住户和设施内容

户数	高龄者用租赁住宅 55 户，一般租赁住宅 10 户
房费	82000~112000 日元
入住者负担金额	53300~112000 日元
住户有效面积	37.59~50.30m²
入住开始日	2006 年 5 月 1 日
主要设施	高龄者交流设施交往广场（四层），小组活动广场（六层），工作室广场（十层），旧东海道川崎宿袖珍公园、停车场、自行车停车场
配套医院	马屿医院，疗养病床 85 床，在宅照料中心

找万事通商谈的内容

1	健康	健康商谈，病情报告，血压测量，个人的身体状况
2	设备	各住户的室内设备的使用（水系、收纳、阳台等）共用部分（走廊、电梯、自行车存放处等）使用方法
3	活动	同好会活动，町内活动等，与入住者、地域居民共同的有关活动
4	趣味	有关个人的趣味，以及工作
5	事务手续	事务性文件（介护保险、普及调查、问卷调查等）的书写方式及各种手续
6	询问	有关医疗、机关、各种服务的咨询业务
7	人际关系	有关家族的事情，邻里关系意见、互助
8	其他	除上述以外，不明

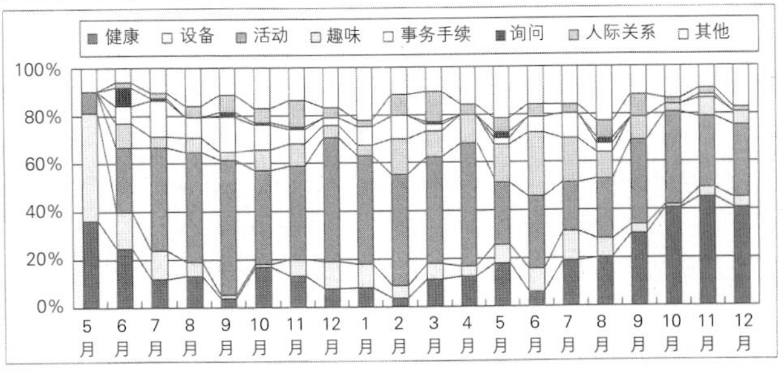

商谈内容的推移（1 人进行的商谈按照内容区分为 1 件）（入住后 20 个月，2005.5~2006.12）

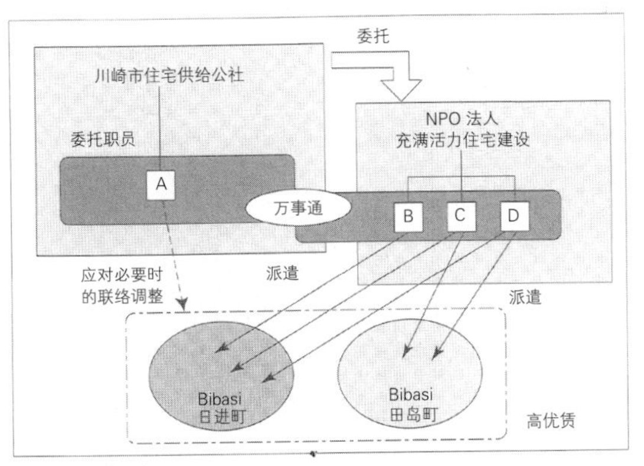

万事通的机构组织

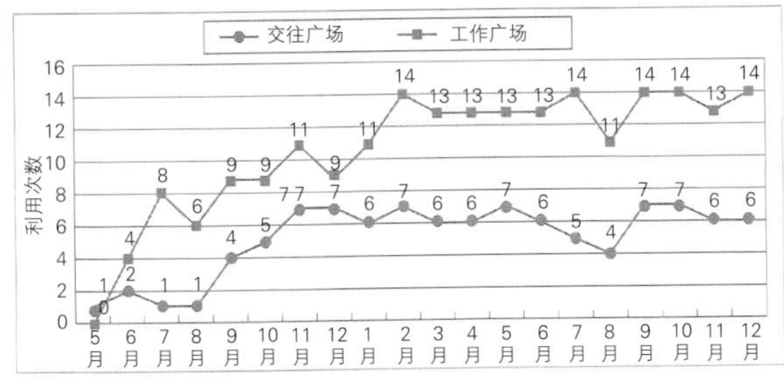

交往广场和工作室广场的每月使用频率（入住后 20 个月，2005.5~2006.12）

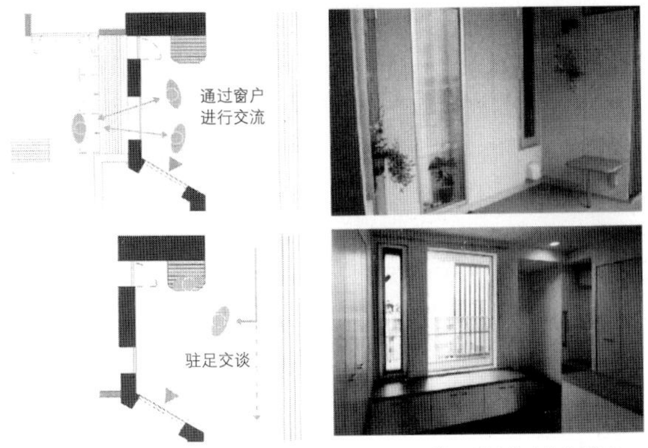

共用走廊的凹口和开放的住户开口部的设计（上下照片提供：川崎市住宅供给公社）

◉ 入住者几乎都是从民间租房转来的

入住后 1 年时段，55 户中有 54 户入住，单身 33 户，夫妇 21 户，入住者平均年龄 72 岁。前一住所是民间租房的约占 80%，原住所房租昂贵，没有无障碍设计是搬迁的主要动机。决定入住的理由是第一有房租补助，第二有住宅设备和无障碍设施，第三有医疗机构配套。

◉ 医院福利设施的临近设置的效率高

低层的医院使用者，入住后 6 人中有 1 人，1 年后约有 40%（28 人）使用，使用的目的有康复（15 人）、医疗（12 人）、深度康复（7 人），4 层照料中心被频繁使用，医院、福利设施与住宅就近布置效率高。

◉ 公司和 NPO 联手开办“万事通”

公司为应对高龄入住者的照料和商谈，设立了 NPO，NPO 法人“生存价值，居住街区建造”。2006 年 1 月诞生了并不是高优赁中银发屋那种派遣 LSA 的体系，是为构筑新的方式选择了“与 NPO 联手”，2007 年至今，Bibasi 日进町的万事通由市委派的职员 1 名和 NPO 职员 3 人担任。万事通周一至周五的平日 10 点至 16 点在六层的圆形广场常驻，应对各种商谈和信息提供。平均每月举办一次入住者同事的交流会。NPO 的职员也派到其他高优赁，积极开展万事通的活动。（图：万事通的机制）

◉ 与万事通商谈内容是健康和活动

入住者找万事通商谈的内容大致分为 1）健康；2）住宅的设备机器；3）自治会的交流活动；4）趣味、工作；5）事务手续；6）各种照会；7）人际关系；8）其他等（表：万事通商谈内容）。“图：商谈内容的推移”说明了商谈内容从入住至 20 个月后之间如何变化的，可以解读出入住最初关于设备机器的商谈最多，整体上来看同好会、自治会等交流活动的商谈较多。还有血压测量的实施带来的有关“健康”商谈迅速增加，还有在搬迁后的地方构筑新社区的高龄者的心声以及作为支援的万事通的重要性。

◉ 小规模共用空间的使用频率高

小规模的 10 层艺术广场比大规模的 4 层联谊广场使用率高，艺术广场、各种同好会、自治会活动是少数人使用比较频繁。联谊广场入住半年、艺术广场入住 8 个月后顺利使用次数增加，那以后前者每月为 6、7 次，后者每月为 13~14 次，趋于稳定。由此来看从社区萌芽到某种状态稳定下来至少需要这样一段时间（图：联谊广场与艺术广场月使用频率）。

◉ 建筑设计促进入住者的碰面

11 层高的通廊型楼栋形式，在共用走廊的凹空间内放入长椅，在住户的走廊一侧开大口。期待入住者之间的碰面以及短暂的交谈，加深相互之间的交往。这种设计效果根据入住者的生活方式有不同，可以说“生活的中心是住居”是符合高龄者特性的有生气的提案（图：共用走廊的凹空间和开放的住户开口部的设计）。

【参考文献】
1）都築主「都市型高齢者向け優良賃貸住宅における入居者の特性に関する研究-川崎市ビバース日進町の事例を通じて」（『明治大学大学院修士論文』2006）
2）稲垣亜希子「高齢者住宅における入居者への見守り的なサービスのあり方に関する研究-川崎市内の高齢者向け優良賃貸住宅とシルバーハウジングの事例を通じて」（『明治大学大学院修士論文』2008）
3）守田あゆみ「大都市における高齢者向け優良賃貸住宅に関する研究-川崎市の高齢者向け優良賃貸住宅の入居特性と今後の暮らし方の可能性に関する研究」（『明治大学大学院修士論文』2010）

高龄者专用的租赁住宅

早期应对移居的住居

名称:Grand Mast 町田　所在地:神奈川县相模原市　完成年:2009 年　户数:85 户　设计:积水房屋　管理:积和不动产　1R:10 户,1DK:10 户,1LDK:49 户,2LDK:16 户　入住者平均年龄:约 78 岁

高龄期中的住居有原居住宅、高龄者住宅、设施三种选择范围。高龄者住宅和设施的边界是暧昧的，需要介护时转移到设施，在此之前转移到高龄者住宅比较容易理解。那么为什么有介护的需要，还要尽早地换住到高龄者住宅中去，其动机有：1）消解一个人生活的不安；2）减轻家庭负担；3）通过回归城市中心提高便捷性等方面。

这种提前设定的换住的住居之一就是“高龄者专用租赁住宅”（以下简称高专赁）。高专赁就是不拒绝高龄者入住，专门以高龄者为租赁人的租赁住宅。方便附加高龄者的特殊服务，可以得到在自家享受不到的“集合居住”的优势。

“Grand Mast 町田”是位于神奈川县相模原市的高专赁，住户面积约 33~62m^2，一层设置食堂、谈话室。在软件方面配置柜台职员（9~18 点）、管理员常驻，在食堂向需求者提供早餐和晚餐，可以和亲友一起生活。一层为介护事业留有租借空间，目前日间照料中心进入。

与通常的集合住宅相比，软件服务方面充实，但如果把住居作为终老的住所，就需要有 24 小时的家访服务、小规模多功能型居家护理等 24 小时、365 天的介护服务的携手合作。在趁环境适应能力较强时进行转居，即使需要护理了也可以继续居住，提早换住也是缓和环境转移负荷的一个手法。

（山口健太郎）

食堂（一层）就餐时间以外可以作为谈话室使用

厨房（一层）

谈话室（一层）旁边设置电子邮件箱，家族可以住宿

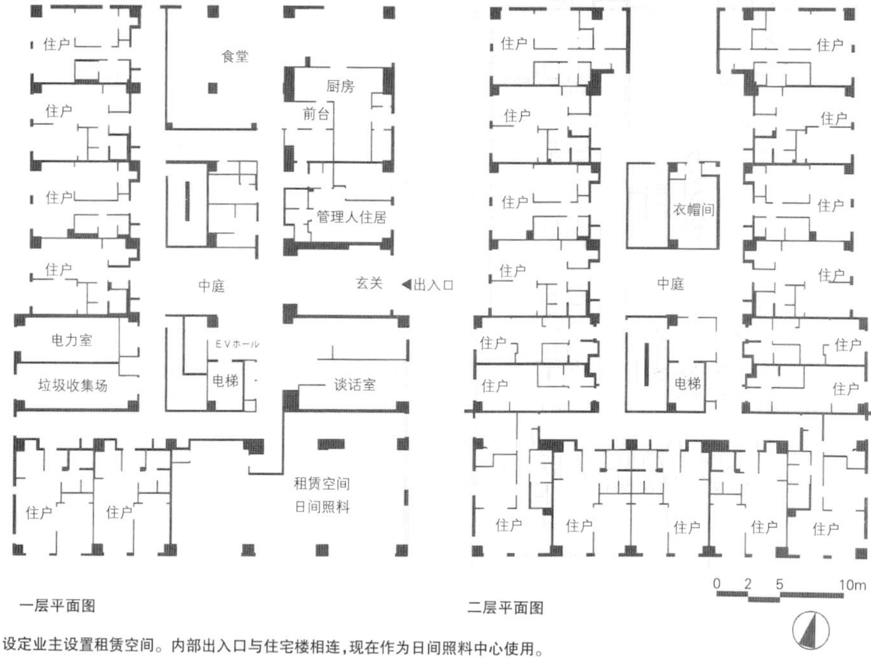

一层平面图　二层平面图

设定业主设置租赁空间。内部出入口与住宅楼相连，现在作为日间照料中心使用。

◉ 参考实例

交响乐将监

9 户，仙台市，2006 年，设计：井上博文 + 医疗系统研究所，住宅型收费老年之家，小规模多功能型居所介护，保育园配套实例。各住户的面积 19.37~21.74m^2。一层的小规模多功能型居所介护承担住宅型收费老人之家的主要介护，对使用者来说安心、安全，不用担心介护，对事务所来说有着容易确保住宅双方使用者的优势。

1 住户
2 浴室
3 更衣室
4 电梯
5 大厅
6 厕所
7 书房
8 储藏
9 食堂、房间
10 婴儿房
11 厨房
12 玄关
13 办公室
14 卧室
15 挑空
16 上部挑
17 出入口
18 公共空
19 休息室
20 保育
21 阳台
22 会谈室
23 防风室

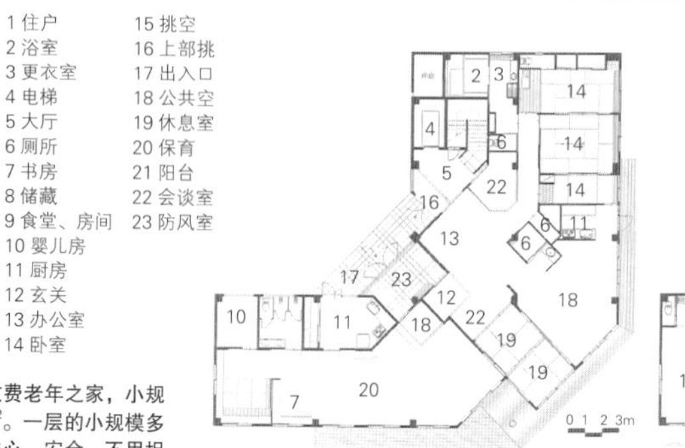

一层平面图（小规模多功能型居所介护、保育园）

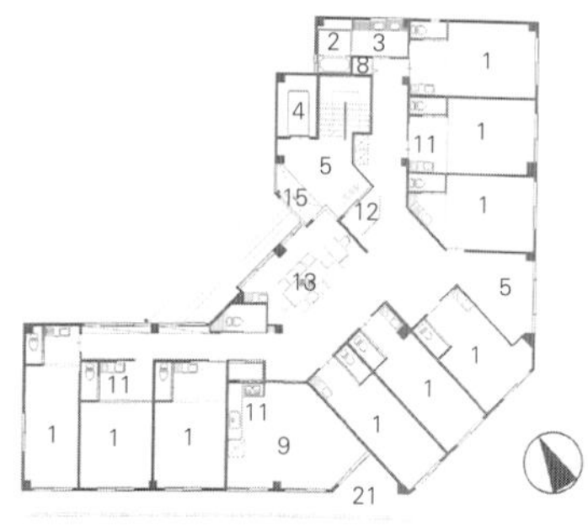
二层平面图（住宅型收费老人之家）

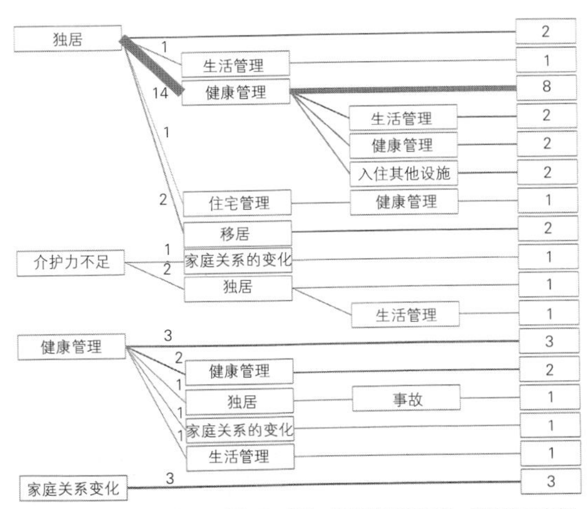

健康管理：患有疾病等，生活管理：吃饭、洗澡等自理困难。家族关系变化：两代居家庭关系问题等

决心入住高专赁之前发生的事情及生活变化

获得高专赁相关信息的媒体，获得者及主要的入住决定者

		信息获取者		入住决定者	
		本人	孩子、亲属	本人	孩子、亲属
房源信息获取媒体	新闻报道、杂志、广告、DM	10	2	10	2
	网络		6	1	5
	活动	1		1	
	老人之家介绍中心	2	1	2	1
	来自专职熟人的介绍	2	1	2	1
	来自不动产公司的介绍		2	2	
	建筑的广告挂幅	3	4	5	2
总计		18	16	23	11

信息的获取：孩子得到 Grand Mast 町田信息的家庭 15 户（44.1%）。孩子的主要信息媒体是网络，意外多的是建筑阳台吊挂的垂幕广告，散步中发现后入住的。入住最终决定者：孩子 10 户（29.4%），本人 23 户（67.6%）。关于入住的所有事情委托孩子的较多。

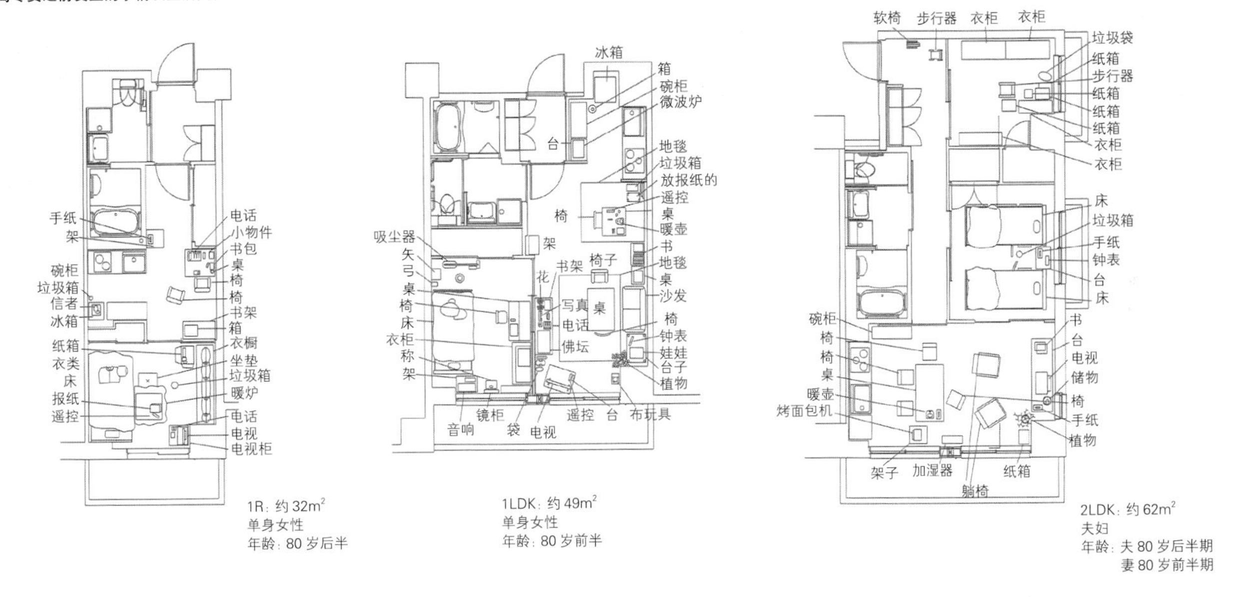

1R：约 $32m^2$
单身女性
年龄：80 岁后半

1LDK：约 $49m^2$
单身女性
年龄：80 岁前半

2LDK：约 $62m^2$
夫妇
年龄：夫 80 岁后半期
妻 80 岁前半期

◉ 决定入住的过程

提早移居的主要动机是安心、安全。但是具体内容是漠然的。上图是通过对 Grand Mast 町田进行调查得来的决定入住的过程，首先约 60% 的高龄者有着独居的经验，其中 40% 高龄者患有需要住院的大病。丈夫（夫人）先走了，在过着不安的独居生活中患病，更加剧了不安，决定搬入高专赁或设施中。高龄者所寻求的安心、安全中，不管是任何时间有人可以马上到来这种看护的成分比较强烈。因此对 Grand Mast 町田配备有常驻人员评价很高。

◉ 入住者对主体房源检索的参与

就高专赁而言，入住时的房源信息收集、现场参观、决定入住的过程都交给孩子的现象很多。从某一高专赁实施的调查来看，家属作为主体活动，本人是被动的高龄者，与家属的关系比较密切，而朋友关系或与地域社会的联系稀少。另一倾向是作为主体决定入住的人就会在楼栋内建立朋友关系，积极出入于地域。

居住在城市中心的家属可以邀请父母来，这也是高专赁的使用需求之一，但是即便距离远的，使用者亲自考察建筑和周边环境，决定入住是非常重要的。

◉ 高专赁中的餐饮设施是十分重要的

消解孤独是入住动机之一，虽说高专赁是同年代的人一起生活，入住者之间难以自然发生交流。促进这种交流的方法之一是食堂中的就餐，某高专赁在晚饭后举办茶话会，同时每周有意识地将食堂的座位顺序进行调整，营造和任何人都能轻松交谈的环境，使得入住者的交流圈得以扩大。

此外餐饮、生活支援方面也很重要，每天的餐食提供，对于不擅长家务的男性、身体机能低下的高龄者来说是不可缺少的生活支援。

◉ 环境改变的缓和

高龄期中移居，对新环境的适应对身体机能处于下降趋势的高龄者来说是很大的挑战。为减轻环境改变带来的移居前后的落差是很重要的，使用惯了的家具的携带可以促进生活的延续，在住惯了的地域内移居，不会切断与街区的关系。高专赁中搬进了陪嫁的家具箱子、家属使用过的桌子等许多东西，住户设计上应考虑生活的延续性，确保充足的空间。

◉ 可以终老的照料

高专赁适合于小规模多功能型居家护理。所谓小规模多功能型居家护理就是对 25 名注册者综合提供上门服务、陪住、家访的机制，1 个月的自费金额是固定的，在护理上可以不必介意护理保险的上限接受照料。使得安否确认、紧急时刻的应对等短期照料以及临机应变的照料容易进行。

有效运营小规模多功能型居家护理的关键是自家与设施的距离，使用者被限定在设施周围的话，就可以缩短访问和迎送的时间，有限的职员数可以进行细致的照料。配套小规模多功能型居家护理设置，自家与设施的距离近了，可以提供 24 小时 365 天的护理。但是一天的生活都在建筑内完成并非理想，去购物、挑选自己喜欢吃的东西，添加必要的东西等与地域生活不分割的设计很重要，因此要建在方便的场所，方便出行的空间构成的考量很必要。

关注环境和健康的合作住宅

以协调者和居民协作方式实现

名称：生态村鹤川 KINOKA 的家　所在地：东京都町田市　完成年：2006 年　占地面积：2500m^2　户数：30 户　策划协调：ANBX

主题型的合作住宅，是在合作的项目方式下带有附加价值的住宅。协调者的热情加上居民的积极性，就可以期待提高居住与生活价值的双倍效果。

"KINOKA 的家"是协调员与业主交涉预约了土地，在考虑生态和健康的主题下的合作住宅。包括地主的自家住宅约 10000m^2 的基地的一部分以及保护基地绿色丰富的环境等理由，可以看到居民的面孔，期待环境保护的规划得到地主的赞同。30 户对合作住宅来说属于大规模了，预算价格也比较高，因此招募入住者有些悬念，但是主题和绿色环境具有无限的魅力，约 6 个月就结成了建设协会，约一年的设计概算期和 1 年的工期竣工了。

特色为外保温反梁钢筋混凝土高耐久的骨架体系，烧杉外装，自由设计，全面的健康规格，环境关怀，所有住户都带有划分的屋顶菜园，以及手工车共用等。在规划建设期间的会晤达上百次，协会主持召开了 7 次定期文化设计公开讲座，居民亲自参加外墙烧杉板的烧制作业等，通过居民提供大量的劳力以及担任所有协调工作的协调员的努力，实现了优秀集住的硬件和软件建设是珍贵实例。

（中林由行）

外观：西面的外观，烧杉的外装修，可以看到烧柴的烟囱

集会室前：南面，位于三层部分的集会室被各种活动使用

内装实例：包括水系空间自由设计，30 户各有个性。该实例是最顶层的住户顶棚上可以看见梁。中间层梁是上层的楼板

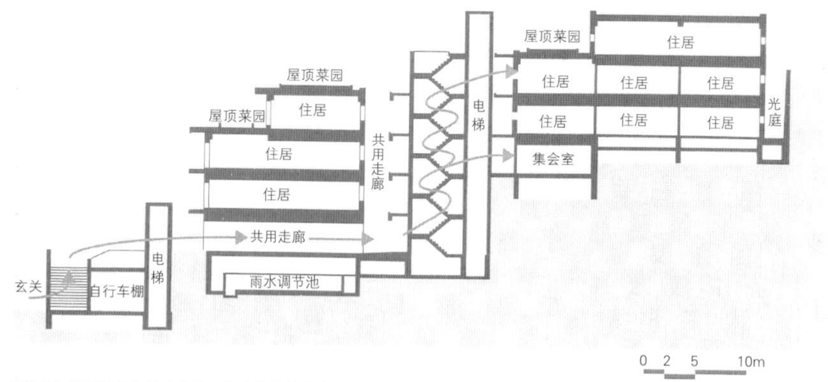

剖面图：建在西南向的坡地上，箭头指向从玄关到集会室及上层的途径

◉ 参考实例

经堂之杜（照片上）（2000 年，12 户，世田谷区）以生态为主题募集的共同住宅，团队网策划的一系列规划设计（包括"榉 house"）可以说是以都心部的土地所有者开发和环境保护的协调作为共同住宅的方式，实例证明共同住宅如果策划得好，留下绿地（不要建满容积率），尽管比周边的公寓高也成立。"樱花花园"（2002 年，9 户，横滨市），郊外型的带有菜园的共同住宅，除了基地内，租借邻近的农田种植菜园也是特色。

屋顶菜园 由于无农药栽培，需要 3 年左右的覆土培养，这是中间阶段

居民烧杉作业 需要燃烧炉烧、洗、磨三道工序

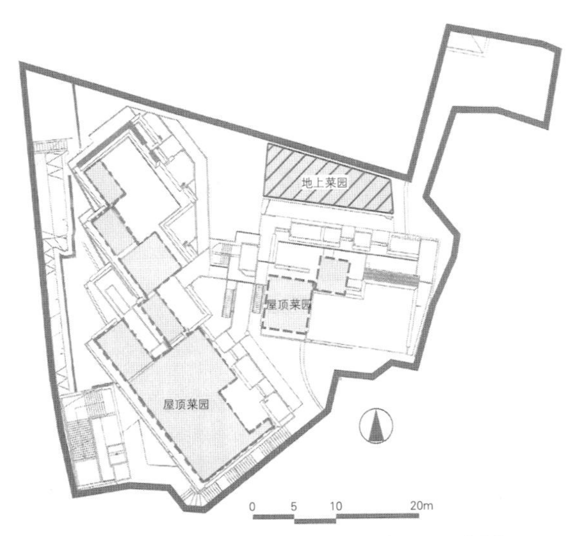

屋顶菜园（虚线）和地上菜园（斜线）：右上部分稍远有庭院，进行蘑菇栽培和燕麦栽培等

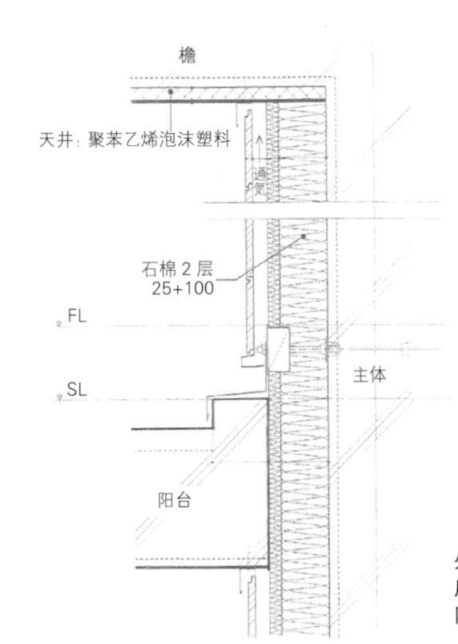

太阳能热水系统
水道直结式，玻璃真空二极管内储热型，1 住户，160L

外隔热，阳台大样：主体的外侧石棉 2 层 125mm，留有通气层，烧杉外装修，阳台板和主体间有隔热层，没有热桥。

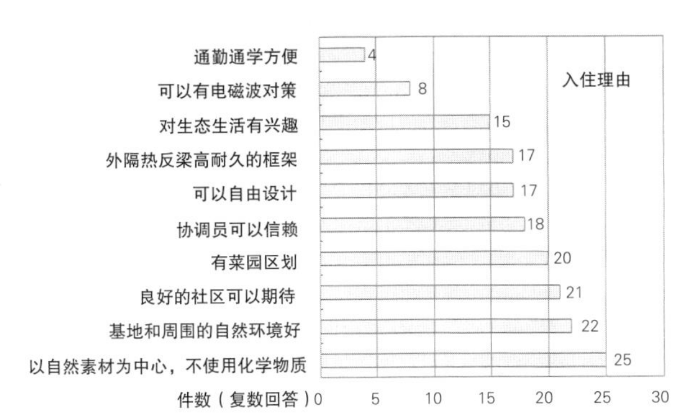

入住理由	件数（复数回答）
通勤通学方便	4
可以有电磁波对策	8
对生态生活有兴趣	15
外隔热反梁高耐久的框架	17
可以自由设计	17
协调员可以信赖	18
有菜园区划	20
良好的社区可以期待	21
基地和周围的自然环境好	22
以自然素材为中心，不使用化学物质	25

入住理由（复数回答）：一般“自由设计”排在首位，而此实例以“健康和生态”为主题招募的因此出现这个指向

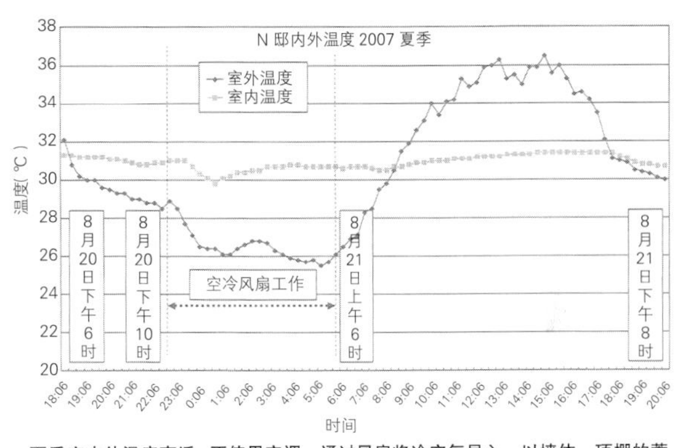

夏季室内外温度变迁：不使用空调，通过风扇将冷空气导入，以墙体、顶棚的蓄冷蓄热进行生活的住户实例。

◉ 高耐久高性能的骨架

水泥比重在 50% 以下，层高 3200mm，为实现包括水系的自由设计使用反梁结构，在地板下面留出 600mm 的空间，除了埋入配管还可以用作收纳。外墙为外保温，钢筋混凝土结构用烧杉装修是很罕见的，这是入住者为表现生态志向而选择的。若与阳台板分离处理，屋顶约 400mm 的菜园覆土荷重可提高隔热性能，经过试算得知与地域（北海道）的下一代的标准是同等的。由于是斜坡地，主体结构的造价很高。

◉ 全面实行健康、环境规格

作为标准规格推荐的是朴木的木材、石膏板、油漆涂料材、生态墙纸、金属、瓷砖等。控制使用的是合成树脂材料、胶合板、集成材等含有化学物质的建筑材料。如不选用胶合板厨房系列和洗面系列，收纳等的柜橱不得不用金属或石材以及朴木的木材制作，排除合成树脂，建筑材料的选用受到很大限制，费用也较高。木材主要采用宫城和神奈川附近的杉树。

◉ 选择自由的电磁波对策

由于存在几个对电磁波敏感体质的人，考虑了室内电磁波对策。此次为 IH 炊具和电磁炉，控制无线 LAN 的使用，为消除低周波电场实施了建筑对策。主要配线周围采用地线，插头也安在地上，针对敏感体质的人，采用天棚、地面配线用导电性的胶带裹上放入地下的做法，针对少数人采用全面对策，剩下的只是在卧室中局部采取措施，由于电磁波和水银问题，原则上不使用荧光灯而使用白炽灯，但从节省能源考虑应该反过来。

◉ 太阳能热水和被动式能源的利用

由于是外保温，室内为混凝土现浇的住户较多，这就意味着室内热容量大，隔热性高，在冬季可以将白天的太阳热储蓄起来，夏天可以利用夜间的冷热。上图（夏季室内外的温度推移）表示不使用空调的住户盛夏的温度推移，夜间通过风扇导入新风，室温安定的白天保持比外气低约 5℃，夜间外气约低 5℃使用被动空调。事实上没有安装空调的住户约占一半，此外约有半数的住户使用太阳能热水器，太阳光发电也研究过，但由于电磁波的问题被搁置了。

◉ 永续生活设计

从澳大利亚发起的循环型农园的体系中有“永续生活设计”。为了将这一手法引入，建设协会主持召开了 7 次“公开研究讲座”，让日本的实践者作为讲师，居民大部分参加了。屋顶菜园分了 25 片，地上分了 6 片，几乎所有的居民都热心于蔬菜栽培，居民对生态和食品安全的关心度提高了，其中不乏糙米素食主义者。

◉ 协调员的热情和居民劳力的提供

合作住宅是以入住者为主体的项目，在协会的聚会很多，此次由于协调员热情，加上入住者的热情，做出了超乎寻常的努力。两年来总会、理事会、各种担当分会每月都有召开，聚会的次数达百次，加上入住后的永续生活设计讲座 7 次，居民每周末往返于制作所参与外墙材料制作约达 270 人 / 日，其结果加强了居民之间的连带感。

◉ 入住理由健康规格居首位

入住者从 30 岁到 40 岁有小孩的家庭居多，由于有 30 多个孩子，共用空间非常热闹。

居住者的家庭约 60% 是多少有些过敏体质的。其中包括对化学物质和电磁波敏感的人，对这些人而言在自家可以采用充分的对策，建筑整体的健康规格是最大的满足，排在入住理由的首位，其他还有周围环境好，有良好的社区，有菜园等都是主要的入住理由。

专栏03

设计者公寓的新展开

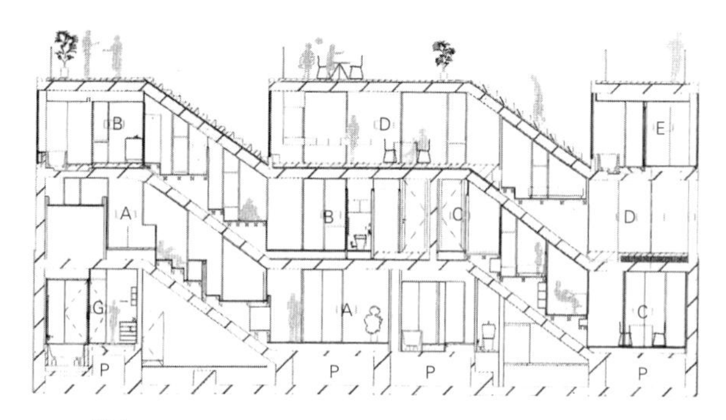

A~G 型住户　P 为井坑

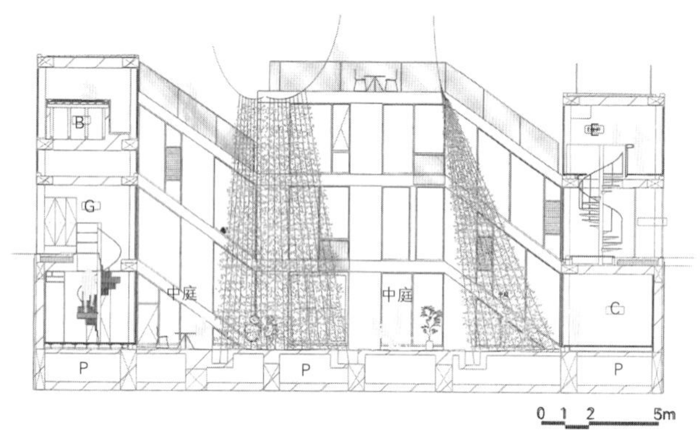

剖面图（SLIDE 西荻）：住户内外的楼梯是特殊的设计（提供：驹田建筑设计事务所）

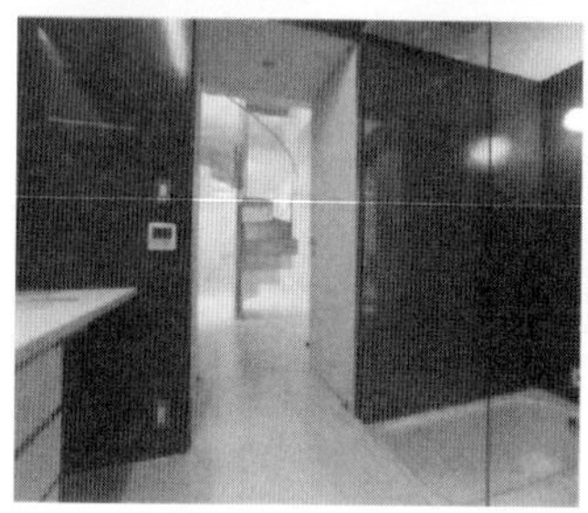

SLIDE 西荻（摄影：傍岛利浩）

近年竣工的通过 Archinet 建造的共同住宅

名称	设计者	户数	住户面积	竣工年月
SLIDE 西荻	驹田刚司等	9	60~102m²	2008 年 12 月
KEELS 四谷的栋状住居群	田井干夫等	9	65~90m²	2008 年 12 月
由比之浜 house	手冢贵晴等	5	68~103m²	2008 年 11 月
代田 town house	早川邦彦	10	66~97m²	2008 年 8 月
Glasfall	北山恒等	6	63~83m²	2008 年 1 月
UNITE 神乐坂	千叶学	4	90~92m²	2007 年 5 月
co-HINATA	驹田刚司等	4	82~87m²	2007 年 5 月
TRAID	商业设施设计事务所	3	100m²~	2006 年 10 月
COURT HOUSE	TAO 建筑	5	66~95m²	2006 年 3 月

遍布街巷的“设计者公寓”，设计者公寓一词是对有设计者个性的外观和平面的租赁集合住宅的称谓。是 1980 年代后半期泡沫景气时开始使用的。当时有这种称谓的集合住宅很多，面向单身、丁克一族小众人群的设计性优先。虽然居住性和功能性差些，属于租赁，由于居住时间短，可以规避这些问题。那以后在面向普通家庭的分租公寓的外观、共同部分启用设计师专门设计，多用于宣传和形象战略上。

质量高的定制住宅的出现

另一方面是应对追求质量的定制设计的住户作为特殊实例。1990 年代后半称为“赖特型”的合作住宅出现成为契机，自由设计下的个性化公寓开始受到关注。实际上以标准设计为基础的内装、家装的微设计变更较多，一部分个性化的居住空间在一般杂志上流行起来。其中由 archine* 协调设计的集合住宅，是赖特型合作住宅，启用建筑专业杂志出现的画家建筑师，其作品不仅是一般杂志，被建筑专业杂志采用的也多起来。定制设计的住户是个性与建筑师的设计融合，不失衡，可以说是本真意义上的设计师。

作为作品的设计者公寓

住户面积一般与商品房是同等规格，住户数多在 10 户以下，比一般合作住宅购买的基地要小，没有规模优势，接路条件差等，是公寓开发商无法施展的狭小廉价的土地。

把这种基地条件置换成有价值的作品是建筑师的强项，巧妙运用各种基地条件和周边环境，提高住宅的价值。与现浇混凝土所象征的初期设计者公寓的特征，跃层、吹拔、螺旋楼梯等多用在合作住宅上的设计手法相融合打造出建筑作品。

今后的设计者公寓

这些集合住宅并不是过去的设计者公寓的进化版，建筑师对住宅需求者的自由设计的过度期待，适当地控制造价提高设计质量，自由设计的产品在中古市场上往往被负面地评价为特殊住户，也会在建筑师的设计下获得附加价值，建筑师的创意技能，成为住宅受到长久爱惜的契机。同时充分调动和发挥建筑师策划集合住宅的技能，支持协调员的职能也是重要的。（佐佐木诚）

※archine 是协议共建方式的协调公司，开发商与从事中介、销售的不同，是独自策划的集合住宅，通过建筑工会支援建设发包等，20 世纪 90 年代后半期出现的。

【参考文献】
1）鈴木紀慶『スズキ不動産 集合住宅編 - 有名建築家がつくった物件情報』ギャップ出版、1999
2）清水文夫『デザイナーズ・マンション Best Choice』グラフィック社、2002
3）篠原聡子「デザイナーズマンションという戦略」（『新建築 2006 年 8 月号』新建築社）

04 公与私边界的设计

现在的集合住宅由于过于强调私密，太封闭了。其结果丧失了把集中居住的优势发挥到极致的机会。集合住宅如果将住户→邻居→住栋→城市的阶段性、连续性开放同时联系在一起，将公与私的边界巧妙地加以设计，并在各个阶段进行巧妙构思，就会在集合居住中创造近邻的来往和产生依恋情感的契机。

硬件的设计提高了建筑过程与居住机制结合的说服力。不单纯是造型完美，不仅是关系性、领域感、距离感等提出视觉问题，还可以通过各种要素与居住者发生互动作用。特别是私的住户空间和半公共的共用部分，其中也有作为公共空间的边界部分的设计方案。在苛刻的条件中，出类拔萃的规划和设计给人以启发。

合作建造方式下的独户住宅

产生公共空间的用地规划

名称：野川生态村　所在地：东京都狛江市西野川　完成年：2004 年　设计：大泽良二 /TS TECH CO 规划研究所　开发者：都市设计体系　户数 / 栋数：9　占地面积：1353.27m²（包括开发道路）　用地区划面积：115.00~138.29m²　各户建筑面积：44.73~51.96m²　各户总建筑面积：83.59~96.81m²

把数栋住宅布置在相对宽阔的基地上，营造宜居的环境，在这点上，集合住宅和独立住宅群的规划手法有许多共同点。在巧妙规划的集合住宅中，可以看到一反建筑规范所谓“一个宅基地建一套住房”的做法，而划分成几个基地的实例。道路和用地规划构成的独立住宅群、微型开发（比如旗杆地）等到处都有，这些复数的住宅群所包含的用地规划都作为集合住宅考虑，意味深远。

“野川生态区”就是这种由 9 个基地和开发道路构成的宅基地，以合作建造方式进行规划、实施的项目。经过与居民的交流沟通，在规划内可建范围，要求建筑设计元素的统一，电线走地下，没有围墙的开放的构筑物等规则作为居民间的环境协议规定下来，进行协调性的整备。

开发道路，在终端部设回车广场，做成死胡同式的尽端路，通过周边构筑物和装饰统一化，做出像中庭那样宽阔的共用空间，这里用作孩子们的游乐空间和居民交流的场所。经过协调整备，形成与周围野川的自然环境协调的有连续感的街景。通过合作建造方式，将自由设计和施工合理等有利方面最大化，通过包括道路在内的用地整体的全面规划和整备，实现了集体居住环境的优美和附加价值。

（田中友章）

野川生态村：包括开发道路在内的共用空间

面向邻接野川的外观

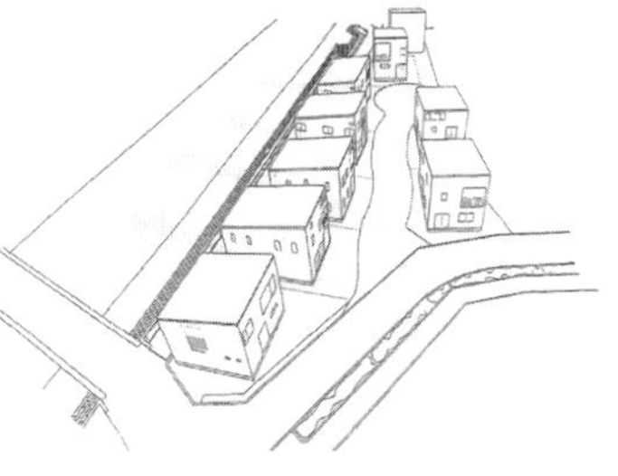

意识到朝向野川风向的体量构成

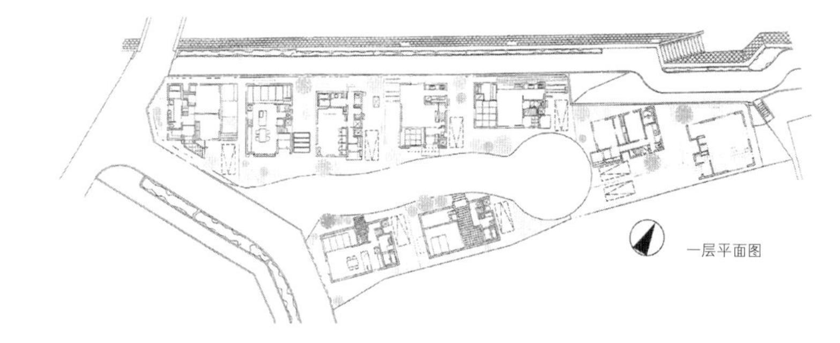

一层平面图

◉ 参考实例

（摄影：畑拓）

公寓鹑

约 1400m² 的基地，建有配建画廊的业主住宅和 12 户租赁住宅，基地分为 4 个区域，没有连接外围道路，住宅楼围绕着中庭和里弄的共有地布置。

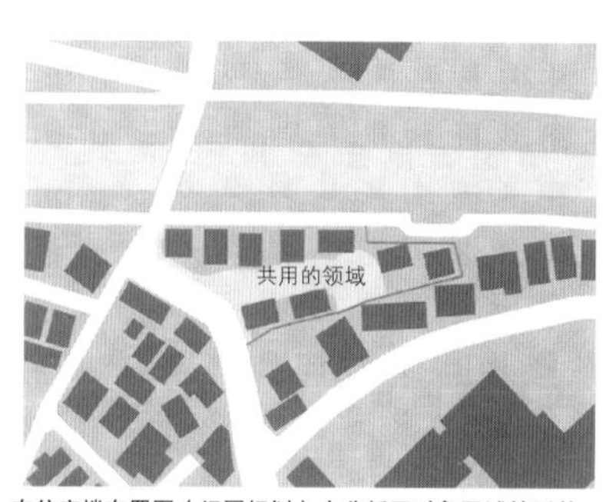

在住宅楼布置图（组团规划）中分析了对象区域的形状、建筑及开放空间的形态和布置，构成要素下的图和底的关系，建筑构成的共用空间领域（共用）的形状等，形态布置阶段的构图。

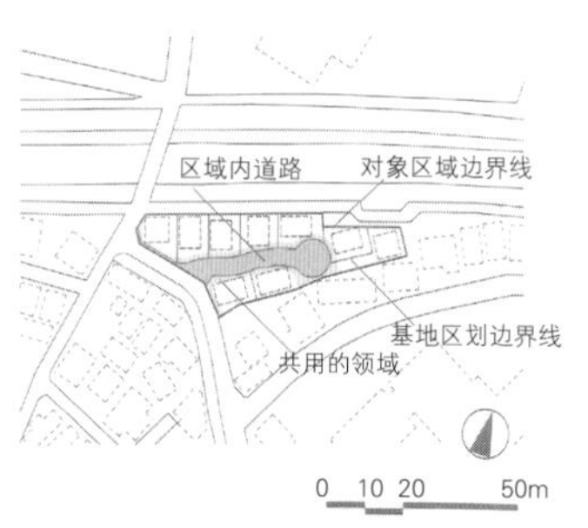

在基地区划图中分析了规划设定的各基地区划及道路、通路的形状和位置，公私各有权属的区划的布置和边界，以及与共用空间领域的关系等，分析了区划边界层面的构图。

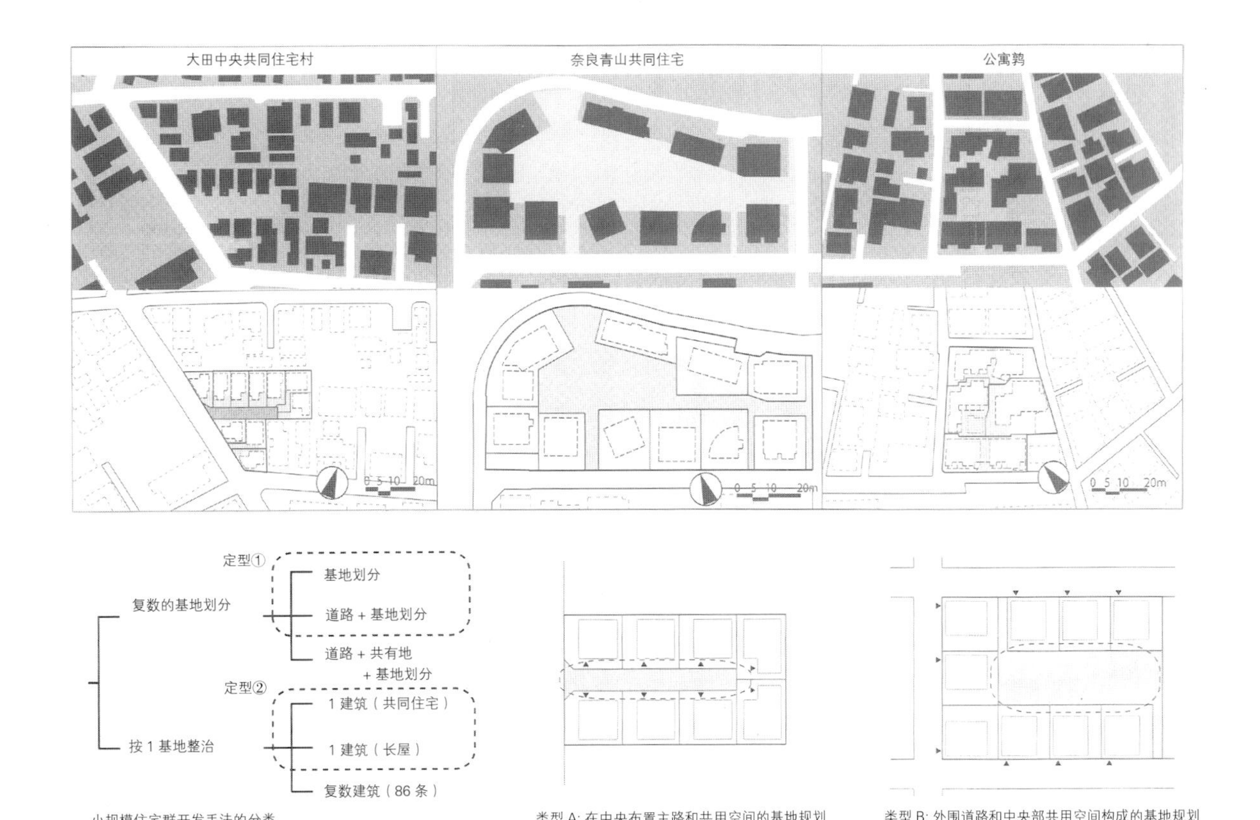

小规模住宅群开发手法的分类

类型 A: 在中央布置主路和共用空间的基地规划

类型 B: 外围道路和中央部共用空间构成的基地规划

◉ 巧妙规划用地布置住宅群

要设计规划由几个区划用地组成的住宅群，努力尝试与法律制度整合。在建筑法规基础上制定了以建筑物为单位的基地、结构、设备以及用途的最低标准，一个建筑物原则上要建在基地上（一个基地一个建筑），基地要与道路连接，要求道路红线在 2m 以上（接路义务）。上图是对一个组团的基地整合若干住宅群开发手法的整理。下面两种方法是定型的方法。

①确保基地引入道路等的接路，分成若干个区块，在各区块上规划独栋住宅。

②不分基地，建设共同住宅、长屋等一个建筑物。

定型①是商品房等独户住宅开发商常见的手法，定型②是公寓等集合住宅通常使用的方法，都是符合规范的手法。

围合作为共同开放空间的用地规划，在建筑确认上可以看到作为复数规划的申请等进行用地区化的情况。从“公寓鹑”、“森山邸”（设计：西泽立卫）看上去像由若干个住宅构成的集合住宅那样，实际上是由 3 ~ 4 块规划用地组成的。这不是无原则地接受法律制度的诱导下的用地规划，可以说是为实现空间图景而想出来的用地规划手法。

◉ 做出公共空间的 2 个手法

将较宽敞的用地进行分片，各区块与道路连接，住宅群围绕着共用空间布置有 2 种手法。

类型 A：在基地中央设定各区块与连道的道路，包含道路在内把周围领域一起作为公共空间进行活用的用地规划。

类型 B：把基地外围道路作为各区块的接道，在基地中央布置作为开放空间的共用的用地规划。

在列举的实例中，“野川生态村”、“大田中央共同村”属于类型 A，“公寓鹑”、“奈良青山合作住宅”属于类型 B。类型 B 仅限于基地外围道路原先就存在着得天独厚条件的情况，在使用道路＋用地划分手法的住宅群开发中，应该是以类型 A 为主轴。那里道路与成为中心的公共空间一体规划是关键。

◉ 以合作方式进行协调的改造

在这种住宅开发中使用合作方式的优势是什么？这种方式有着居住者通过协商作出的规划共同去实现的、目的指向型的特点。在独栋住宅的合作中，基地区划设定，建筑物的布置等空间构成，以道路为中心的共用空间的整备，电线走地下，建筑外观（色彩、材料）统一化等街景整治，可以通过协商实现协调。从这种包括用地整体在内的整治，可以看出基于居民间的协议制定形成的规则（环境协定、街景协定等）。

野川生态村、大田中央共同村，实施的是新建道路与各用地地块的边界完全取消，连为一体的景观，形成宽阔的开放空间。由于没有过境交通的干扰，就仿佛都是属于自己的共用庭院那样，即所谓把道路空间作为共同空间的尝试。

◉ 独户住宅合作建造的可能性

合作方式有着形成居民间社区交流、自由设计、造价合理化等优势。虽然是独户住宅，同样的优势都可能实现。介绍的实例大多数是施工一体化、集约化，发挥集合优势。在集合住宅中由于独户住宅的合作是应对个别设计，有着工期的延误，区分所有带来风险等负面东西，基本上是与通常的独户住宅开发建设一样，土地、建筑的权利都是专有，竣工时间可以错开，有到完工为止时间和劳力过于浪费的弊端，但是野川生态村是按照规划人员提出的方案进行的类型，减轻了参加人员的负担。

在规划过程中，可以对住宅的窗户位置、私密性、相邻关系进行调整，因此基地整体环境比个别规划的要好，另外，在项目过程中加深了居民之间的相互理解，为入住后安心生活获得了构筑人际关系的机会，这一方式可以认为是在实现对各住宅个别要求的基础上，可以以户外等集合优势的部分为中心，协调规划的有效手法。由于全面地协调独户住宅群的规划，附加了价值，以合作共建的方式，可以说是实现这个方式的特征。本来针对这一规划应出台相应的制度，今后期待允许在一个基地对于若干个建筑物进行整合设计，渐进地实施，活用成片建筑物设计制度。

【参考文献】
1）青木仁「ミニ戸建て開発ー小さな敷地がつくり出す街並みの可能性」（『新建築　第78巻9号』p155-157、2004）
2）田中友章「複数敷地区画の協調的整備による住宅群計画に関する研究-過去10年間の先導的事例の比較による考察」（『日本建築学会　住宅系研究論文報告会論文集2』pp.225-234、2007）
3）「住宅とマチの関係のデザイン」（『2007年度日本建築学会大会（九州）パネルディスカッション資料』2007）

有管理规约的独户住宅区

设计和居民活动结合的机制

名称：万丰村（location village）千叶　所在地：千叶县千叶市若叶区大宫台 1 丁目～等　入居开始年：2007 年　街区面积：13855.4m²　规划户数：44 户　销售公司：相互住宅 16 户，东日本 house 12 户，新昭和 12 户，镰形建设 4 户　基本规划 / 业主：城市设计体系

针对独户住宅区内共有地管理的意向决定方法和以持续的活跃的居民活动为目标，规划设计像公寓那样有管理规程和统一的设计规则的独户住宅区，这种住宅区在管理规程、统一的设计规则下由居民运营管理协会。但仅是准备管理规程和规则，居民自主地运营组织是困难的。

万丰村千叶位于千叶县若叶区大宫台西北，是在公司 9 栋租赁公寓的基地上的再开发项目。在既有住宅区的大宫台建成有活力的社区，在东侧的开放的杂木林景观眺望上寻找价值，作为住宅区设计概念。规划特征是 4 个组团沿着 1 条尽端路连续布置。在东面斜坡绿地和草砖铺装的道路上设定地役权。

这里销售公司负担一年的委托管理支援公司的费用。对管理工会的设立和运营进行支援，支援工作的主要内容是当理事判断困难时给予咨询，介绍其他地区的管理实例，归纳居民问卷报告文档。在居民之间发生难以解决的纠纷或对管理有不同认识时发挥协调作用。这种管理协会从设立阶段开始，就有专家以第三者的立场参加，使居民管理协会顺利崛起，开始自主管理。

（温井达也）

眺望成为住宅区规划支柱的东侧杂木林

第 1 次总会（业主主持）

第 2 次管理工会总会后的恳谈会
由第 1 年度的理事主持进行准备和当天的运营

管理工会第 1 年的活动内容

1. 定期的理事会（每月 1~2 次）
2. 管理工会的存折和常务理事的印章做成
3. 第 1 年管理工会费用及临时基金的征收
4. 工会运营相关的问卷实施
5. 工会规约的部分修改
6. 管理费用模拟的修改
7. 栽种管理公司的选定和发包
8. 向工会会员传达理事会的定期报告
9. 第 2 次管理工会的总会准备
10. 活动报告书、会计报告书的制作
11. 管理工会议员候补者的确认和意见收集
12. 第 2 次管理工会总会的实施
   新任理事的选举
   第 1 年度理事经验者的支援开始

※1~11 为管理工会支援公司管理支援期

恳谈会后的整理
参加的会员自主协助进行扫除作业

既有住宅区（大宫台自治会）的活动
居住者在公园内进行种花的活动，其他自治会开展的各种活跃的活动，可以在住宅区内确认各种各样的场所。

◉ 参考实例

高须青叶台新城“青叶台 Bonerufu”
作为新城内样板街区规划的 105 区域的住宅区，尽端路构成的共有地由居民管理工会进行组织。活用管理工会的规约和设计规则，自主地进行维护管理。

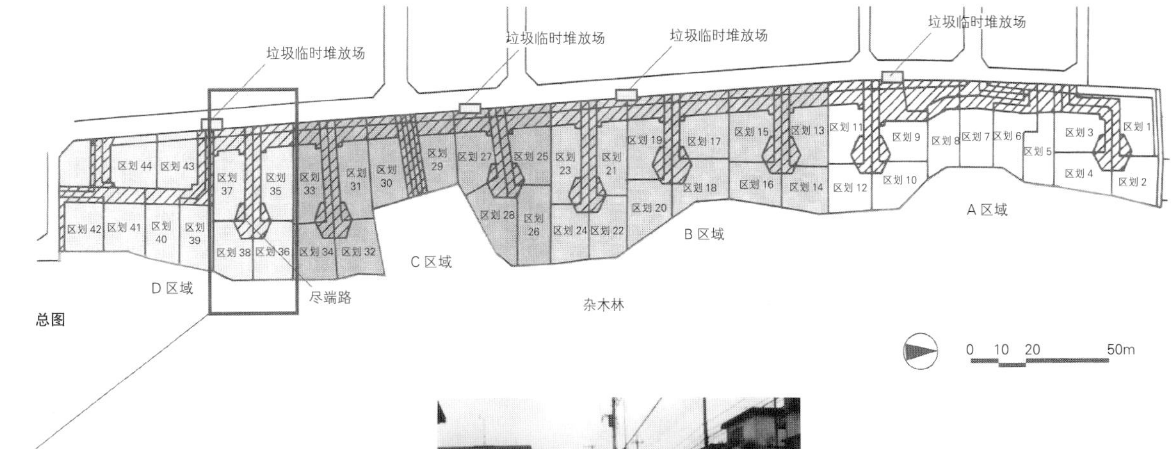

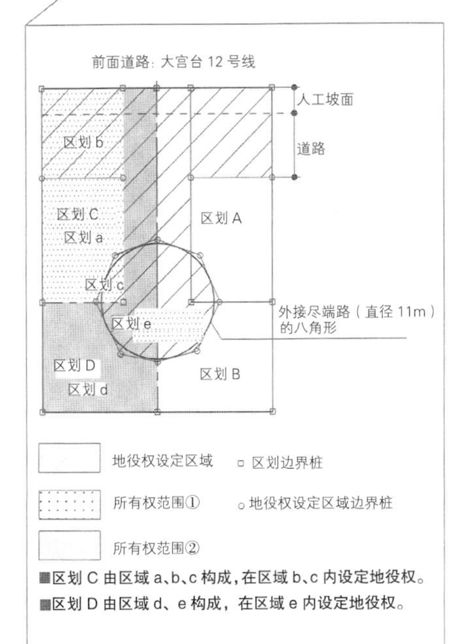

■区划 C 由区域 a、b、c 构成，在区域 b、c 内设定地役权。

■区划 D 由区域 d、e 构成，在区域 e 内设定地役权。

西侧的坡地绿地和连续铺装的道路

看上去有连续性，所有权分为 44 户，通过设定地役权，作为公有地可以相互利用，这些共有管理物的存在，成为与公寓等同样需要管理工会的理由。

尽端路

住宅区的特征之一是尽端路，一端禁止通行的死胡同，4 户设置一个直径为 11m 的回车空间，地役权设置后，尽端路内各户的玄关均面向道路，形成社区易于交流的住宅配置。

《关于规则》

在“location village 千叶”有称为管理工会运营规则的“管理工会规则”和遵守设计规则的“街景协定”。“管理工会规则”的特点是将管理工会管理的共用地、共有物的维持、检查、保持、清扫、管理等整个修缮过程定位为管理工会的义务。还有规定干事的任期为 2 年，第 1 年为有职衔的理事，第 2 年为作为新理事的辅佐干事，有接任方法和助理的机制。“街景协定”从街景统一的观点出发，作为象征树木的栽种，绿篱的种类和高度及位置，一定规模的储藏间和停车场、屋顶的设置规则等，规定了 21 条，构成详细的设计规则。

◉ 地役权的设定和共有地的管理

设定地役权的土地可以视为居住者可以互相使用的共有地。各组团设定了设定地役权所需的承租土地和作为其他组团出租土地相互的地役权。

地役权有被利用方的土地（承租）和获利方的土地（出租），可以登记，为管理设定这些地役权产生的共有地，制定有管理工会规约和设计规则（街景协定）的管理费用，根据管理协会规约为每年 1.8 万日元，和一次性费用 20 万日元，这个费用是以 30 年间修缮模拟为基础计算出来的。管理费用用于坡地绿地的日常栽培管理，草砖铺装和埋设配管的维修。

◉ 管理协会的规定和运营的创意

对管理规定、管理工会成员的构成都有一些考虑，管理协会理事成员任期为两年，第 1 年有职衔的理事是第 2 年的干事，有理事经验的支持新年度的理事。这样在理事任职期间得到的基层经验传给下一届，意在让居民活动得以延续。

在运营方法上，在召开理事成员会的基础上进行多次问卷调查，听取工会成员的意见，各理事进行工作分工，以问卷的形式听取意见，可以迅速作出理事会的决定。此外，各组团设 2 名公职人员、1 名助理和辅助人员，这种继承式机制，减轻了公职人员的负担，同时缩短各组团的信息传递和信息收集的时间。明确工作分工，增加公职人员接触运营的机会和责任感，促进自主的管理活动。

◉ 规则是管理活动的“契机”

一般认为有管理工会的住宅区，从销售事业者的角度来看，由于有详细的规则影响销售。但是也存在把有规则作为购买住宅动机的居民，也有积极购买有规则的住宅区的。从这方面来讲，这里成为对规则的理解以致对住宅区的理解较高的人集中的住宅区。在顺利地推进邻里交往上有很大优势。购房后居民通过管理活动频繁交换信息。具有适当的社会地位和能力、经验的人集合。意识到自主的住宅区管理，居民需要时进行支援，可以开展许多活动。成为管理活动“契机”的管理规约等规则，对支援活动机制的整合，早期展开居民自主活动，并持久下去是有效的。

◉ 关于规则

在万丰村千叶有管理组织运营规则的“管理工会规约”和为保持设计的规则“街景协定”。“管理规约”的特色是维持、检查、保护、清扫、管理以及修缮所管理的共有地、共有物全方位的业务作为管理工会的义务。规定干部的任期为两年，第 1 年作为理事，第 2 年成为辅助新理事的干事，有继承的方法和辅佐的机制。“街景协定”是从统一街景的观点出发，象征树的种植，围墙的种类、高度、位置，一定规模的储藏，停车场屋顶的设置等，规定了由 21 条组成的详细设计规则。

【参考文献】

1）温井達也・花里俊廣・渡和由「青葉台ぼんえるふとグリーンテラス城山における管理活動に関する比較調査」(『日本建築学会大会学術講演梗概集』2007)

2）温井達也・花里俊廣「住宅地マネジメントへの企業としてのアプローチと管理組合活動」(『日本建築学会大会研究懇談会』2009)

有社区空间的高层高密度住宅楼

向街区开放的住居公私领域的建造方式

名称：东云 Canal Court CODAN 中央区　所在地：东京都江东区　占地面积：约 4.8hm^2（总建筑面积 16.4hm^2，约 6000 户）　完成年：2003 年　户数：1、2、3、4、6 街区 UR 租赁 1712 户，5 街区东京建物租赁住宅 423 户　生活支援设施：保育园、学童俱乐部、商业中心、店铺、诊所、日间照料中心等，住宅市区综合整备事业，高层住居诱导地区，街景诱导型地区规划

推进城中心居住时，地区的潜在地势之高往往会是高密度开发。建造超高层住宅楼达成高密度的很多。由于超高层住宅在建筑周围可确保开放空间，由此也确保了绿色生态的居住环境。但是做成的空间往往体量过大，与周围缺乏协调。

为获得多样的街景和居住空间，一般采用通过建造高层住宅楼实现高密度的设计手法，这样原本构成集合住宅魅力的社区空间似乎不能引入高密度中。此外日照、私密性能，在高层高密度中，难以达到新的水准。针对这些课题，介绍为柔和地连接公与私的领域，把中低层集合住宅所具有的社区空间、画廊式的生活展示空间引入住宅楼内的项目。

“东云 Canal Court CODAN 中央区”项目是 UR 都市机构在东京都江东区实施的约 2000 户，14 层，容积率约 3.5，设计追求从住户到共用部、中庭、街道空间的连续性。

（井关和朗，高桥正树）

航空照片

◉ 参考实例

Ribahabu Court 南千住

在 UR 都市机构，关于公私领域的建造方式，葛西 Clea Town 的起居室联系跃层式，多摩新城的街区住宅，幕张贝城的跃层式街区住宅等实现了住宅与共用部、街道等关系密切的设计。

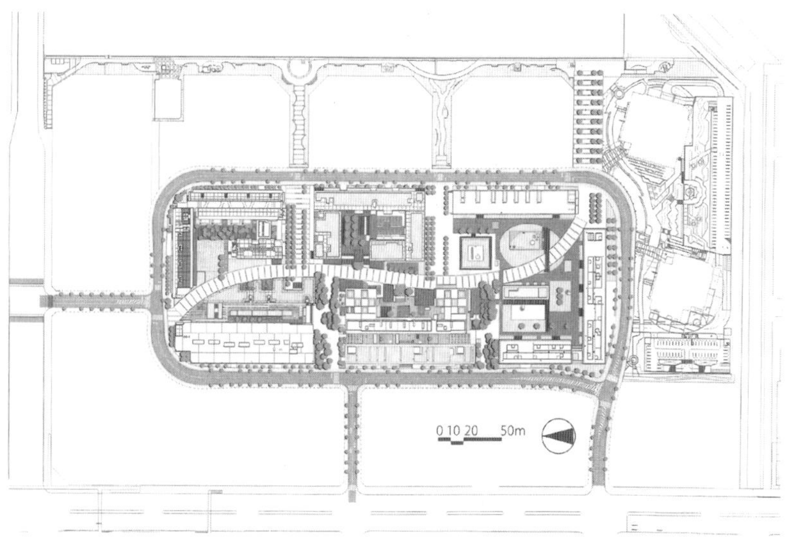

总图

SOHO 住宅

娱乐室

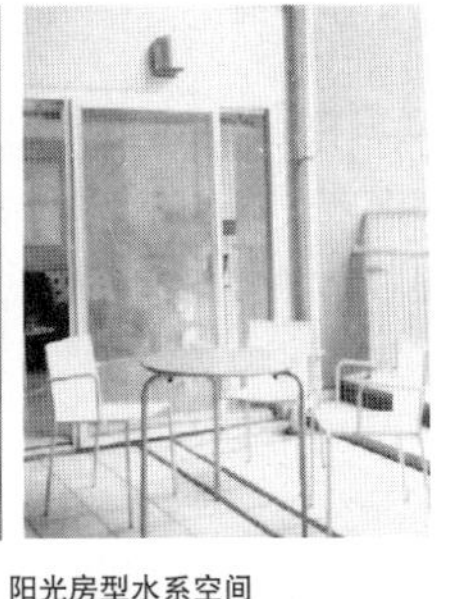

别室

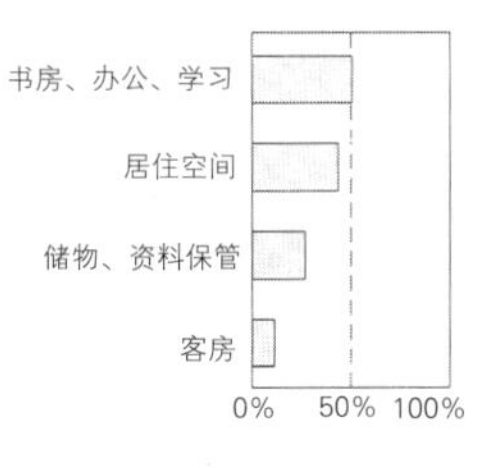

别室的使用方式（MA n=18）

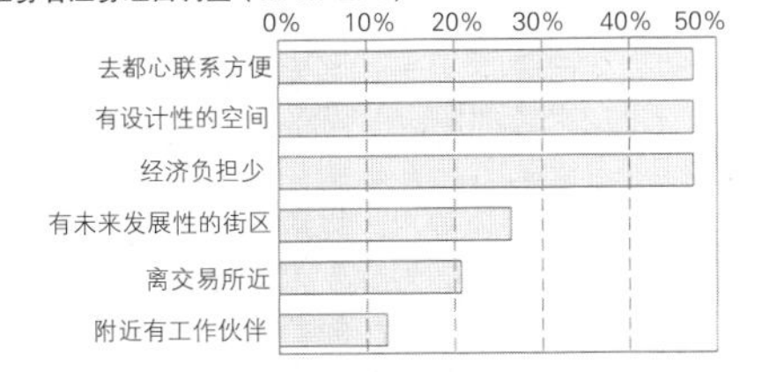

应募者应募理由调查（MA n=271）

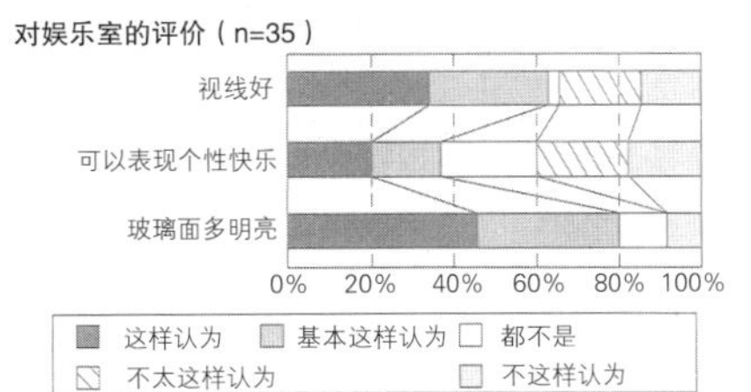

对娱乐室的评价（n=35）

阳光房型水系空间

1.2 街区的挑空天井

透明入口

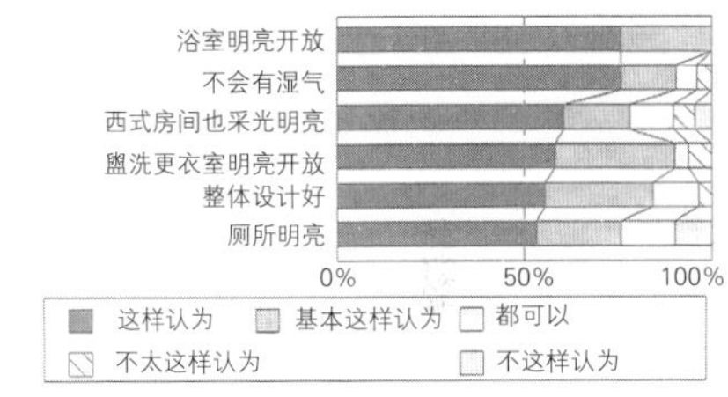

阳光房型水系空间的评价

调查概要

街区	管理开始	调查时期	住户数	问卷调查		
				发问卷数	回收数	回收率
1 街区	H15.7,9	H17	420	407	137	33.70%
2 街区			290	283	94	33.20%
3 街区	H16.3	H18	356	344	123	35.80%
4 街区			321	321	120	38.60%
6 街区	H17.3	H19	325	305	102	33.40%
合计			1712	1660	576	34.70%

（调查主体：都市再生机构 东京都心分社 调查实施：UR 连锁 都市·居住本部）

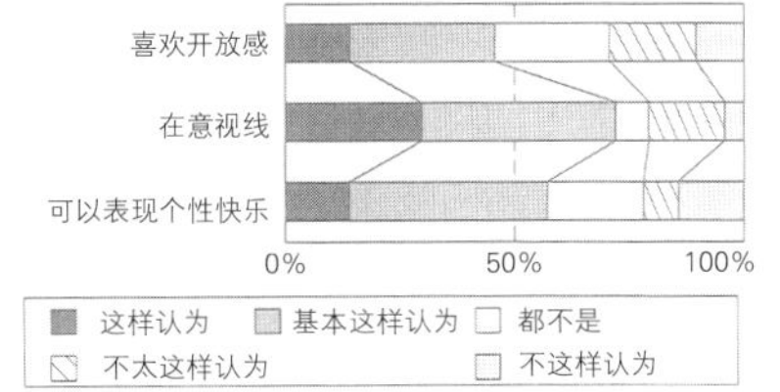

透明入口的评价（n=70）

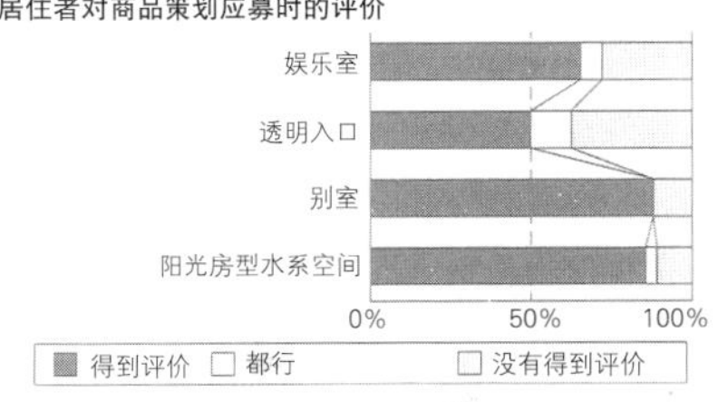

居住者对商品策划应募时的评价

◉ 从住户向街区开放的空间连锁

住户向楼内共用空间开放，住宅楼向中庭、中庭向 S 字形街道、S 街道向街区开放，这样实现了在各个尺度上开放的同时又互相联系的连锁。整体规划呈现出向周边的运河、大街开放的结构。住户向楼内共用部开放是在明确了防火要求的基础上，规划出生活体现型住户，实践让居住者与新住户呼应的生活方式。

◉ SOHO 住宅

代表城市型生活方式之一是住宅的 SOHO 化。在这里把具有办公部分和住户部分的单元规划在二层的甲板部位。两个领域在跃层的上下层分开，在与外部的联系上，办公和居住也是分离的，考虑到生活时间和领域的不同，受到居住者的好评。

◉ 社区天井（Void）

在住宅楼内做的挑空称为“社区天井”，是尝试把光和风引入一般较昏暗的走廊空间。通道有作为共用部设计的例子和专用部设计的例子，利用空隙布置体现型住户，在住宅楼内引入过去联排住宅与共同空间的关系。对这种新的共用空间和住户的关系，正面评价较多。

◉ 向共用部开放的住户，多功能房间，透明的入口

住户向共用部开放，需要考虑体现型生活方式方案和私密对策两个方面。住户封闭的话，居住者如果想打通墙的部分是不可能的，如果开放的话，可以把打开和关上的选择交给居住者，解决了迄今为止的“开放”难题。在面对社区天井的多功能室，画廊式的活用的住居也可以看到。此外，从私密的保护和保温的角度出发设置了“内窗套、内门”。门窗设计了花纹图案，住居关闭时也可表现社区天井的活力。

带有透明玻璃的玄关门的透明入口型住居，也有许多快乐生活的表现，这里兼有私密对策的内门做出玄关部的空间的层次，分别给予表达以安定感。

◉ 别馆房间

规划了与主屋有距离关系的分离型单元，相当于别室的部分称为“annex”。别室和主屋中间是专用的大露台，或者是分上下的情况等。调查得知别室作为家族同居或者趣味房间等有各种使用情况。

◉ 阳光室型用水空间，风景浴

住户采用高窗，重视居室的采光。用水空间作为核心，机械换气是一般做法，另外用水空间作用也在变化，浴室成为重要的放松心情的空间。因此把水系放在外部，设计出称为风景浴的窗边浴室和平时可以作为阳光房使用的盥洗脱衣的空间，与居室部分的隔墙是玻璃的。平时成为消极空间的用水空间也会通过玻璃反射的光线成为舒适的空间，同时也体现出住户的宽绰，得到较高的评价。

【参考文献】
1）「CODAN東雲は、集合住宅を変えるか」（「日本建築学会春期学術研究集会」2004）
2）日本建築学会·住宅小委員会編『事例で読む現代集合住宅のデザイン』彰国社、2004
【写真提供】都市再生機構
【編集協力】長澤愛子

开放的公营住宅

起居室的通路和私密距离的调整

名称：仙台市营荒井住宅　所在地：宫城县仙台市　设计者：阿部仁史 + 阿部仁史工作室　规划：东北大学建筑规划研究室　完成年：2004年　占地面积：4189m^2　建筑密度：50.6%　容积率：76.7%　层数：3层　户数：50户

作为社会的安全网络而转型的公营住宅，通过建筑空间的设计，做出应答的是“仙台市营荒井住宅”，在这个住宅中缓解了过去封闭的住户带来的居住者孤独离世的问题。以支援自律的地域社会形成为目标，引入起居室联络型的占总住户的60%。

所谓起居室联络型是指在共用走廊的一侧，开放地布置起居室，让居住者的视线面向公共空间，产生邻里交流的集合住宅的设计手法。在荒井住宅中，为解决起居室联络型带来的悬念，即私密问题，修改了以往极力回避的住户前面通路，采用纵向通路连接并行住宅楼的方式。此外，立面后退，把专有露台作为缓冲带来确保秘密。由此，各住户的起居室开放地与共用空间连接。

实际上，荒井住宅的居住者主动交流的范围和频率与入居前相比增加了，另一方面，也有不愿意直接与邻居交流的居住者。即便如此，出于对单身高龄者孤独离世的恐惧，对年轻人一代来说也是理想的养育子女的环境，也认同开放住宅的效用。私密、社区、交流在实态上是多义的。空间构成并非是1:1对应的，居住者，作为亲自调整居住方式的余地，如何确保与共用部之间作为缓冲带的中间领域的丰富确实是起居室联络型引入的关键所在。

（小野田泰明，北野央）

外观

露台
成为将住户和共用空间连接在一起的缓冲带，在栽培容器中进行园艺活动。

交通联系
2、3层的走廊贯穿南北以连接各户。

共用室
各层的共用室，1层提供地域人和育儿的支援，2层为町内会的办公室，3层作为趣味场所使用

二层平面图 1/800

断面图 1/800

◉ 参考实例

● 葛西 Clea Town

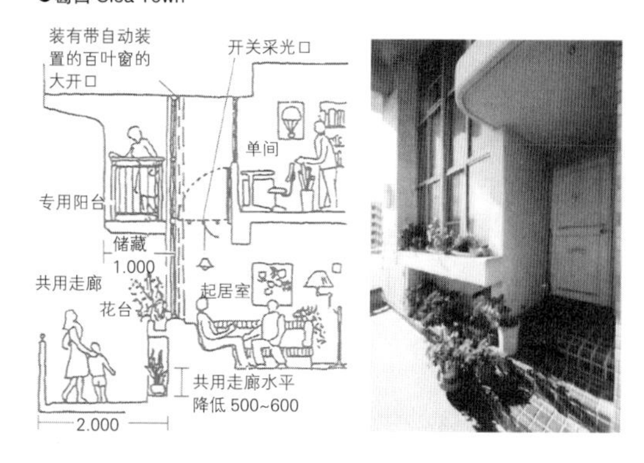

设计：住宅·都市整备公团东京分社、结构规划研究室 层数：8层　户数：32户 完成年：1993年

● 相模原市营上九泽小区

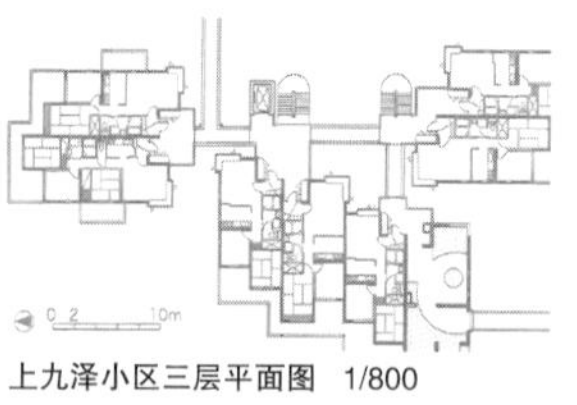

上九泽小区三层平面图　1/800

面向空中步廊的住户

被楼栋围合的中庭

设计：船越彻 +ARCOM 层数：地下1层，地上6~14层 户数：564户 完成年：2002~2004年

起居室的开口部为凸窗，在共用走廊之间通过设置风道，控制露出度，另外，住宅楼围合型布置使来自其他楼栋的视线通过中庭发生变化。

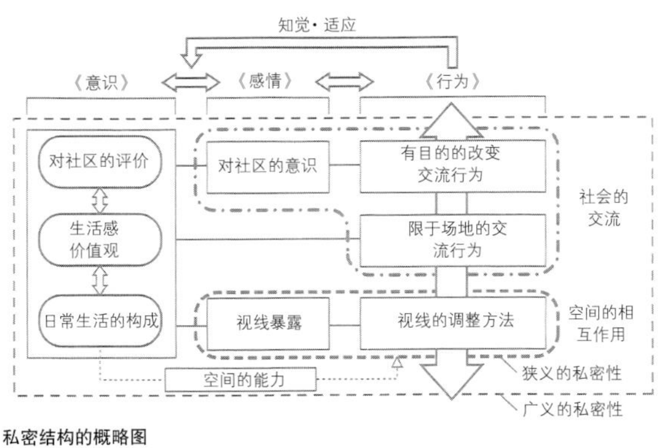

私密结构的概略图

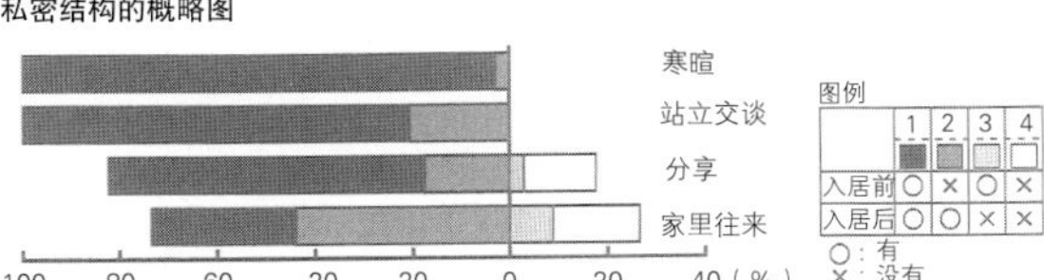

与近邻接触的变化

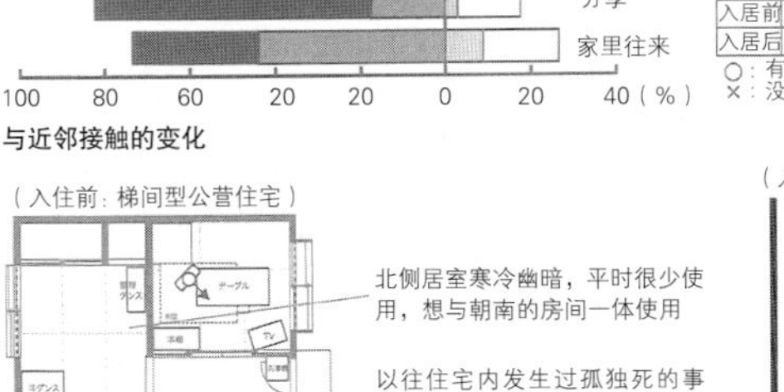
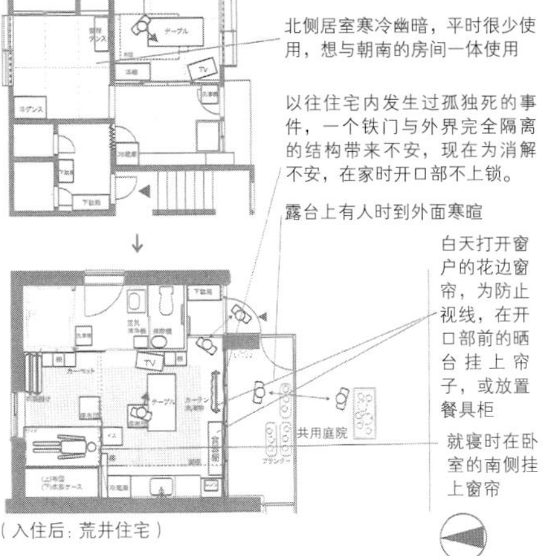

居住方式的变化（案例 1：女性高龄单身）

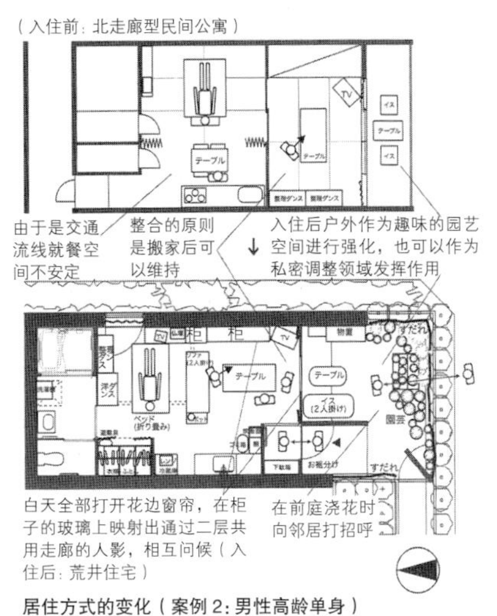

居住方式的变化（案例 2：男性高龄单身）

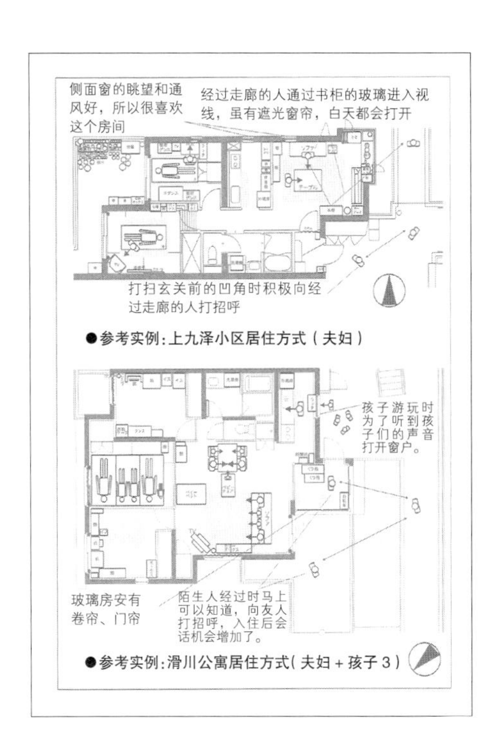

空间的调整方法

	1. 缓冲领域构筑型	2. 开口部调整型	3. 内部环境调整型 可动边界中心	3. 内部环境调整型 固定边界中心	4. 生活对应型
视线的调整方法	在住户的外侧（阳台、前庭）常设屏障，调整来自外部的视线	根据住户生活状况，用窗帘等积极操作开口部，调整来自外部的视线	并非开口部，而以家庭内部的调整为中心。细分为在内部安装窗帘等“3-1 可动边界中心”，以家具等调整视线“3-2 固定边界中心”		不设置特别明显的装置，改变朝南居室内行为场所和身体的朝向来应对
居住者的特征	仅限于有空间操作能力的男性可以看到，只有 LA（起居室联系型）住居，不在意视线	占整体不到三分之一。北入口的住居看不到，只有 LA 住居的女性，整体上视线感受意识高	视线暴露少，3 层的 LA 和北入口的住居可以看到。全体都为女性，没有视线感受意识	不在意视线，LA 和北入口住居的两侧可以看到。例外的通行者多，包括 1 层的 LA 住居，视线感受意识高	没有视线感受意识，在 LA 住居可以看到

◉ 私密是个体和整体边界的调整

起居室联系型成为悬念之一的是私密问题。但是私密不是停留在普遍信赖的那种视线暴露问题上。而是在日常生活中时时刻刻各自调整个体和公共的边界的动态过程，居住者根据个人的生活意识，社区的评价，进行空间的调整及交流行为的调整（社会交流的调整）是广义的私密调整。

◉ 空间的装置和居住者的居住方式

为缓和私密问题，住户与公共空间之间的缓冲带很重要，在初次引入起居室联络型的葛西绿塔（1983 年）项目中，以设置共用走廊和起居室之间的高差来缓和私密问题。但是这种用水平高差解决的方策也许由于带来与无障碍的整合性以及造价问题，后来未能普及。

1990 年代以后，起居室联络型方式引入到公营住宅，代替高差提出了新缓冲带的设计手法。比如在“茨城县滑川公寓项目”中设置了阳台、宽敞的玄关（玻璃房）等中间领域，在共用走廊之间设置风道。

那么在实际中居住者是如何使用缓冲带进行生活的呢，通过观察得知在荒井住宅中无论有无来自外界视线感受意识，居住者使用家具、窗帘等，在住户内外进行程度性的调整，形成生活领域的情况，即居住者不仅停留在开口部的门帘，把户前作为种植空间，变换住户内家具的摆放方式等，结合自己的生活去适应起居室联络型居住方式。

◉ 缓和空间的社区交流

比较荒井住宅居住者入住前后的邻里往来发现，入住后站立交流的增加了 20%，家庭的往来频繁发生。由于住户朝向是开放的，阳台和共用走廊、共用露台之间可站立对话，甚至延伸到在家中招待，此外正像育儿，与高龄者的交流，居委会、住宅的维护管理那样，对社区交流有明确目标时，不仅是在自己的住户内，并且积极使用共用空间进行邻里交流。

◉ 起居室联络型带来的生活变化

有的高龄者在意外界的视线，但由于担心孤独离世，积极评价面向公共走廊开放的住户（案例 1）。此外，育儿的母亲评价厨房可以看到整体，对孩子来说外出方便。这样看来尽管在意视线，也没有全盘否定起居室联络型，如前所述在调节空间与交流两者关系的同时进行居住。

此外，过去在位于住居最里侧的阳台进行趣味园艺，转居后移到南庭可以看出以向通路来往的人打招呼为契机发生变化的例子（案例 2），随着空间的变化，趣味活动作为交流的纽带也发挥着作用。

◉ 在起居室联络型住宅中居住

要求起居室联络型居住者解读其空间，以顺应自己的生活，此外，为调整而进行布设的调整行为，对居住者来说也许是麻烦的。但是在日常生活中调整与他人之间的距离的经验，可以形成与社区的距离感，从而也关联到高龄者守望的环境和育儿的环境构筑的层面，评价很难。

【参考文献】

1）小野田泰明ほか「コミュニティ指向の集合住宅の住替えによる生活変容とプライバシー意識」（『日本建築学会計画系論文集 Vol 642』2009）

2）北野央ほか「リビングアクセス型住戸の比較研究」（住宅総合研究財団助成研究）

超高层公寓的住户平面

住宅楼形式与销售战略的关系

名称：东京塔楼（C 塔） 所在地：东京都中央区 完成年：2008 年 规划面积：17028m² 规划户数：1333 户 建筑密度：70% 容积率：960%

提到民间超高层公寓，很多人会联想到“定型的 3LDK”模式，但是实际上超过 1000 户大规模的住宅楼内设计有各种各样的户型。

调查一下超高层住户类型，就有以起居室为中心进行生活的“起居室联结型”（或称起居室中心型，起居室型），重视个人私密的空间构成的“走廊联结型”（或称“公私分离型”，“PP 分离型”），还有介于中间状态的“中间型”混合其中。在户型种类上，也不是定型的 3LDK（中间型）的重复，是多样的，特别指出的是住宅楼形式是影响住户类型的原因。

此外，在销售业者和设计者之间，起居室联系型不能充分确保私密的住户类型是可以理解的，但为确保面积小的住户，以及做出住户差异化引入了起居室联结型。

“东京塔楼”是建在东京都中央区胜 Doki 的 58 层的双塔，是每栋 1333 户的大规模建筑。户型大多为 2LDK、3LDK，层数和眺望等条件在住户类型上拉开档次，在销售战略上的定位不同。

（花里俊广）

岛地区纷纷建设的超高层公寓群（左上的双塔为东京塔楼）

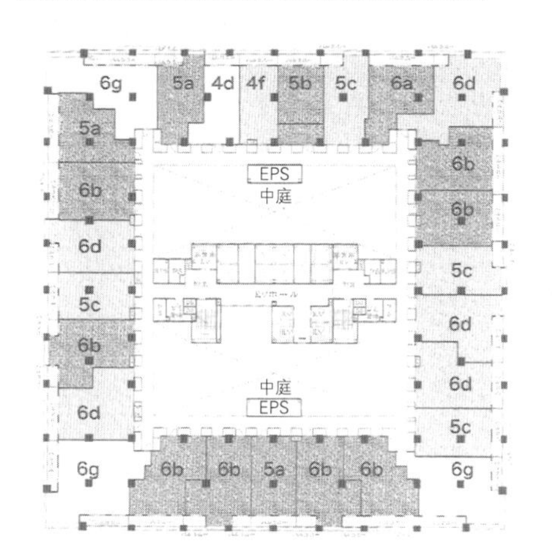

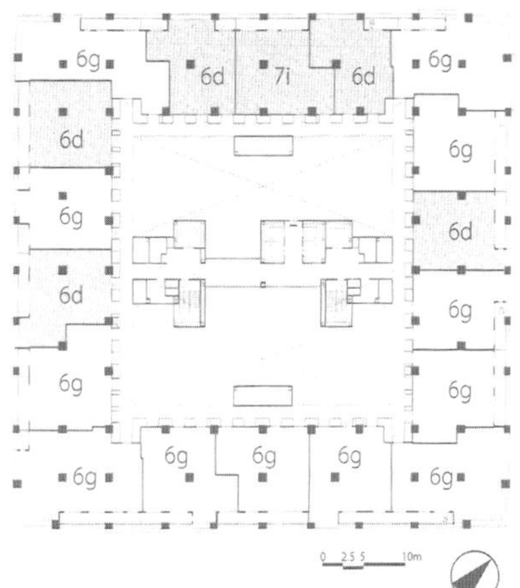

东京塔楼（C 塔）的住宅楼平面图（中庭挑空住宅楼）。标准层（左）和顶层（右）

标准层为 27 户，顶层由 18 户构成。标准层起居室联结型（深灰）和中间型（浅灰）各占一半，端单元为走廊联结型（白），另外顶层中间型和走廊联结型基本上是 1:2 的比例。即便是同一位置的 3LDK 标准层对应起居室联结型，顶层为走廊联结型。起居室联结型紧凑的非端单元较多，走廊联结型一般是大的住户或端单元，大面宽的较多是其特征（图中 4f、6g 等符号使用在旁边的图表分析上）。

◉ 参考事例

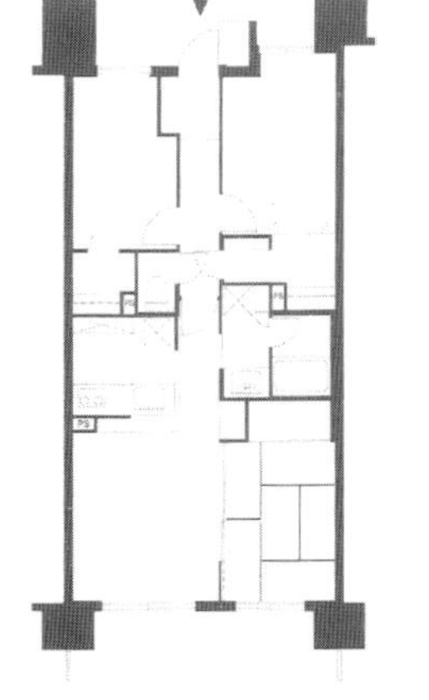

中高层公寓是一般的“定型 3LDK”

这一类型的源头说是来自长谷工的圆规系列（1974），但是从住宅楼的立面利用有效性来看，是非常出色的平面设计，从 1980 年代开始至今被多数的中高层集合住宅采用，在住宅类型上属于中间型。

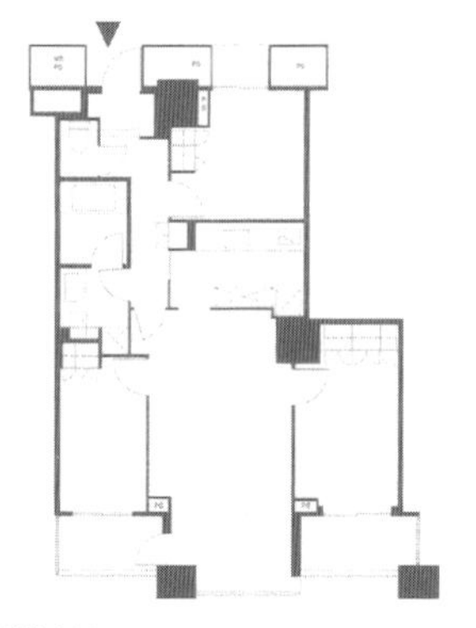

起居室联结型的实例

标准层的住户平面是起居室联结型居多，但住户面积小，紧凑的户型较多。

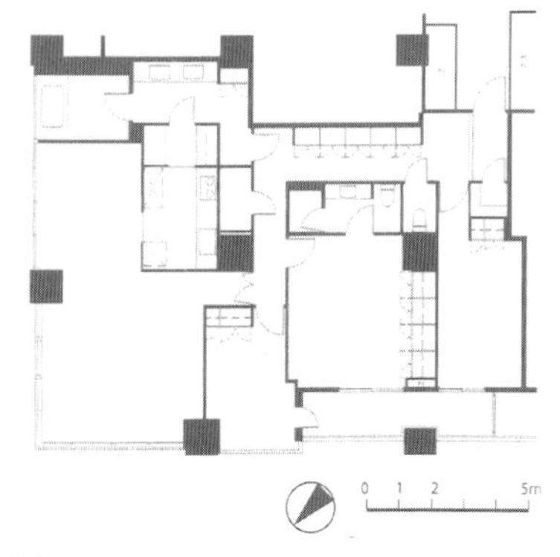

走廊联结型的实例

顶层住户平面与标准层一样的 3LDK 为主流，但是住户面积大，走廊联结型较多。

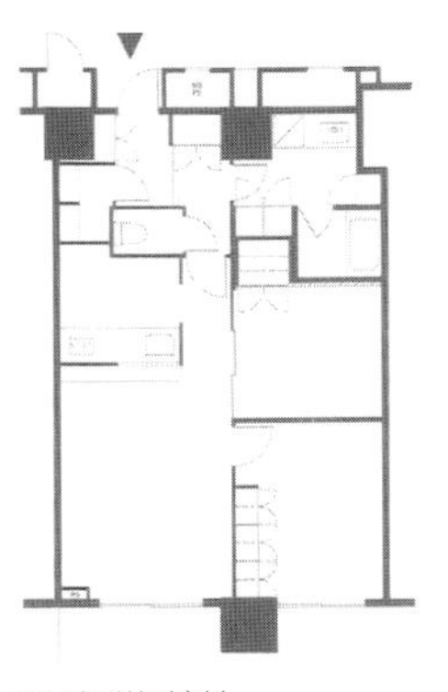

起居室联结型实例

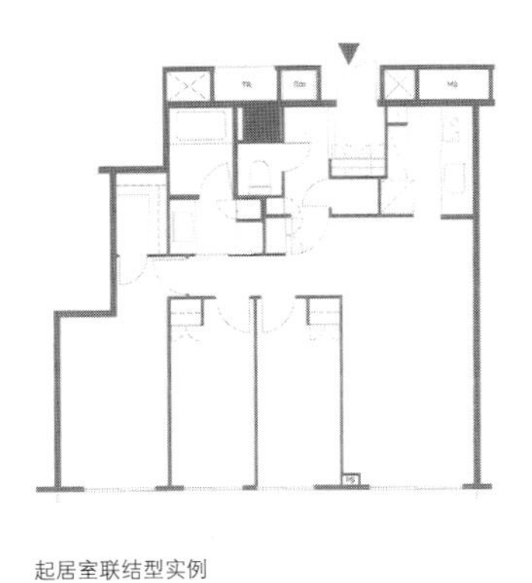

起居室联结型实例

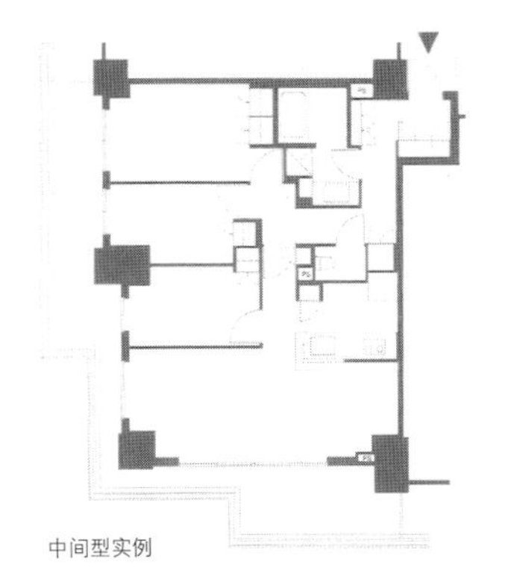

中间型实例

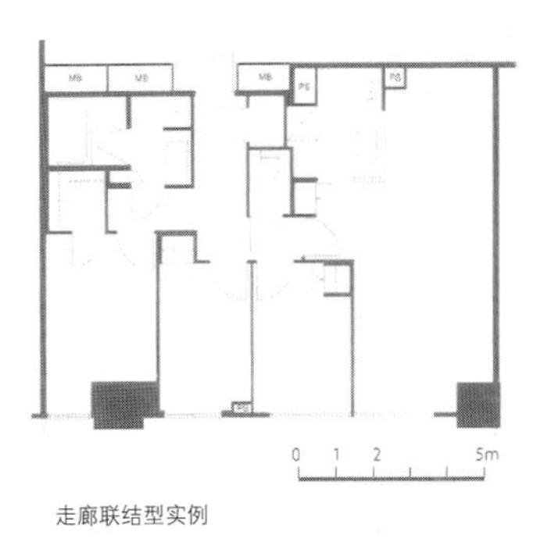

走廊联结型实例

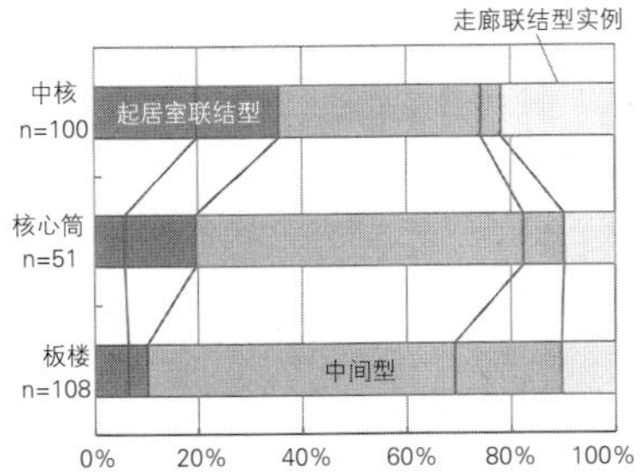

按住宅楼形式区分的住宅类型比例

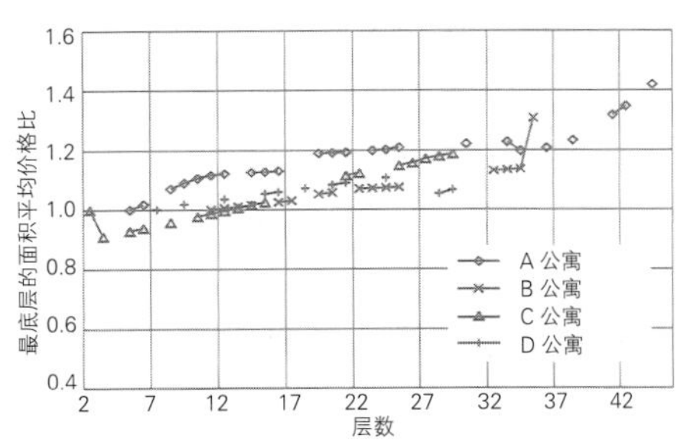

超高层公寓的住户销售单价按层数推移

曲线在横轴上表示层数，竖轴上表示面积平均销售单价，最下层为 1 求得的结果（ABCD 住宅楼的结果综合表示）。超高层公寓，眺望是卖点的较多，越高层销售单价越高（高层比低层销售单价高出 30%~40% 左右），特别是最上层的几层作为顶层把眺望作为商品的很多，曲线直线上升。

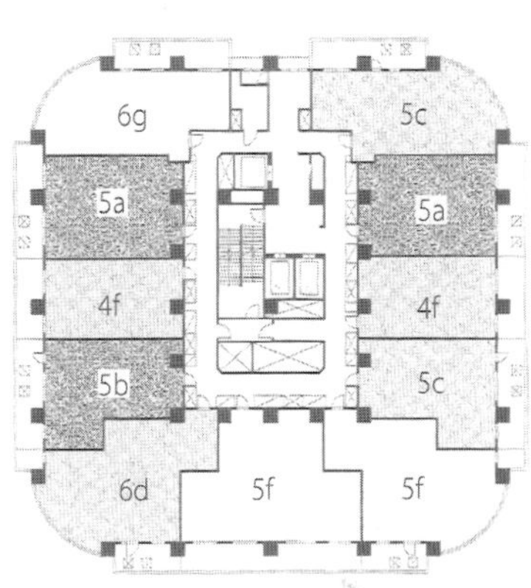

中核型住宅楼标准层的住户平面图

10 住户构成的该住宅楼平面图，起居室联结型（深灰）和中间型（浅灰）、走廊联结型（白）几乎同样多，希望哪种住宅类型的平面在销售上都可以应对，只是走廊联结型、中间型非端单元、大面宽的较多，相反起居室联结型具有非端单元比较紧凑的住户较多的特征，该住宅从下层到上层都是同样的住宅楼平面，特别是没有设置顶层。

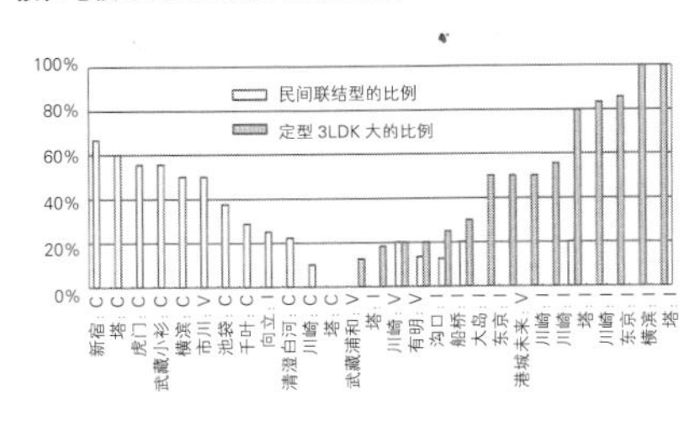

（左）超高层公寓住户从每栋住宅楼看起居室联结型和定型 3LDK 的比例

（C: 中核型，V: 核心筒型，I: 板状型）1 新宿 2 塔 3 虎门 4 武藏小杉 5 横滨 6 市川 7 池袋 8 千叶 9 向丘 10 清澄白河 11 川崎 12 塔 13 武藏浦和 14 塔 15 川崎 16 有明 17 沟口 18 船桥 19 大岛 20 东京 21 港城未来 22 川崎 23 川崎 24 塔 25 川崎 26 东京 27 横滨 28 塔 29 民间联合型的比例 30 定型 3LDK 的比例。

◉ 夫妇和孩子居住的超高层公寓

进入 2000 年，超高层公寓急剧增加。2005 年仅首都圈约供给 15400 户，现在仍占总提供户数的 15%，但是近年的特征不仅是量的增加趋势，据《平成 17 年的首都圈白皮书》调查，夫妇带孩子的家庭约占 70%，从年龄层上看 30、40 左右的约占 50%，一般家庭已经开始入住。

◉ 住户类型的比例

在这些超高层住宅中，起居室联结型、走廊联结型较多见。在以往的中高层商品房中，定型的 3LDK 为代表的中间型居多。在超高层中，两个极端的特征共存，这里展示的住户类型，以邻接的图表形式，着眼于起居室和走廊等相对的位置关系进行分类。

◉ 楼栋形式与住户类型的关系

超高层的楼栋形式可分成中核型、核心筒型、板楼型，主要是连接通路与有无开口部的不同影响着户型设计（但说明其因果关系很难）。看看上面"依照住宅楼形式划分的住户类型比例"图表，随着从板楼型到核心筒型再到中核型的推移，起居室联络型的比例增多，此外，正如上图所显示的那样，超高层公寓住户每户的起居室联结型和定型 3LDK 的比例呈相反关系，由于中高层公寓板楼多，定型的 3LDK 也多，在超高层中核型、核心筒型住宅楼多，比如从上图"中核型住宅楼某层住宅楼平面图"可以看出，三个住户类型几乎是按同样比例配置的。

◉ 公私分离和 living in 户型的差异化

通过对设计人员的采访得知，并不是因为销售方喜欢起居式联结型才选择并设计的，而是因为价钱比较低廉，户型可以集约布置。一般超高层，楼层越高，销售价越高。以眺望为卖点，加上特殊的规格可以卖得很好，最顶层这一倾向越突出。但是设计一栋楼时，对应的是居住者层的普遍性，要设计很多住户，因此住户更需要做出差异。

左页图是针对中间层和屋顶层的户型平面的分析，把单价设得很高的顶层，各住户的面积不仅宽畅，重视私密的走廊联结型的比例较高，此外中间层设的单价较低，紧凑型的"起居室联结型"较多，即上层端单元获得眺望条件好的住居能卖得好，因此关照了公私分离，作为"走廊联结型"设计。相反另一方面，确保高得房率的住户"起居室联结型"较多。在超高层这些住户类型混合，相应的价格拉开档次，作为设计住户的手法使用。

通过对设计者的专访得到的反馈是，适合起居室联结型的家族是"小家庭"、"有幼儿的家庭"，集约元素更多的起居室联结型的住户似乎将小规模的家庭作为客户群设定。

◉ 住户类型与居住者的评价

再看看居住者的评价，据前述的白皮书得知，超高层公寓的居住者对户型平面的关心度较高，94% 在购房时"重视"，起居室联结型被销售了 20% ~ 40%，事实证实了这种户型被居住者所接受。此外，虽然数据还不充分，从杉山寺的调查得知，这些住户得到半数居住者"好"的评价。

因此，在住户上拉开档次进行销售的战略引入的是超高层的起居室联结型，出乎意料居住者评价很高。在家庭人数减少的社会趋势来看，起居室联结型不仅是超高层公寓，也有在中高层公寓普及的可能性。

【参考文献】

1）長谷工総合研究所『CRI』2009
2）国土交通省『平成17年度首都圏白書』2005
3）花里・佐々木ほか「首都圏で供給される民間分譲マンション100㎡超住戸の隣接グラフによる分析」（日本建築学会）
4）『計画系論文集 No.581』pp.9-16、2005
5）杉山・友田「L-Hall型住戸プランの評価とその可能性について一超高層住宅の商品企画調查-その3」（『日本建築学会大会梗概集』2006）

设计导则下的街区规划

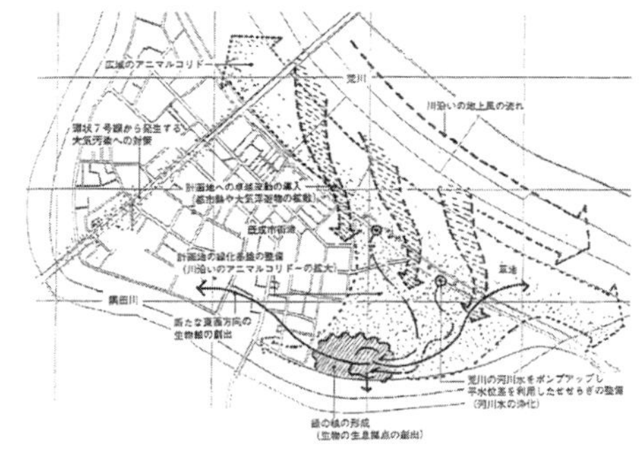

自然环境特征的分析
地形、风向、动植物的生态等，解读自然环境的特性，整理出街区规划的课题及关心的事项

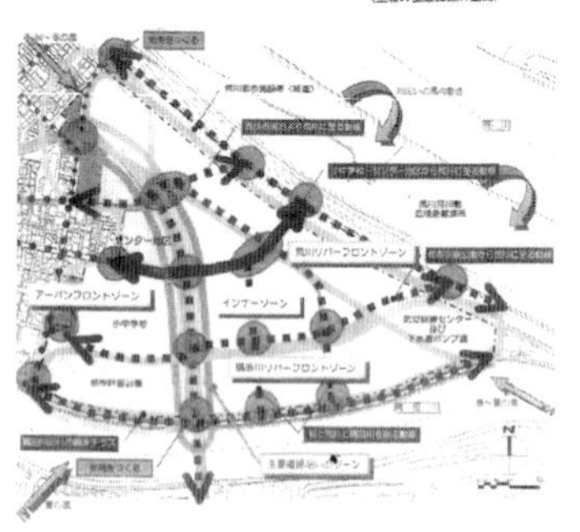

街区建设方针图
土地利用规划、生活流线、景观形成的区域、轴线、风环境等，街区建设的方针要从硬件、软件两个方面整理考虑事项

表情丰富的街景

小树林和雨水利用设施

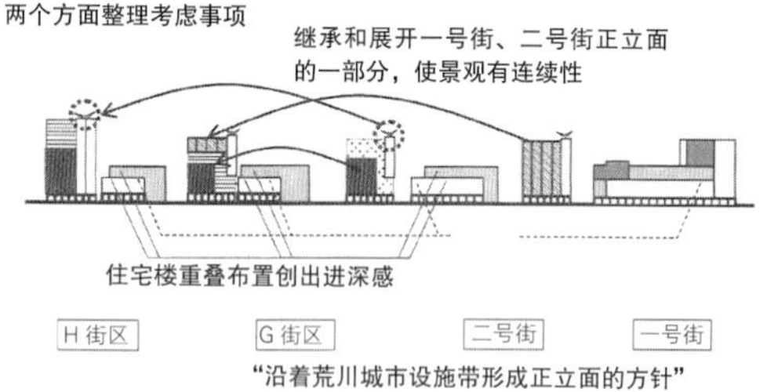

"沿着荒川城市设施带形成正立面的方针"
根据设计导则提示具体的形象（例）沿着荒川创出美丽的远景

设计导则的项目、内容				遵守事项	调整事项
城市建设的目标（整个街道统一）	步行愉悦的街道	用"景观轴"形成连续一体的街景	主要街道	—	—
			社区道路	—	—
			连接街道和河川的步行道	—	—
			亲水的开放空间	—	—
		以"景观节点"创出活力和魅力的城市空间	在景观形成上，特别重要的视点和视线	—	—
			街角	—	—
			街道风貌	—	—
	个性丰富的街道	以"景观区域"创出个性，街道阶段性成熟	荒川河正面区域	—	—
			隅川河正面区域	—	—
			内区域	—	—
			城市正面区域	—	—
	与丰富的自然和环境一起生存的街道	创建于环境共生的街道	将地域的绿地整合在一起	—	—
			将丰富的河川环境联系起来，创建感受到水的城市	—	—
			感受到河水的街道建设	—	—
		水和绿地的轴线	水和绿地的骨骼轴	—	—
			水和绿地的联系轴	—	—
规划总图					
各街区的设定导则（例）	创造具有美丽远景的街道	创造美丽的远景	地标，有变化的天际线形成	*	
			住宅楼的位置、体量		○
		形成有进深的多层街景	墙面分节，相邻街区的正立面设计的连续性	*	
			表现垂直性，强化楼顶部、竖框的设计		○
	步行快乐表情丰富的沿街景观创出	沿道型住宅楼的街道表达	面向街道的住宅楼、设施的布置	*	
			确保沿道性，减少压迫感等		○
		感到活力和亲切感的住宅楼脚下的设计	创出活力的考量	*	
			住宅楼一层的住户社区设施的规划等		○
		创出表情丰富的街景	创造步移景异的序列景观	*	
			依靠扶手、屏幕等建筑物外观设计的创意		○
		确保支撑交流的社区空间	每个街区确保儿童活动场地	*	
			形成居住者交流的创意		○
		考量来自街道视线的景观和美观的维持			○
		创出有特色的地域绿地空间	小树林的创出	*	
			确保绿地面积	*	
	创造与丰富的自然环境一起共存的城市	丰富的河川环境连续设计，活用雨水			○
		感受徐徐河风的城市建设	考虑风环境和微气候的住宅楼布置，确保开放空间	*	
			考虑风环境的防风种植，设计通风好的住宅		○
		新田樱堤坝的创新带来荒川新名胜的建设			○
	整体规划提高街区的魅力	表现街区进深和活力的色彩规划			○
		规划有魅力的岸线夜景照明			○
		有连续性的街道设计（形状、材料、配色、类型）			○
		易识别、有亲切感的户外标识设计			○

有多数的经营者、建筑师参加街区建设时，需要制定设计导则和采取设计会议调整的手法。自由地设计，可以说单方进行邻地设计的调整是不可能的，结果会使街道形象暧昧，不能提升项目的整体价值。景观是左右项目整体价值的，在细致调整下的幕张贝城为代表的许多项目不断取得成果。这些手法是在怎样的程序下进行的，下面从"中心地带 SHINDEN"（东京都足立区）的做法开始介绍。

解读街区

首先从解读街区的历史、地域性、文化、生活相关设施等入手，把握自然环境、地形、主要风向等。

确认街区的建设方向

经营者具有怎样的开发意图，行政上有什么意向，地方的意向如何等，确认相关者对街区建设的方向性，确认在街区建设中要改变的要素，可持续发展的要素，成为与周边的接点的空间，成为轴线等空间，硬件要素、软件要素等。

编制设计导则

如能确认街区的现状和街区建设的方向性，就具体的课题编制共有的目标形象导则。在条件设定上，把社会性强，统一规划的要素作为"遵守事项"，把适合个性高的多样规划作为"调整事项"来定位。条件是定性的还是定量的事项，基于行政、地方、经营者的意向，根据项目性格，表现出规制型、诱导型等特征。

设计协调会议的实施

在设计协调上，有对整体建筑调整的委托方式，和设计会议的调整方式，结合申请等项目日程，预先设定在规划设计的哪个时段决策什么。

维护管理和运营极大地左右着街区的价值。称作"线性管理"的地域水平的管理运营方式的研究从规划阶段开始进行也是重要的。

（井关和朗）

创出社区空间的住宅楼规划设计

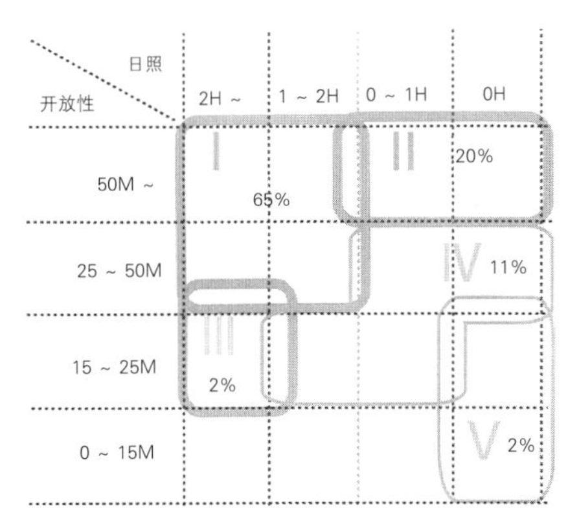

城市空间的矩阵
Ⅰ、Ⅱ、Ⅲ领域：坚实的生活方式中有新鲜的住宅策划（面向家庭）
Ⅱ、Ⅳ领域：可以接纳多彩的家族、生活方式，生气勃勃的住宅策划（生活建议型）

大家从社区天井看烟火的风景

共用部的挑空

S 字的街道

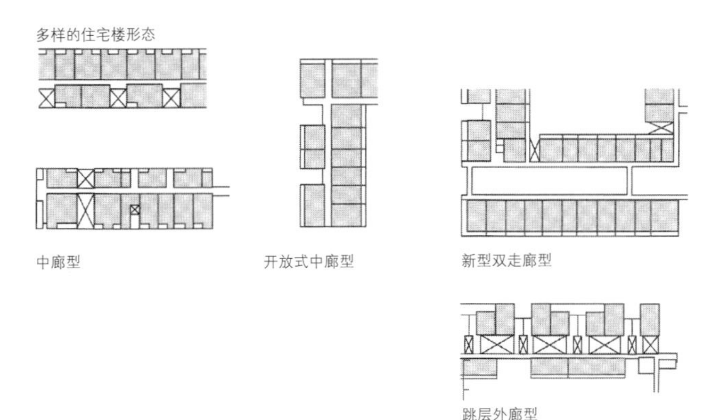

多样的住宅楼形态

中廊型　开放式中廊型　新型双走廊型　跳层外廊型

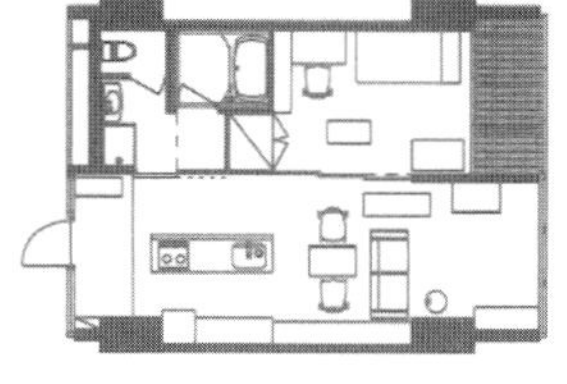

住户的规划 基本型

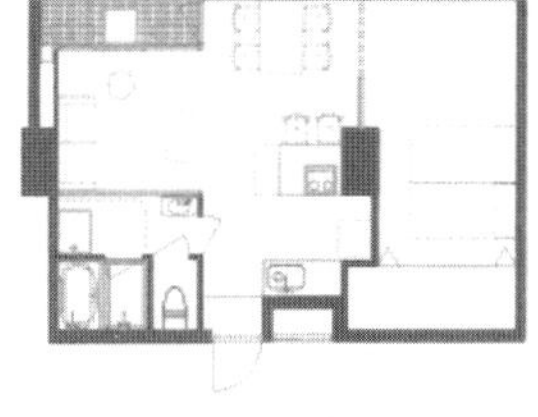

宽敞的开间

城市型住宅的性能

住宅楼的布置设计，要综合许多性能价值来决定，最初重点检验的是日常性能，确保了日照，大体上就维持了私密的距离，在经验上日照是定位为中心性能，包括建筑规范 86 条认定条件等，只是高层住宅开发中容积率超过 250%，确保全住户日照比较困难。另外由于接受日照的墙面有限，以确保日照为目标带来空间的均质化，住宅面宽变窄的倾向。

城市空间的矩阵

与郊外型小区不同，城市型住宅，当初确保日照困难的情况很多，而且住宅要求的性能也多样，考虑替代日照的各种指标的“东云小区”，容积率约为 350%，在高密度的布置中出现了没有日照的住户，取代日照性能考虑了减少压迫感，前面的住宅楼间距命名为“前面开放性”，日照分别为 2 小时、1 小时、零小时，前面开放性分别为 50m、25m、15m 三个等级，其关联作为“城市空间的矩阵”放在布置设计的思考中心，根据开放性的性格将住户单元从 I~V 进行组团化。

根据住宅楼内性格的住户规划

关于住户的日照，前面开放性出现了各种性格部位，在多样的住户布局中发挥正向作用，在东云小区是把日照条件好的地块留给面向家庭型住户，距木地板露台近的地方布置 SOHO 住宅即根据客户群和生活方式规划相应的住户平面。

社区空间和住宅楼规划

在住户设计上重视与外界的联系，通过透明的窗户与共用廊联系的部分，预留出作为画廊、工作室的使用空间。另外为了分割一部分住户的日照，可以活用建筑非日照面的大开间，浴室、厨房放在窗户的附近，实现了宽敞的开窗面积，形成具有特色的平面，为了实现高密度产生了住宅楼多种形式，实施了中廊型、双核型，都是介于“社区天井”的挑空与外界联系，使之成为感觉到光和风的共用空间。

在低层部，活用与开放性不同的价值观，体现出街区的空间魅力。目标是前方不能通视的有边界性的亲密的城市空间。其结果实现了 10 米宽的称为 S 型街道的弯曲街路。

（井关和朗）

专栏 04 ③

街道式的中廊

Ruma-Susun-Sonbo 外观

绿意盎然的外部空间

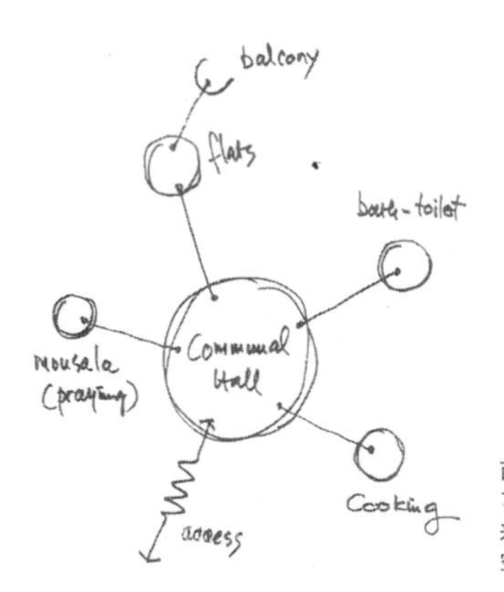

西拉斯教授的概念图 除了住户从共用空间派生出来为礼拜、烧饭、洗浴的空间

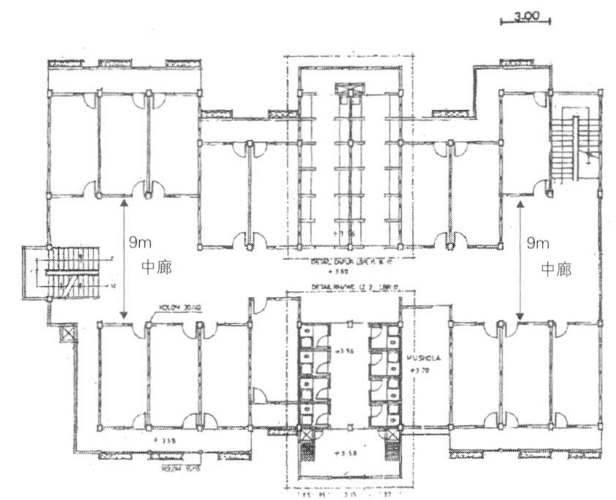

Ruma-Susun-Sonbo 平面图

9 米宽的中廊，可以举行结婚仪式。身着光鲜礼服的新郎新娘在住宅楼栋之间穿行，收获着来自二、三层走廊中众多人祝福的掌声。走廊是孩子们的游戏场所，也是大人们的作业、休息的场所。在玩球和玩扑克的孩子身边还有把缝纫机放在走廊中做缝纫的人们，以及进行电气修理的、做木匠活的、贩卖日用杂活的、房间内装修和做家具生意的。在走廊摆摊，近邻们集聚在一起谈笑风生，有进行晚饭准备的，也有和衣而睡的，在走廊的一侧还设有做礼拜的空间。每天很多人往返于此。

这是在印尼第二大城市苏门答腊 1994 年建设的 Ruma-Susun-Sonbo 的光景，是住户的内部、外部生活空间整体叠加化的集合住宅。有许多可圈可点的为形成丰富的共用空间的装置。这是苏门答腊土地局的项目，规划由苏门答腊工科大学的西拉斯教授主持，$17.4hm^2$ 的用地上建有 10 栋住户，住户设计基本户型为 3m × 6m 的 $18m^2$ 户型。开发地块形成低层的居住区（740 户），以原住户回迁为前提进行设计。

在规划上，在原居住地对住居规模、权利关系，平面、立面的实测和对居住年数、职业、收入、家庭构成等进行了调查。可以看到其空间构成和空间利用的继承。采取了 2 级供给的体系，在允许居住者自建这点上有特色。核心家庭居住，亲族之间的同居，作为作业场所使用等，结合各种使用方式和经济状况，自力建设并进行地板和墙壁的内装。此外，为实现职住近邻，住户以及走廊的使用不局限于居住，可以用作作业空间、销售空间、事务空间等，不否定用途的混用，允许居住以外的各种使用方式，以实现职住近邻的理想。专用部分尽可能紧凑，而共用部分尽可能宽敞。狭小的住户、用水空间的共用也是特色之一。最大的 9m 宽的走廊是多样活动的场所。应对过去的生活形态，设置共有的厨房、浴场、礼拜室等。建筑设计的质量高也是 Ruma-Susun-Sonbo 的特征，对屋顶、屋檐、墙面的凹凸以及外立面的分节化处理都有细致的推敲，在建筑周围种植丰富的树木做出里弄空间，设计出人体尺度的空间，中廊设有凹廊赋予变化，面向外部适当开口，创造引入风和光的通透空间。

（肋田祥尚）

【参考文献】
1）山本直彦・田中麻里・脇田祥尚・布野修司「ルーマー・ススン・ソンボ（スラバヤ、インドネシア）の共用空間利用に関する考察」（『日本建築学会計画系論文集第502号』pp.87-93、1997）
2）布野修司『カンポンの世界』パルコ出版、1991
3）「群居38号　J.シラスと仲間たち」1994

05 时间的推移与住居

作为可长久居住的存量建造集合住宅的动向在加速，对已建住居最初的评价和经过一段时间后居民的评价或许没有改变，但提出了更高的要求。

在其共用设施、共用空间与有特色的集合住宅中，有随着时间的推移，即使居民自出现身少子高龄化等变化，但对空间规划持续好评，使用频率也不变，优秀设计案例，跟踪这种随着时间变化的研究成果，从中得到启示。

另外，倾注极大热情的协议共建住宅，建成后如何被使用，在世代交替中，其后代如何评价，获取这些反馈饶有兴味。本章旨在探究经过时间检验价值依存的集合住宅的条件是什么。

带有空中花园的高层集合住宅

居住者特性和使用的经年变化

名称：芦屋海滨小镇高层住区　所在地：兵库县芦屋市　完成年：1979 年　占地面积：202851m^2　建筑密度：15.9%　容积率：127.5%　户数：3381 户　设计：ASTM 企业联合，兵库县住宅供给公社，芦屋市

在居住者间形成良好的社区，提高大规模的住区以及高层集合住宅的生活环境质量，作为手段是设计者长期以来进行的种种尝试。其结果建造的空间、设施大体可分为：1）地上的开放空间，2）中间层的小开放空间，3）室内型的共用设施。

“芦屋海滨小镇高层住区”是 1972 年实施的由建设省、通产省（当时）等主持的方案设计竞赛的入选作品，在设计上可以说在当时是拥有大小开放空间的集大成实例。具体而言有位于楼宇之间的有特色的广场，以及住宅楼每 4 层设置一个空中花园，集会所设在广场附近。

经过 1/4 世纪的时间流逝，这个广场和空中花园从使用上能看出什么变化，包括居住者的特色、住宅整体的评价等，通过对 1980 年（竣工后）、1988 年、2006 年的居住者调查比较更加明朗。

关于整体规划的特色，在布局上由 4 个项目主体设计的住宅楼混合布置，以及将住宅区分为整个小区的共有地和各住宅楼的共有地两部分，整体上又作为一个小区进行规划设计。住宅楼设计是超高层住宅楼和为了实现两面开放的住户而采用的钢骨的柔性结构，入户方式采用了跳层型联系方式。

（高井宏之）

芦屋滨海滨小镇高层住区的外观

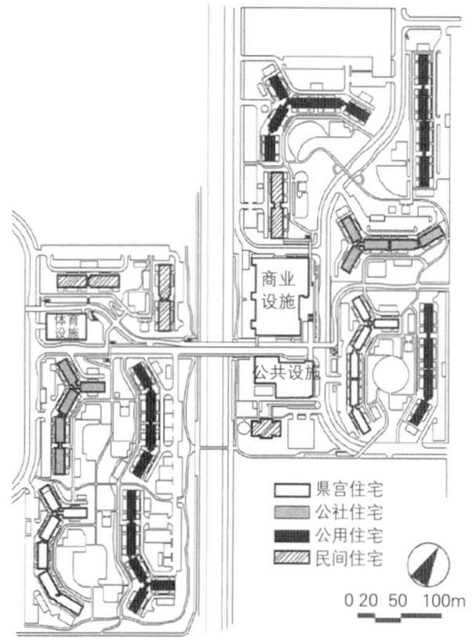

住宅楼布置图及调查对象住宅楼

广场

空中花园

◉ 参考实例

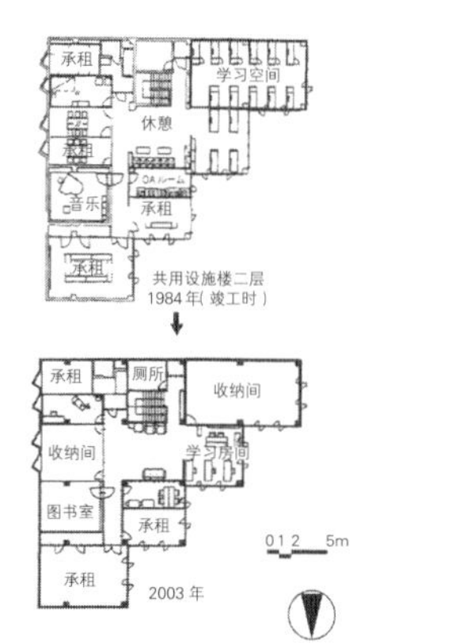

威尔萨尊小手指

1980 年代后半期落成，具有充实的室内型共用设施的集合住宅先驱实例。设有学习房间、办公房间等单间。但是今天 PC 等在家庭得到普及的时代变化中，其已完成使命，有向其他功能转用的趋势。

高层住区全部楼栋数 / 户数及调查对象

规划特色						调查对象
所有形式	供给主体	栋数	层数	户数	住户面积（m^2）	户数
商品房	民间 A	2	19	133	75	67
	民间 B	4	24、29	368	81	200
	民间 C	1	29	98	69 ~ 186	98
	公团	9	14、19、24	614	60、69	151
租赁	公团	14	14、19、24	977	60、69	151
	公社	10	14、19	595	58	133
	县营	12	14	596	50	150

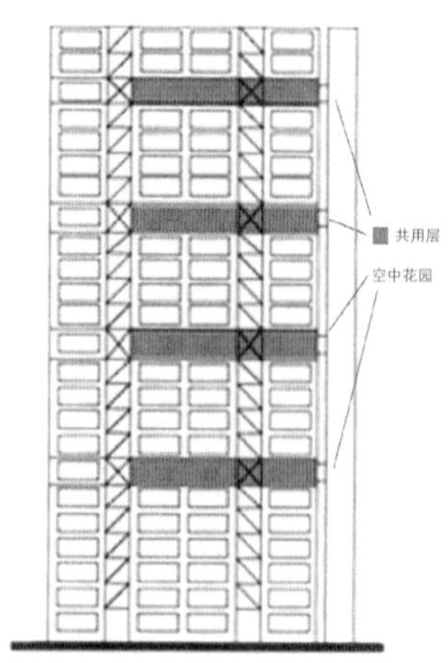

住宅楼立面图（29 层建筑）

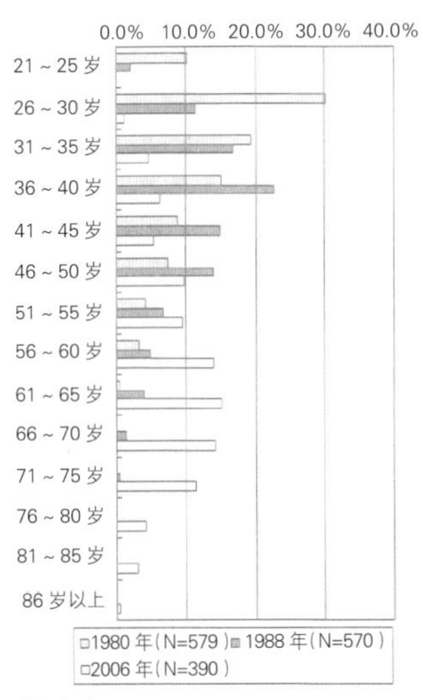

户主年龄

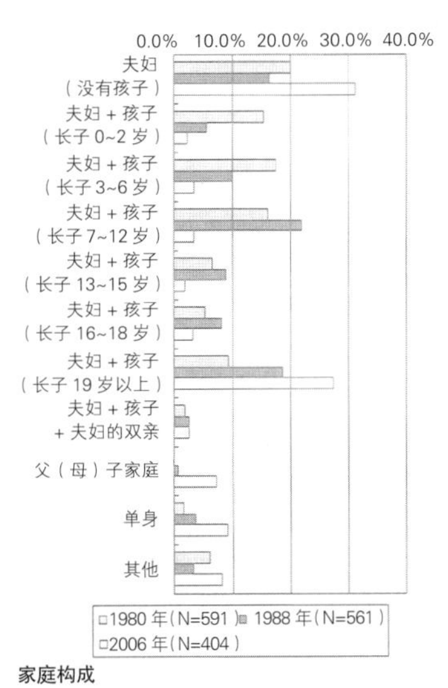

家庭构成

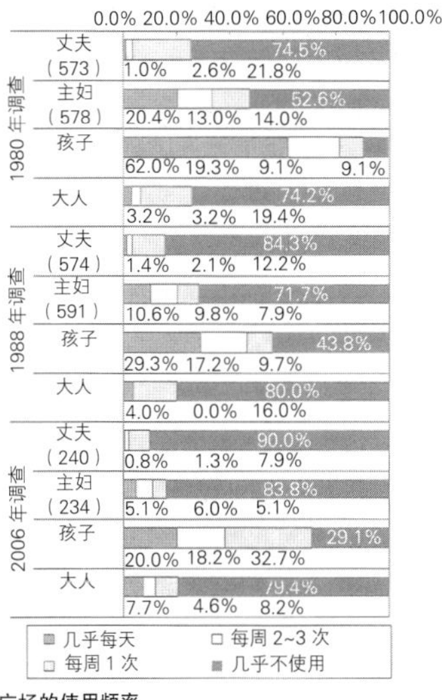

广场的使用频率

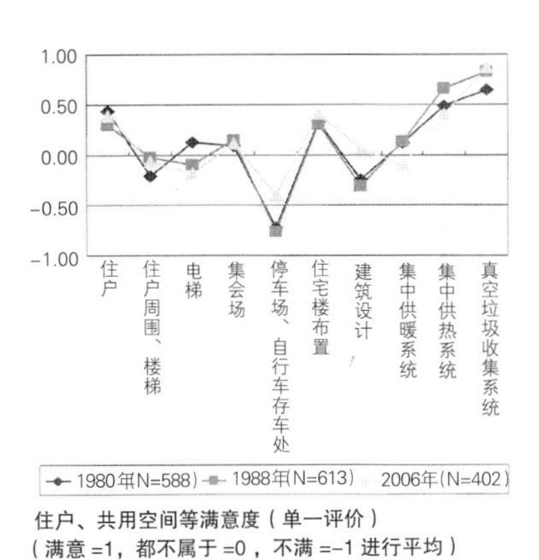

住户、共用空间等满意度（单一评价）
（满意 =1，都不属于 =0，不满 =−1 进行平均）

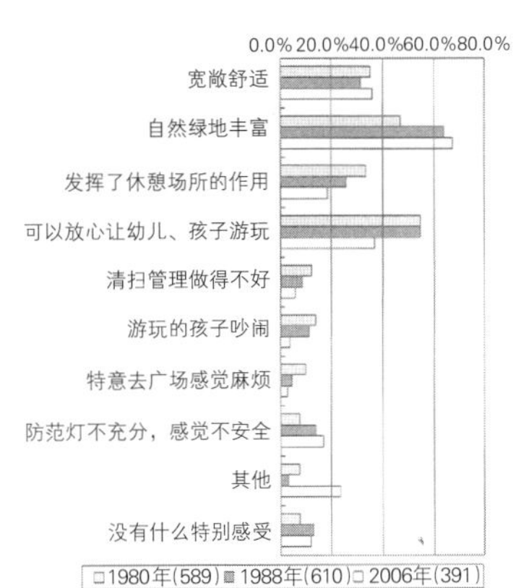

对广场的看法

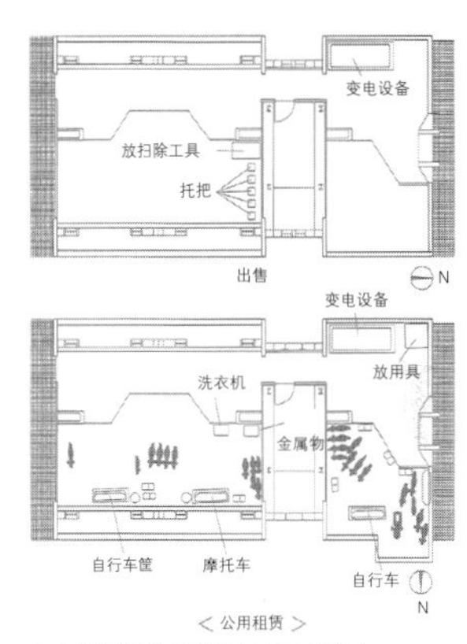

空中花园的使用情况（2005 年）

◉ 在设计和管理方式上没有变化

基本上是由供给事业主体单位进行管理，关于小区共有地由芦屋滨四家管理协会协议，这种机制从竣工以来没有变化，被住宅地分成两块的共有地，其边限，共用空间、设施、集会所设计也保持了原初状态。整体上是设计者、管理者所期待的居住环境，包括其机制也被保留，有着与时俱进的印象。

◉ 逐步发展的少子高龄化

关于户主年龄，当时 20 几岁的最多，逐渐步入高龄化。家庭构成包括高龄者家庭在内"夫妇两人"的家庭最多。其次是"夫妇＋孩子（长子 19 岁以上）"。有 12 岁以下孩子的家庭占 9%，同期竣工的其他小区也显示了同样的趋势。

关于居住者满意度，目前在其他实例看来也是罕见的"真空垃圾收集系统"和围合广场形态的"住宅楼布置"获得好评，在调查年度中没有什么变化。"集中供暖系统"和"集中供热系统"由于设备老化评价较低。对"电梯"的评价也较低，显示出对跳层型不满的增加。具体的意见是"上下楼梯麻烦"，在每调查年有增加，目前占 40%，说明居住者的高龄化作为新课题浮现出来。

◉ 广场的功能——从利用到观赏

楼栋之间的广场面向儿童、幼儿设置游具、水、假山、大地等具体的形象，以及面向大孩子的主题广场的构成。竣工当时，利用者按照设计的意图以孩子和照料孩子的主妇为主体，这个数字也在减少，孩子们的游戏需要"时间、空间、玩伴"三个条件，特别是近年时间和玩伴的减少受到很大影响。

在居住者的意见中，现在"绿地丰富"约占 70%，增加最多，"可以放心让幼儿、儿童玩""宽敞，心情舒畅"占 40%，但后者在减少。总之，设置的广场和居住者特性的乖离，以及树木的生长中，广场的功能从使用空间向观赏空间变化。

◉ 作为最初的课题——空中花园的使用

可以看出"享受观赏""朋友来了带他们参观"的空间使用现状，比当初少了。原因是风大，由于下层是住户，使用方法受到限制。关于放东西的状况，由于使用规约的不同，商品房与出租房有很大差别。

居住者的意识调查，在竣工最初认为"作为防灾据点很重要"的很多，渐渐减少，居住者的空中花园的意识日益薄弱，但是"维持原状就行"约占 30%，比例较少，同时也得知许多居民希望这个空间应想办法利用起来。

◉ 今后的 2 个方向性

1）空间的改善和活用

在高龄化背景下，改善进入方式是当务之急。空中花园，期待在少子高龄化中要求居住者"共助"以及新的社区据点的活用。广场从以孩子为中心向着包括高龄者在内多样的居住者的使用发展，朝着舒适的空间设置转变。同时考虑分布在广场的集会所的活用和与广场联动的设计。

2）用途的复合化

除了商业设施、行政服务设施以外，本项目只规划了住宅。低楼层住户面对高龄者的共用设施，服务据点等变更，考虑在小区与其他非住宅用途的建筑的复合。

本项目是追求数量时代的最尖端的项目，今后要进行改善，对今天的社会命题即建筑存量的重视、活用上也会继续发挥导向作用。

【参考文献】
1）高井宏之·高田光雄·外岡翼·吉野雅大·神崎直人·白金「芦屋浜シーサイドタウン高層住区の経年変化に関する研究-管理主体·管理組合等のヒアリングと観察調査を通して」（『日本建築学会住宅系研究論文報告集 No.1』pp.241-248、2006）
2）高井宏之·高田光雄·白金·多原明美「芦屋浜シーサイドタウン高層住区の経年変化に関する研究 その2-居住者の意識·評価と共用空間の利用」（『日本建築学会住宅系研究論文報告集 No2』pp.157-166、2007）

带共用庭和专用庭的低层集合住宅

从历年的变化看内与外的关系

名称：见明川小区　所在地：千叶县浦安市　供给主体：日本住宅公团　完成年：1977 年～　占地面积：约 95637m²　户数：481 户

Town house 其良好环境和拥有与居民建立联系的场所共用庭作为接地型低层集合住宅走向市场，1970 年代后半期开始到 80 年代建造了很多。

作为背景，1970 年代前半期，公团进行了平层的中高层住宅的标准化量产建设，产生了大量的空置房屋。这些住宅可以说在高密度的环境形成等硬件方面是有优势的，但是在软件方面不能培育与居民的近邻关系。另一方面，在城市微型开发中可以看到高涨的趋势，但没有绿地，很难说是孩子健康成长的环境。

“见明川小区”是由 2 座 10 户 1 栋的住宅楼围绕着一个共用庭构成的，各住户的南北方向上分别设有专用庭，住户（私密）和共用庭（共同）联系道路（公共）作为缓冲空间发挥功能。

现在，经过 30 年的变化，伴随着高龄化的进展，居住方式与空间的使用方式已经不同于以抚养孩子为中心的刚入住时的情形。

经年累月，人们对居住的意识在变化，现在有必要关注一下空间的使用方法。

（丁志映，佐佐木智司，小林秀树）

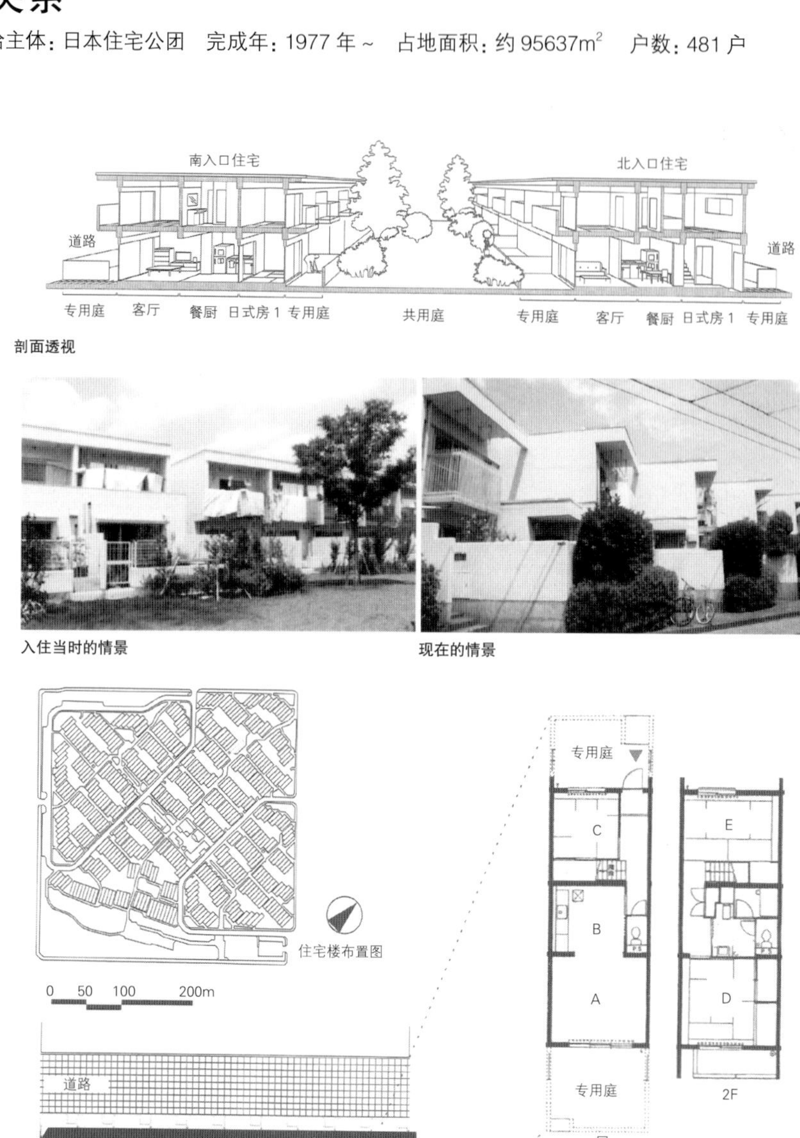

剖面透视

入住当时的情景

现在的情景

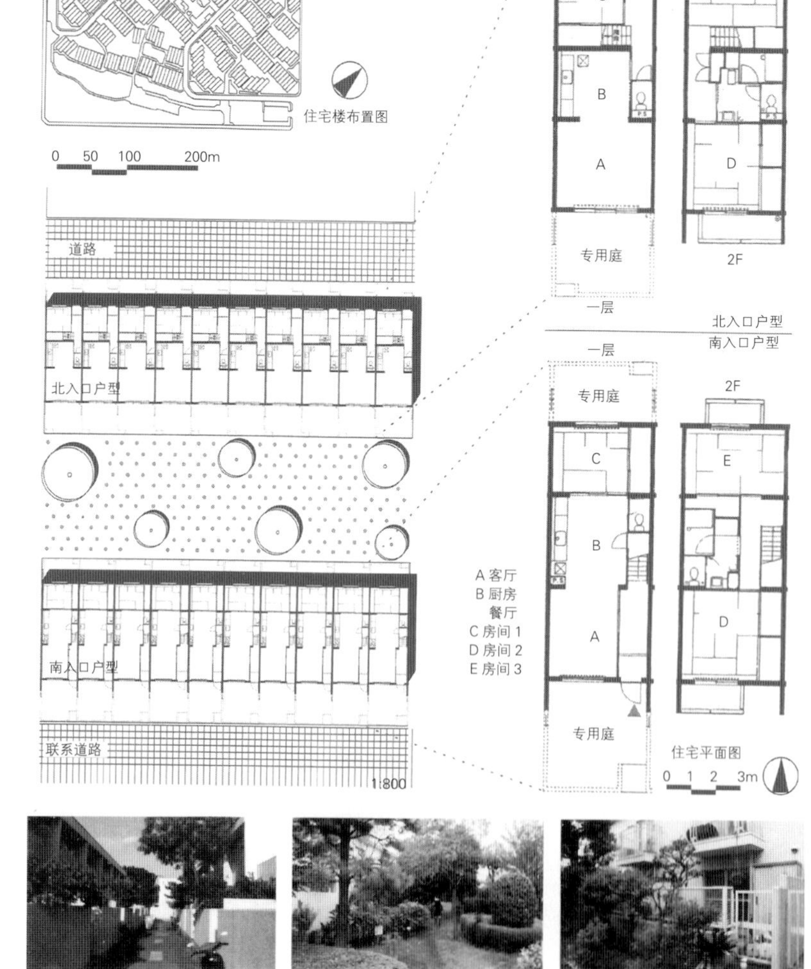

联系道路

共用庭

专用庭

◉ 参考实例

南行德 Familio

由于 2x4 工法建造，随着家庭成员的增加将共有墙打通，2 户并 1 户的实例。

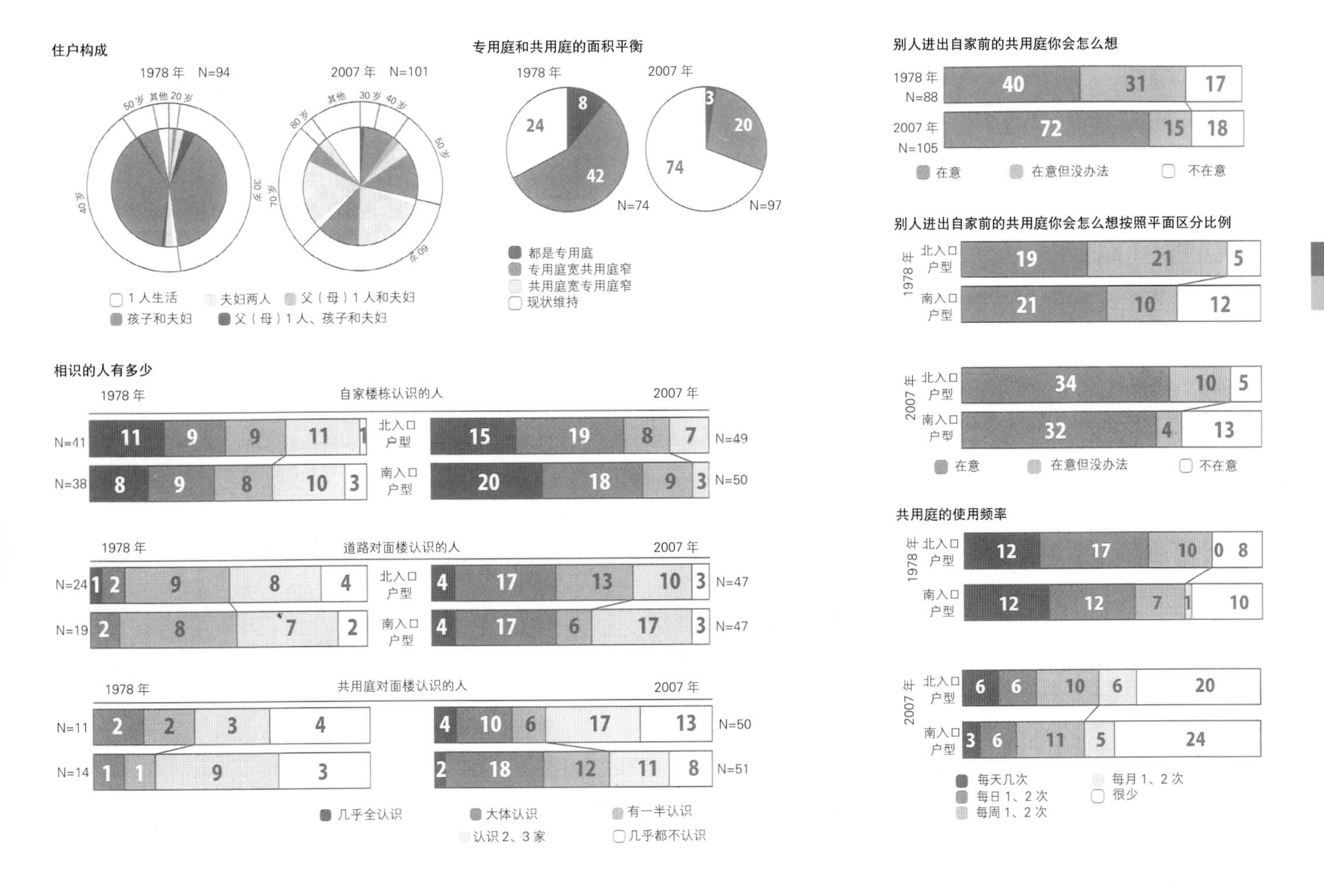

◉ 从核心家族为中心到多样的家庭混合

入住者的家庭构成从入住开始（1978 年的小林、铃木等的调查*）和现在进行比较得知，入住当时是带着孩子的 30 岁、40 岁左右夫妇的典型的核心家庭占大多数，而现在只有 60 岁、70 岁左右的夫妇两人家庭以及与子女同居的 50 岁和 60 岁夫妇的比例增高，整体上呈高龄化趋势，但是从下面带孩子的 30 岁夫妇到上面 80 岁的夫妇跨度很大，还有高龄者单身以及两代居等各种家庭结构混合在一起。

◉ 就餐房间的转移

1978 年调查结果是就餐房间 95% 在 B 室，而现今在 B 室就餐的只有 25%，大大减少，取而代之的是 A 室占 67%。

同时，现在也出现了 1978 年时没有的 A、B 室以外的就餐，虽然是极少数。而且这些都是南入口平面位于北面的 C 室、E 室，可以将厨房的隔扇拿掉与 C 室一体使用。南入口平面的 C 室面向共用庭，可以想象感受着自然风景享用美食的生活情景。不在北入口平面北侧的房间用餐的理由是厨房与 C 室隔有实墙，而且南侧的 A 室面向共用庭。

家族团圆的房间，1978 年 A 室占 95%，现在基本上没有变化，A 室占 90%。就寝的房间也没有多大变化。但是在 A、B 室就寝的有 10 人左右，只有少数，可以推测随着高龄化进展，住户内的活动基本以 1 层房间为生活中心。

◉ 随着时间的推移共用庭受到评价

在 1978 年的调查中，希望共用庭小些，专用庭宽敞些，还有都作为专用庭的意见占 67%，现在减少到 24%，相反要求维持现状的占大多数，可以确认通过实际使用共用庭认识了其存在的意义。

另一方面，现在共用庭的使用频率大大减少。使用的具体细目为花草树木的打理，清扫垃圾等，没有大的变化，但站立交谈在去邻居家时路过一项中大幅度减少。

刚入住时对以养育孩子为中心的居住者来说，共用庭的树木很少适合孩子们进行游戏等活动，而现在对高龄者来说，共用庭由于树木的增长变得狭窄了，成为观赏对象，在绿地环境方面是适合的，可以说给予了较高的满意度。

◉ 共用庭的使用频率经过 30 年在平面上没有变化

现在与 30 年前相比没有什么变化，北入口的住户对共用庭有着强烈的领域意识。北入口的住户客厅与共用庭相邻，对共用庭的使用较多，因此容易感觉共用庭是自己的领域。由此得知住户平面，特别是生活场所与共用庭的联系方式会对领域意识产生影响。经过较长时间，南北平面的差异没有变化，再次认识到初期设计的重要性。

◉ 生活场所的位置影响周围相识的多少

现在与周围的邻居相识的数字在增加，在这里，其结果仍然是根据平面的不同有相识的楼栋，共用庭对面的楼栋以及所有朝向对方客厅的一侧相识的人较多，在与周围的住户形成良好的社区为目的的规划基础上，可以说住户内外一体考虑的空间布置的规划是重要的。

*1978 年的调查结果是来自东京大学工学部建筑规划研究室的小林秀树，铃木成文等。

【参考文献】
1）小林秀樹「集合住宅における共有領域の形成に関する研究」（『東京大学博士論文』1984）
2）小林秀樹『集住のなわばり学』彰国社、1992
3）山本妙子「タウンハウス型住宅の居住実態と住環境の運営に関する研究」（『千葉大学修士論文』2008）

替代方案的协议共建住宅

集合居住文化的传承和新的展开

名称：U-court　所在地：京都府京都市左京区大枝北福西町　设计：京之家创意会设计集团 洛西协议共建项目团队　完成年：1985 年　规模：地上 3~5 层　户数：48 户　占地面积：3315.79m²　总建筑面积：5866.70m²

1970 年代日本正式开始建设协议共建住宅（以下简称共同住宅），较老的住宅已经有20~30 年历史，其优势是可以将居住者的意愿反映在共用空间上，而且入住后可以维持良好的集中居住的生活，管理运营也比较顺利等，共同住宅经过长久的时间考验，与一般商品房集合住宅同样存在着少子高龄化，居住者更换，在硬件上老化等课题。另外，可以预期作为居住环境形成的主体，在可以看到居住者积极性的共同住宅中，有着对该课题有针对性解决的经验和研究的积累。

这里举例的 U-court 地理区位在京都市洛西新城，1985 年竣工，现阶段已经有入住了约 25 年的历程，围绕着中庭布置住宅楼以及 48 套自由设计的住户，居民在规划阶段就积极参加，入住后自主地进行集体生活的营运和管理。

现在孩子的独立和高龄者的增加，入住者的更换，随之带来的社区的变化表现在 U-court，居住者进入了面向将来生活的研究。

从入住开始持续实施的调查的内容，到对与时俱进成熟的居住环境的思考，是有着丰富启示的实例。

（森永良丙）

U-court 中庭、住宅楼

中庭丰富的绿地与邻接的公园构成连续景观

U-court 公园一侧外立面

亲子两代在集会所的古典音乐演奏会

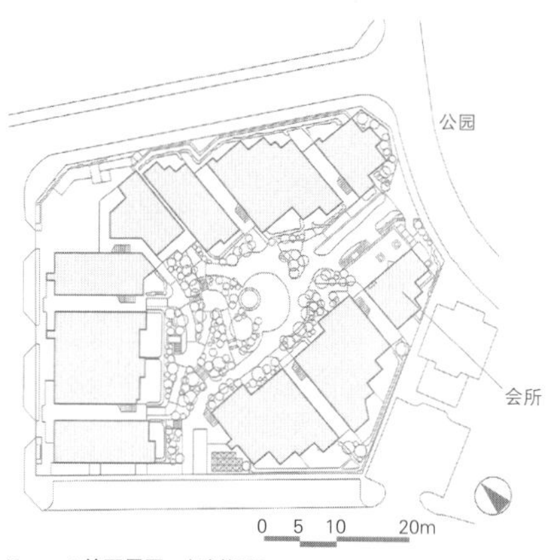

U-court 的配置图、规划概要

◉ 参考实例

（提供：中林由行）

共同住宅柿生 在产经新闻上进行招募，在石油危机前后竣工。所在地：神奈川县川崎市 完成年：1975 年 户数：66 业主：柿生共同住宅建设工会

20 年间的变化概要（1）

调查年月	1986 年 8 月	2005 年 4 月
总人口	195 人	130 人
第 2 代人数	96 人（小学生以下 86 人，中学生以上 10 人）	50 人 （幼儿 1 人，10~19 岁 8 人，20 岁以上 41 人） ※20 岁以上的第 2 代有在大学临时转出的，大学毕业后有可能回来
户数	48 户	47 户（调查时有 1 户空置房屋）
单身家庭	0 户	6 户 （70 岁以上 1 户、50~59 岁 3 户，第 2 代 2 户） ※ 第 1 代在其他地方住，第 2 代只有孩子居住的家庭有 3 户
只有夫妇的家庭	2 户（30 岁左右 2 户）	11 户 （夫妇中一方 70 岁以上 2 户，夫妇中一方 60~69 岁 4 户，夫妇中一方 50~59 岁 5 户）

20 年间的变化概要（2）

初期入住家庭	截至 2005 年 4 月 43 户（后来 1 年初期入住的 2 家转出，其中一个住户的第 2 代从父母家分离出来独立入住）
户主更换住户	5 户（其中 1 户为初期入住家庭所有，为了照顾父母一时转出租赁化，将来计划回来入住）
转出家庭	2005 年 4 月为止 8 户（同一住户有数次转住。为适应身体有障碍儿童，改造狭小住宅 3 次，临时租赁住户 2 次）
共用部分管理	长期修缮：1995 年 约 1500 万日元，2005 年 约 2500 万日元 栽种管理：2003 年以前居民自住管理→ 2004 年以后委托专业人员
住户改造	大规模改造 8 户，部分改造 4 户

改造住户的概要

改造时间	NO	有效面积（m²）	家族构成类型		住户改造	改造概要	动机和契机	居住者的评价和今后
			1990 年	2005 年				
入住后 10 年未满	1	85.11	A-5	A-4	○	扩建 2 层的面积（8 张席扩大到 14 张席）/ 浴室排水系统的改造	伴随孩子的长大需要确保单间	由于扩建压迫感没有了
	2	67.34	A-4	C-3	◎	拆除主卧室的墙，与客厅一体化 / 在客厅的角设计成设置壁龛的空间 / 阁楼改造成主卧室和收纳空间	家族构成的变化（丈夫的迁出）孩子因入学迁出 / 心理上的要求，入住后第 8 年、第 11 年 2 次改造	由于居室的扩大得到了开放感和享受到最上层的眺望 / 心理上的开放感
	3	84.57	A-4	A-5	◎	将北侧的两个房间打通，改造成孩子房间 / 将住户中央的收纳空间集中起来，改造成丈夫的工作室（兼孩子的学习房间）	解决北侧居室的结露、发霉 / 伴随孩子的长大需要确保空间	长女、次女有单独房间，问题是如何确保长子的空间
入住满 10 年以上 15 年未满	4	78.96	A-5	A-3	◎	将对面式的厨房成进行 DK 整体化改造，重新更换地面 / 拆除过道和房间的墙 / 将北侧的窗改造成双层玻璃	与家族一起使用厨房不方便 / 解决防寒、防潮和结露	至今对厨房还有不满之处 / 希望将来实现无障碍化 / 浴室也希望扩大
	5	92.41	A-6	A-5	○	将北侧的孩子房间设置隔墙，改造成两个房间 / 孩子房间的墙和客厅的隔断重贴 / 将整体的浴室卫生间用帘子分割	伴随孩子长大需要确保单间	如拆除孩子房间之间的隔墙，又可以恢复成一个房间
	6	106.72	A-4	A-2	◎	客房、孩子房间、工作室、储藏间的等房间整体布局进行变更改造 / 确保 SOHO 空间和大客厅等 / 无障碍化 / 采用双层玻璃	从北欧的居住经验了解到地暖 / 采用无障碍设计和双层玻璃 / 孩子也可独立	因为台阶而受伤的事没有了 / 建了许多放置资料的书斋和书架，已经很满了
	7	98.32	A-4	A-2	◎	进行全面的住宅改造（两个孩子房间合并为一，实现 SOHO、对面式厨房改造成 DK 型、无障碍化、采用双层玻璃等）	入住时就不满（通风不好，玄关处黑暗、厨房设计不住等）/ 看到了其他住户的重新装修案例	由于拆除了储藏间，通风好了 / 可以在起居室打滚睡觉。保留了过去家里的感觉
	8	92.17	A-5	A-4	○	跃层住宅 1 层部分玄关角改造成孩子房间	伴随孩子的长大需要确保单间	伴随 3 个孩子的长大，改变 1 层 2 个房间和房顶阁楼的使用方式
入住 15 年以上	9	81.65	A-4	C-3	◎	在主卧室的活动隔墙上安装窗户、吊顶和地面重贴、储藏室改造成孩子房间。	家族构成的变化（丈夫迁出）/ 伴随孩子长大需要确保单间	主卧室的舒适度非常好 / 孩子成家后，还想改成一个房间
	10	103.53	A-4	A-3	◎	全面性住宅改造（通风的确保、采光的利用、玄关做成土间式、地面铺桦木地板、无障碍化等进行彻底改造）	入住第 10 年左右想开始改造、确保通风和解决发霉和结露 / 孩子的独立	可以不使用空调了
新入住家庭	11	92.3	（A-4）	B-5	◎	跃层的 2 层作为孩子房间，1 层改造成夫妇房间（由于以后祖母要同居 1 层的 1 个房间留给祖母）、改造卫生间和脱衣间	搬入空置住宅时进行装修（1977 年）	设计是自己做的（丈夫是建筑师）、实验性地使用本地产的建材 / 祖母同居这些面积也够了
	12	68.81	（A-4）	A-3	○	居室的墙重新喷涂（自主装修）/ 厨房的装修、隔墙的拆除 / 地面的重新粘贴	搬入空置住宅时进行装修（2005 年）	像一个房间，也能看到婴幼儿的活动，这样就放心了

图例 1　家族构成类型（家族型 A ~ C，数字为家族人数）。A：核心家族有孩子 /A'：只有夫妇　B：2 户家庭　C：父（母）孩子家族　*1990 年栏的（ ）表示前居住者的家庭构成

图例 2　◎：大规模住户改造（2 单位空间以上）　○：部分住户改造（1 单位空间）

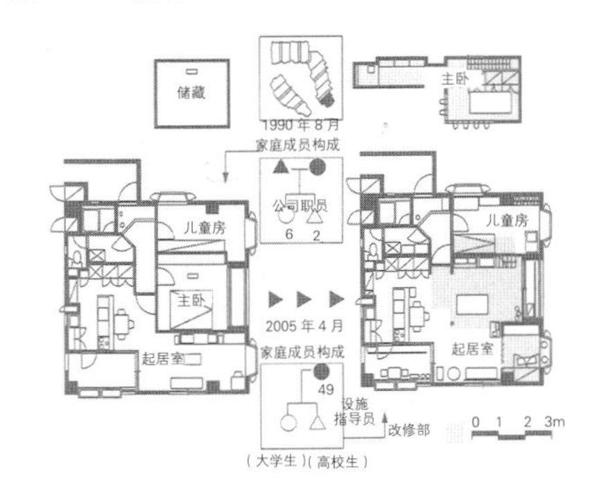

住户改造实例 1（2 号住户）

住户改造实例 2（6 号住户）

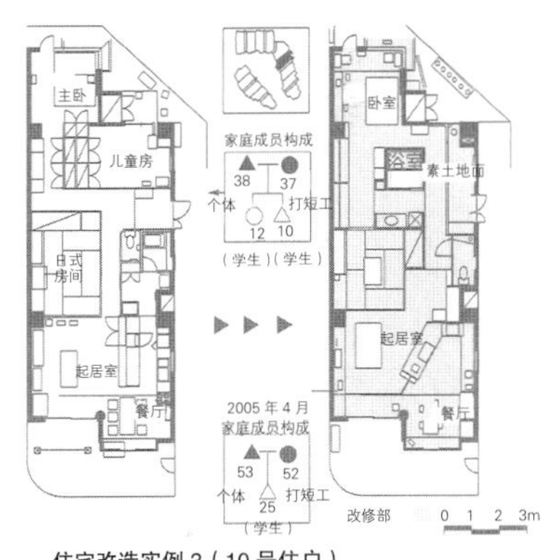

住宅改造实例 3（10 号住户）

◉ 住户改造也有各种各样的形式

U-court 共有 48 户，每户面积从 62.78~110.96m²（平均 85m²）各种规模，目标是尽可能自由的户型设计，但是在当时的居住要求下的户型，随着孩子的成长发生了各种变化。2005 年的调查确认有 12 户进行了户型改造（表：改造住户的概要）。

还看不出来住户改造的时间与住户面积的特殊相关性。但是孩子独立转出等家庭成员的减少带来的改造契机是大规模的改造。在规划设计阶段，孩子处于学龄期的家庭占多数，尽可能确保有孩子的房间的户型平面，因此使以后的宽裕成为可能，改造也是预料之中的。

采用开放平面的大规模改造是多数，几乎全是无障碍设计，并结合确保通风、防止结露的环境改善以及使用关注健康的建筑材料成为主要趋势。还有极少数的采用 SOHO 那样的新的式样。

◉ 身边的住户改造的手段

U-court 设计者之一，后来成为空置住房的居住者，包括自己的住宅在内至少进行了 6 户的改造或建议。非常理解家族的状况，使用对人体最亲切的建筑材料，因此委托居住者的满意度很高。

U-court 参观学习先行改造的住户，居住者进行信息交换也发挥了很好的促进作用。

◉ 绿地的成长和人的成长

丰富的自然环境，生机勃勃的围合型中庭，强烈地反映了希望安全良好的育儿环境的父母意愿，花草树木茂盛的中庭对孩子们来说是绝好的游玩场所，中庭的植物迄今是自主管理的。在成人的第 2 代的访谈调查中“即使维护管理很辛苦，但是身边的自然环境是必要的”的回答至少可以感到主体形成自然环境的态度。

◉ 集体居住应共有的季节感

在一层住户的专用庭之一入住后种植的樱花，数年后向上生长到 3 层高，到了樱花盛开的春天，可以从中庭观赏，也成为住户上层居民的起居室樱花满窗的借景，枝叶伸展没有苦恼，成为大家分享季节的美好，建立友好关系的事件。集体居住生活的履历中绿植的存在十分重要。

◉ 集体居住环境的享受和世代交替

现在 U-court 在中庭、会所举行仪式、节事的规模和自主管理活动有衰退的倾向，为支持有魅力的育儿环境，大胆选择费时的管理运营，也是结束这个阶段的一个原因。另一方面，管理工会理事会议员开始由第 2 代承担等世代交替开始了，仪式、节事的策划者或者是亲子一起介入。空置房屋也有第 2 代家族入住的实例。

还有为整合高龄者更舒适的居住环境提出的活动和建议，逐渐提到议事日程上来，把会所作为地域的据点开展日间照料的运营等各种未来图景被提出，现阶段在会所举行茶话会、聚餐等以有志者小组面向高龄者的试验性活动已经开始了。

【参考文献】
1）森永良丙・小杉学「経年変化したコーポラティブ住宅の評価研究」（『住宅総合研究財団研究論文集 No.33』2006）
2）福田由美子・延藤安弘・乾亨ほか「コーポラティブ住宅における集住生活の変容過程に関する研究」（『日本建築学会計画系論文集 Vol.74、No.635』2009）

与时间一起变化的住宅

从居住履历中寻求住户的可变性

完成年：1965 年　规模：RC 结构 5 层（中层梯间型）　户数：2050 户（商品房 298 户）

近年来住宅长寿命化被提出，集合住宅住户内部的可变性（Adaptability）的重要性得到再认识。然而，为将来做准备，让住户内部什么部位有可变性为好，在设计阶段做出判断很困难。调查分析伴随长时间的家族构成的变化而发生的居住方式的变化以及住户改造履历等，是得到住户要求的可变性，实现长期居住的建筑设计的基础知识和见地的关键。右页的图是展示 2 代居的居住履历，随着家族的成长，设法改变房间的使用方式，虽然有着作为公共租赁房的制约，也努力进行改造的例子。

这里介绍的是 KF 小区在阳台一侧增加一个房间的尝试，带来了年轻家庭入住的结果，与增建的住宅楼中老年人居住的家庭较多的情况形成对照，为活用既有存量，可长久居住的平面可变性和住户规模的可变性是很重要的。规模扩大了可方便与高龄的父母住在一起等，可以提供对应社会需求的居住方式。

比如住宅公团设计的带有附加房间的住宅，附加房间与主要房间分开，有一定的期限进行租赁等新的提供方式被开发出来，可以期待随着家族的成长在同一住宅中继续生活变得轻而易举。

对商品住宅、租赁住宅不仅在硬件方面进行研究，包括供给方式的软件方面的应对也是十分重要的。

（南一诚）

阳台一侧增建的居室

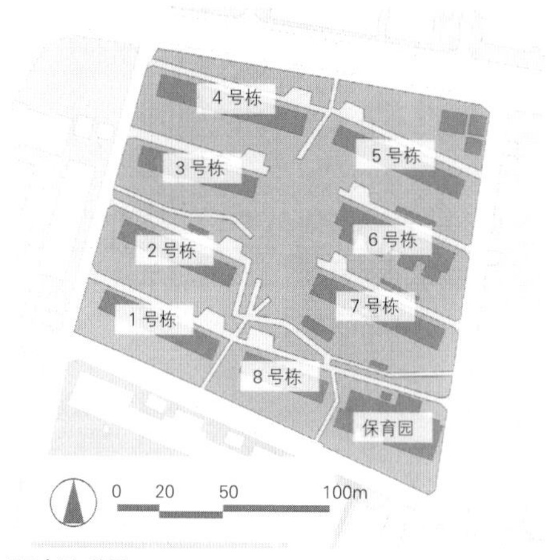

KF 小区 总图
阳台一侧增建的是所有家庭达成共识的 6 号楼

阳台一侧增建的居室（右侧）

◉ 参考实例

外部和有流线的别馆

别馆的使用例子，有别馆的住宅平面 左：位于阳台的类型 右：位于共用走廊下侧的类型 出处：UR 都是机构宣传册

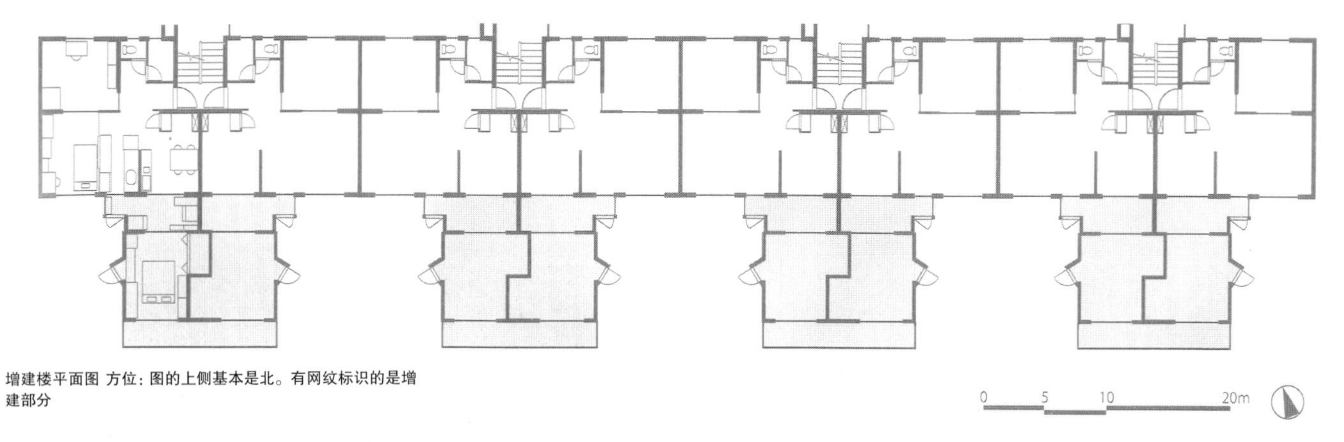

增建楼平面图 方位：图的上侧基本是北。有网纹标识的是增建部分

增建楼某家庭的居住履历

非增建楼某家庭居住履历

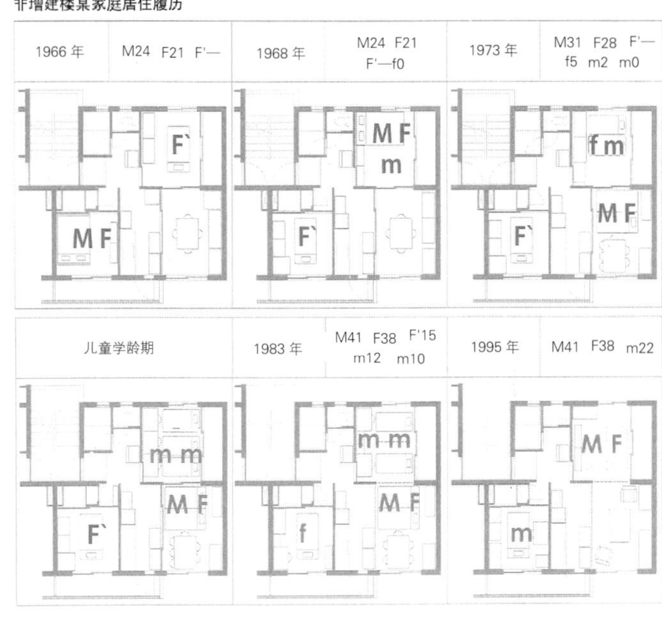

图例：M 男性成人 F 女性成人 m 男孩 f 女孩 F' 祖母 数字表示年龄。标有 M、F、m、f 符号的房间为就寝场所，方位：图的上方基本是北

◉ 高龄化进展的小区居民

KF 小区，位于东京郊外，是日本住宅公团于 1965 年开始建设管理的公共租赁住宅，宅基地内绿地率很高，交通便捷，教育等其他生活设施配套齐全，有良好的居住环境，因此长期居住的家庭较多。

据小区自治会 2008 年开展的调查得知，居住时间达 35 年以上的家庭占总户数的 35%，65 岁以上的居民比率从 34%（3 年前的调查）增加到 57%，单身家庭的比例从 24%（同前）增加到 30%。另一方面 3 口之家的比例较少，从管理开始希望长期居住的家庭就很多，当时暂时居住的家庭也不少，结果持续居住下来。

竣工后经过了 40 多年，1987 年一部分住宅楼在阳台一侧增建了 1 居室，结果有孩子的年轻夫妇重新入住。另一方面没有增建的住宅楼，只是高龄者居住的家庭较多，有无增建成为现在家庭构成变化的体现。

如果将对应家族的生活舞台，家庭构成的变化，居住者变更家具摆设、居室用途（使用方法）的变更行为定义为“适居”，对住户的内装修、设备的老化、陈旧化的修理改善工程定义为“改装”的话，几乎所有的家庭在居住期间多少都进行过“适居”或“改装”，多是以孩子的诞生、成长、独立等为契机的。

◉ 增建楼的家庭居住履历

左上图表示的是 1977 年入住至今已经有 30 年历史，并继续居住的家庭，入住时家庭构成是父亲 32 岁，母亲 30 岁，长女 5 岁，长子 3 岁的 4 口之家。1997 年长女，2002 年长子分别结婚独立出去了，现在只剩下超过 60 岁的老夫妇的家庭。30 年间伴随着孩子的成长实施了儿童房的确保，出于孩子独立等原因的居室使用方法的变更等。

对住户进行了自费改造，以及住宅公团进行的提高生活的改造，租赁住宅住户内的改造有一定的规约，退出后以恢复原状为原则，该住户为了将来长久居住，在南侧的阳台一侧进行了增建，拆除了部分不能采光的居室内墙，变成了可以作为餐厅使用的明亮的空间。

◉ 非增建楼的家庭居住履历

右上图表示的家庭是小区竣工 1 年后，从 1966 年入住开始，持续居住长达 49 年以上，入住时的家庭构成是 20 岁左右的夫妇和母亲 3 人，生了 3 个孩子，最多时是 6 口人家庭，现在夫妇和次子三口之家，由于孩子的出生，夫妇的卧室和祖母的卧室进行了交换，随着孩子的成长，单间的确保，与祖母的分居，作为长女的独立居室等使用方式在不断地变更。

【参考文献】
1）南一誠・関川尚子・石見康洋「KEPエステート鶴牧-3低層棟における居住履歴と住戸の可変性に関する研究」（『日本建築学会計画系論文集 第621号』pp.29-36、2007）
2）石見康洋・南一誠「KEP方式による可変型集合住宅の経年変化に関する研究」（『日本建築学会技術報告集 第24号、pp.335-338、2006）
3）南一誠・竹ノ下雄輝・古屋順章「付加室付き共同住宅の居住実態に関する研究」（『日本建築学会技術報告集 第16巻第32号』pp.233-236、2010）
4）南 一誠・大井薫・竹ノ下雄輝「公的賃貸住宅団地における長期居住履歴に関する研究」（『日本建築学会計画系論文集 第651号』2010）

Vintage 公寓

Villa Bianca：反映时代的有魄力的设计

Villa Bianca 的细部：感到细部的用心

"Vintage 公寓目录"

在东京 R 不动产运营着"Vintage 公寓产品目录"网络终端，介绍独自选定的项目，名副其实是网络上的产品目录。

刊登的项目是"Villa Bianca 别墅"、"Villa Moderna 别墅"、"Villa Serena"等别墅系列，面向外国人的高级公寓的住宅市场系列等，以 1960~1970 年代东京奥林匹克前后建造的建筑为中心，其特点是以外国人为对象设计的建筑较多，使用的具有海外视角的日本设计，因此这个时代独特的稳重的空间构成的项目较多。

Vintage 一词原先是表示葡萄酒、牛仔布等质量的语言，很少使用在住宅相关的表达上，但是这几年，以 30 年代左右的时代为中心，从新建到中古市场作为购房的指向变化相伴出现，开始使用"Vintage 公寓"的一词。

迄今接触了很多项目，其特点整理如下：

①场所地理位置好

一般建在不动产市场资产价值高的区域，地理位置优越，用地面积宽敞，庭园大，入口进深长，位于朝南的坡地上，借景等景色宜人，巧妙借用周围的环境。

②维持良好的管理状态

经过时间的打磨，积累好的形式，清扫细致周到，经过长年的变化，素材的质感表现出来，加上对花草树木的精心培植，几十年持续历久弥新，显露出新建当初所没有的独特气质。

③反映时代的设计

大胆的空间构成和细部的用心，新的居住方式的方案推陈出新，60 年代的建筑一般都是运用混凝土的造型设计，花费时间对细部进行推敲，对质感的活用、素材的选定等，可以感觉设计者的意图，而且是有魅力的建筑。

④可以带感情地持久居住

居住者是真正喜欢该建筑，带着爱恋珍惜地使用建筑，即便是居住者变了，也会延续这种感情，具有这样的魅力，爱惜地长久居住是最重要的。

为了提供具有这种 Vintage 公寓的价值的建筑，需要多元的观点。这是不动产开发商作为业主的公寓，强烈要求经济合理性，因此很难建设具有长远眼光的建筑。另一方面，也有着开发商提供居住者所要求的建筑的一面。即让居住者长久使用优质建筑，如果像在欧洲多见的持有价值观的人增加的话，业主方面也能合算，就会增加规划实现率。

作为建筑师的立场，基于这个视角，在理解这是产生长期收益的资产的情况下，脚踏实地，意识到素材和好用性，留心简洁的设计很重要。

"Vintage 公寓产品目录"近 1 年接到咨询约达 200 件。在实际的购入上，贷款成为问题。由于建筑年代在累计贷款比较难。通常新建项目是不能以按揭形式购买的。这是 Vintage 公寓作为不动产在市场难以有流动性的原因。也就是说，不是简单地可以买卖的状况。

想通过东京 R 不动产的媒介向人们转达在时代的潮流中遗留下来的建筑，正因为其古老才有价值的价值观，在居住者要求多样化中，作为选择之一，想给 Vintage 公寓一个定位。

（吉里裕也）

06 居住者培育的居住空间

集合住宅的居民按照自己的生活方式对既有住户空间进行适应性调整的很多。即便对住户空间进行某种改修也不是大张旗鼓的，只是在有限的面积内系统地改装而已，1970 年代开始的协议共建住宅是对应居住者特殊需求，接纳自由度的个性化住宅，但其数量有限。

与这些潮流不同，出现了一些根据居住者需求和积极参与培育了具有创意的居住空间，进行巧妙居住的实践。举例从 DIY 住户改装到增改建，涉及的范围很广。

居住者试图按照自己的意愿提高生活质量，可以把住宅变为充满回忆的可以依恋的居所，应有很大的魅力。这些虽不是简单可以普及的，但是对今后的集合住宅的居住方式应该是有较大的启迪。

基于 DIY 的租赁住户的改装

住户再生的替代方案

名称：高洲第一居住小区　所在地：千叶县千叶市美滨区　DIY：千叶地域再生调查研究　实施年：2005 年

在经济高度成长期建造的郊外大规模居住小区，不仅不符合时代的要求，人气也被城中心距离车站近的高档公寓所吸引，加上建筑设备的老化，滞后于生活方式的变化是其原因。

如果是商品住宅，即便是老旧了，居民自己可以拿出资金进行改装。但是租赁集合住宅，在业主制订的规则中，只允许在有限的范围内进行改装。目前还有不少居民居住在这种过时的室内装修的氛围中。

在这种背景下，租赁集合住宅致力于满足自己的居住环境需求的改装出现了。这就是 DIY 改装（Do It Yourself：自己动手，自主改装）。是廉价的改装，改成自己喜爱的住居，这是对老旧租赁住宅进行长久居住的尝试。遵守恢复原状的规则，依靠自主改装能在多大程度上更新租赁住宅的室内装修和氛围？为此进行了实验性尝试，在此通过实例探索其可能性。

（铃木雅之，陶守奈津子）

定制住宅 DIY

改变表层肌理的 DIY

品位包装 DIY

DIY 改装的类型

定制 DIY	有为方便恢复原状的壁板等装置，在壁板上经过居住者的定制形成自由的模式，通过壁板引导居住者的内装。
改变表层肌理 DIY	作为恢复原状的前提，只改变表层肌理的模式。材料只使用钉子和图钉，挂、遮挡、吊等，使恢复原状更加容易。
品位包装 DIY	事前提供若干个有品位的风格，以及材料的规格，工法的承包模式。个性化的自由度受到制约。作为品位产品有和风、北欧风、亚洲风等。

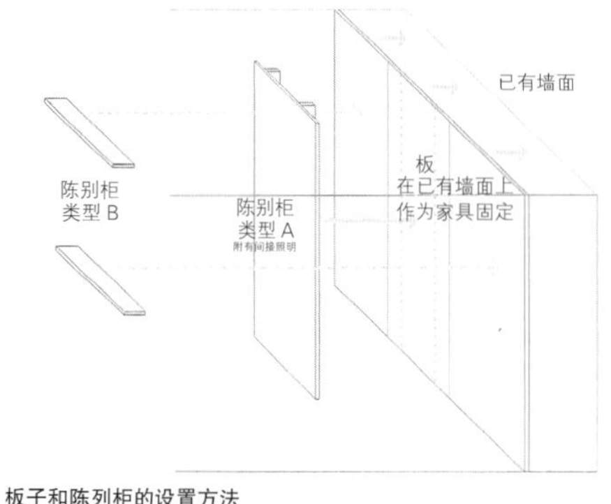

板子和陈列柜的设置方法

DIY 前的风格

◉ 参考实例

丰四季台小区自己动手改造实验（东京理科大学）

居民 DIY 实例
将壁柜的中档去掉（左），变成日式风格（右）

定制 DIY

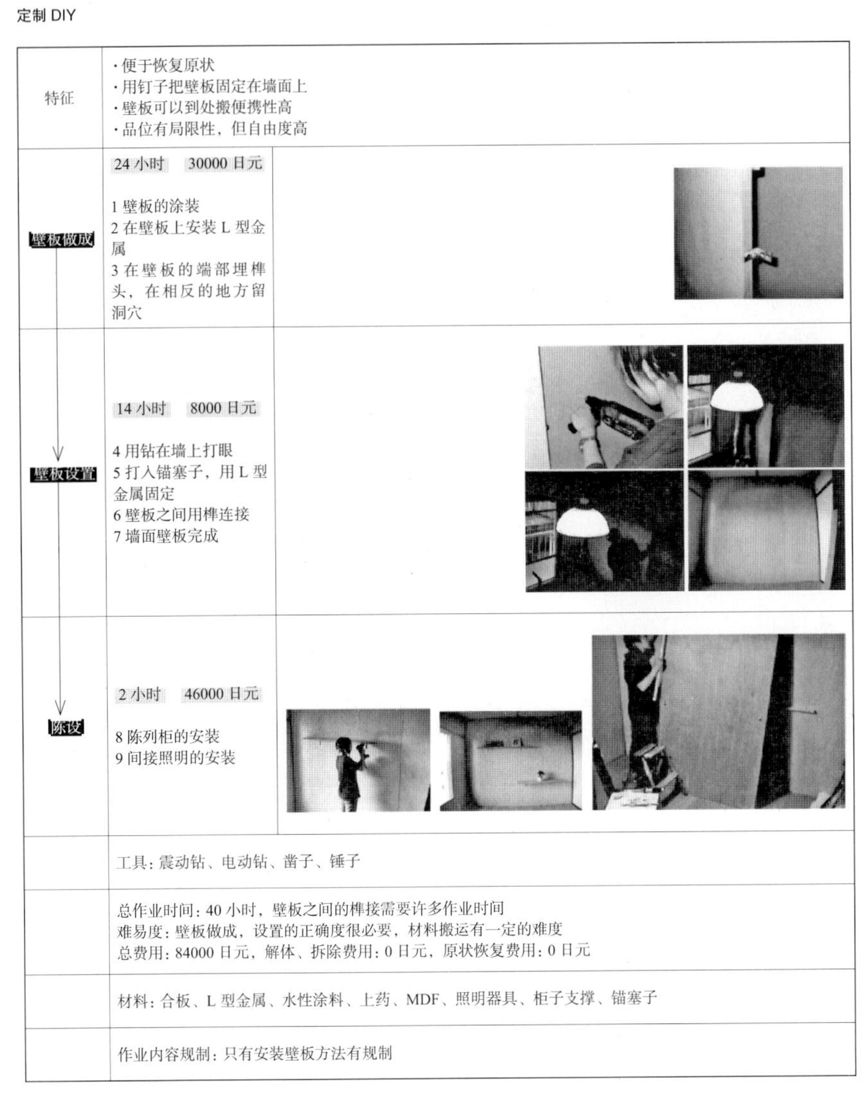

特征	·便于恢复原状 ·用钉子把壁板固定在墙面上 ·壁板可以到处搬便携性高 ·品位有局限性，但自由度高
壁板做成	24 小时　30000 日元 1 壁板的涂装 2 在壁板上安装 L 型金属 3 在壁板的端部埋榫头，在相反的地方留洞穴
壁板设置	14 小时　8000 日元 4 用钻在墙上打眼 5 打入锚塞子，用 L 型金属固定 6 壁板之间用榫连接 7 墙面壁板完成
陈设	2 小时　46000 日元 8 陈列柜的安装 9 间接照明的安装
	工具：震动钻、电动钻、凿子、锤子
	总作业时间：40 小时，壁板之间的榫接需要许多作业时间 难易度：壁板做成，设置的正确度很必要，材料搬运有一定的难度 总费用：84000 日元，解体、拆除费用：0 日元，原状恢复费用：0 日元
	材料：合板、L 型金属、水性涂料、上药、MDF、照明器具、柜子支撑、锚塞子
	作业内容规制：只有安装壁板方法有规制

DIY 改装模式的骨架

对应目的　原状恢复的应对
A）个性化
B）提高功能
a）原状恢复
b）DIY 保存
□大规模
□装置化
□肌理改变

		比例
地面	榻榻米→地板材料	21.0%
	玄关地面卷材	26.0%
	厨房地面卷材	17.0%
	消除高差	14.0%
墙	墙纸	41.0%
	浴室墙	37.0%
	瓷砖	15.0%
门窗	障子窗	43.0%
	收纳门	14.0%
	双重窗帘轨道	14.0%
	套窗	28.0%
玄关	换锁	23.0%
	门链	13.0%
	有线通话装置	33.0%
安装	扶手	5.0%
	毛巾挂杆	23.0%
	柜子	34.0%
水周围	排水口、配水管	12.0%
	包装	36.0%

基于 DIY 想进行改装的地方　n=100

◉ DIY 改装的潜在需求

小区居民对住宅持有不满地进行生活。对其不满进行改善的需求越来越高，也允许改装费用自己负担。从其改装的内容得知，DIY 改装的需求还不少。

但是在租赁住宅中，居民自由的居住空间的改造和室内装修个性化的需求受到制度的制约，居民改善的欲求，并不只是业主实施的系统的现代化东西。

一般来说即便是古朴的住户也可以提高居住价值，为此目的的 DIY 改装的普及是活用存量的一个视点。

◉ 租赁住户 DIY 的例子还不多

租赁住宅 DIY 改装的案例还不多见。由于有退出时要求恢复原状的规约，长期居住积攒的家具、物品抑制了改装的欲望。在租赁住宅中的 DIY 改装实例中，更换墙纸、障子窗纸，改造壁柜、柜子的设置等修补和提高功能的改装较多，而较大动作的改善氛围的个性化改造，以及大规模的 DIY 改装几乎没有，也没有发生太多费用。

◉ DIY 实验下的新模式的问世

DIY 改装的真正价值在于通过居民的自由创意和亲自实验来完成居室改造的实践。但是在受制于租赁住房的改装规约，现行的租赁合同中有恢复原状的义务，因此要在遵守恢复原状的规则下，探求内装修个性化和功能提升要达到什么程度？

试验之一量身定制模式。在住户墙面上安装了便于恢复原状的板材装置，在板材上根据居住者的定制使得房间的风格变得自由。

较之迄今的旧租赁集合住宅的形象有较大的改变，因而获得一定的评价。另外考虑到居民对品味嗜好的多样性，通过板材设置也有强加类型化品味，与 DIY 带来的个性化魅力相抵触。不完全限定形状、颜色的配套元件也是必要的。

◉ DIY 的普及可能性和期待

为普及租赁集合住宅的 DIY 改装，需要组织机构。制约 DIY 范围的以恢复原状为前提的话，明确区分业主应改修的部分和居民可以进行 DIY 改装的部分比较有效。

也有反映个性改装很难满足需求的，相反老旧住宅也许价值更高。比如对年轻人来说也许是魅力所在，能否成为召唤年轻人入住的、有魅力的住宅供给系统。

DIY 依靠居民本身的活动提高生活质量是自发的再生手段，可以期待这种想法的积累、再生，对依恋有回忆的小区的“终老之处”有着正面影响。

【参考文献】
1）陶守奈津子・服部岑生・鈴木雅之「住民参加による団地再生の可能性に関する実践的研究-DIYによる住戸改修の検討」（『日本建築学会技術報告集』2006）
2）「築年の古い公的賃貸集合住宅のDIYリフォームによる実践的研究」（『住宅研究総合財団研究論文集』2007）

中核型住宅的增改建

从最小户型开始的住宅

名称：Tung Song Hong 住宅区　所在地：泰国　开发时间：1978 ~ 1984 年　面积：约 43hm²　规划户数：3000 户　规划人口：约 18000 人

所谓住居就是经过居住者修改更新，不断变化的物化载体。下面介绍从最小限住宅入手的居民进行住宅建设的实例——中核型住宅。

作为中核型住宅就是在主路、水、电等基础设施建好的宅基地上，在各个基地供给有简单的用水空间的核心或一居室水平的中核型住宅，以后将建设转让给居住者的方式。根据居住者的需求一边进行增改建一边建造住宅。可以说是以居住者为主体的住宅建设。从 1970 年开始在世界银行积极贷款下在许多发展中国家被实施。

"Tung Song Hong 住宅区"是泰国住宅公团（NHA）建设的住宅区。位于距曼谷 17 公里的地方，规划建设了 7 种类型的中核住宅和生活社区设施。整体由 30 个小地区（55~196 户构成），各地区有自治组织进行集会和节事，从 1984 年入居开始，居民如何持久地居住下来，以居住支援的现状、规划的特色——中核型住宅的增改建为中心，从住居中找出创造方法和空间特色。

（田中麻里）

Tung Sung Hong 住宅地 1981 年建设当时（提供：布野修司）

Tung Sung Hong 住宅地 1996 年 沿地区内干线道路间的 2 层的中核型住宅
泰国最初预制工法的中核型住宅地建成后经历了 12 年，有活力的街景

R1 型街景
各地区内各种住户型混合规划。面对街巷排列 R1、R3、R5 等。各户安装自己喜爱的门扉、窗，前庭栽种果树，形成街道规整的景观。

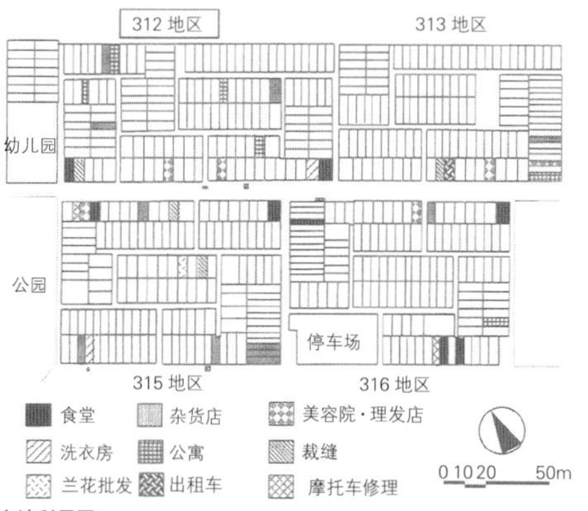

土地利用图
面对道路有食堂、美容院、自行车修理店等商业活动，在街巷内部有杂货店等，不仅有住宅，在住宅地组织有各种各样的活动。

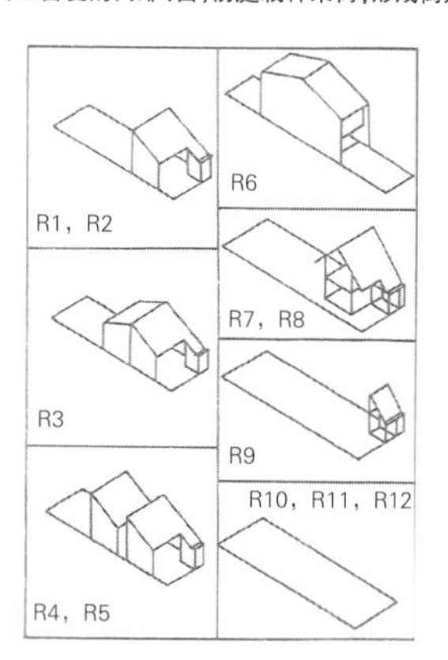

中核型住宅的形态
R1、R2：水周围 +1 单元，R3、R4、R5：水周围 +2 单元，R6：商住房，R7、R8：2 层建筑，R9：只有水周围，R10~12：只有用地

◉ 参考实例

菲律宾的德拉柯斯达中核型住宅区（1996 年）
1980 年代开始持续建造的系列。通过入住前的各种工作坊，不仅是住宅建设，居住地的管理也顺利进行。

增改建的中核型住宅

露台也是重要的居住空间

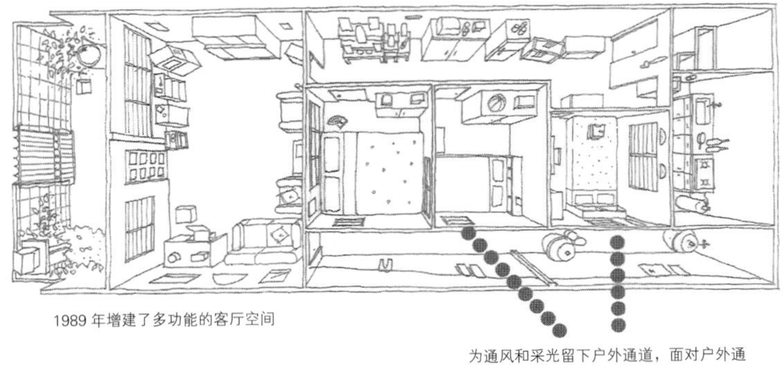

R3 类型的增改建过程（灰色部分为原来中核型住宅）

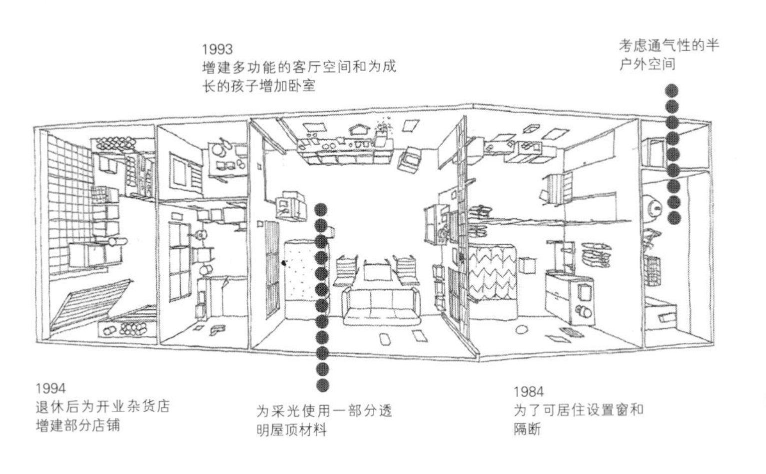

R1 类型的增改建过程（灰色部分为原来中核型住宅）

R1 类型的住户剖面图（109 号、312 号：2002 年）
规划时为增建准备的钢骨梁只能储藏间使用，居住者通过安装高窗的简单方法应对采光和通风。

2 层建筑的中核型住宅（R8 住户 A）

户外饮水站（住户 A）

考虑通风的窗和门（住户 A）

客厅空间（住户 A）

◉ 使自建住宅成为可能的最小单元

自己进行增改建比例最大的是两个核心单元连在一起的类型（R3：41m²），增改建最复杂的 2 层楼（R7，R8：49m²）80% 依赖业主，最小类型（R1，R2：22m²）也超过了 50%。初期单元太小有的需要结构体的工程，R3（41m²）大小的，不需要大规模的增改建，也许可以自建。

◉ 成为居住者理解设计者意图的机会

在增改建上，几乎没有让居住者理解中核型住宅特征的机会及支持，建成后 60% 对居住环境不满意，不能马上居住的理由也有很多，未能充分理解中核型住宅的特征。

为 2 层住宅增建所预留的钢骨梁，通风、采光的中庭等，在没有让居住者理解反复推敲的创意和设计意图的情况下各自进行了增改建。

居住者以简单的形式推进增改建，通风、换气和采光上安装高窗，留下室外通道，厨房是半户外的，以独特的处理方式推进。如果理解了设计意图，后来的增改建的展开也许不同。

◉ 供给基地和居住者共同进行城市建设

中核型住宅，物理的核心住宅规划以及供给一起成为由居住者参与的环境形成的支援，是双赢的住宅规划手法。但是泰国在居民自建的过程中没有来自供给方的支援，带来了增改建的延误。TSH 后来的中核型住宅，作为供给方支持的一环向需求者销售增改建用的样板户型的平面图。

但是，不仅是单方的支援，从事设计、维护管理的供给方与居住者相互来往，可以进行营造环境的组织机构是十分必要的。

◉ 反映生活的住居

本来建设了 7 种类型的多样中核型住宅，经过增改建，现在空间组成简化为前庭、起居室、卧室以及最后部的厕所和半户外厨房等。其类似的空间构成，是被基地形态、烹饪方式、确保招待僧侣的空间所制约，是反映泰国生活方式的产物。

◉ 基地整体是居住空间

处于热带的泰国，厨房建在有遮阳的半户外的较多，还有在宽广的露台、树荫下摆放饭桌的，户外空间也是避暑的重要空间。活用从住户内部到半户外，户外的自然，把整个基地作为居住空间有效使用。

【参考文献】
1）田中麻里『タイの住まい』圓津喜屋、2006

支撑城中心居住的商住两用住宅

商业者家族的弹性居住方式

名称：马车道A共同住宅（临时名） 所在地：神奈川县横滨市中区 建设：1964年 事业主体：神奈川县住宅公社（当时） 占地面积：923.568m² 建筑面积：679.911m² 户数：26户

作为高密度的城市居住容器的集合住宅所要求的设计是什么？回顾经过长期积累的住宅存量的履历，发现其特色的方法是有效的。以神奈川县住宅公社为中心的横滨关内地区供给的商住一体的集合住宅（所谓商住住宅）就是其存量之一，战后成为废墟的称为"关内牧场"的横滨关内地区的复兴带来繁华的钢筋混凝土结构的建筑群。

以欧美诸国街坊型集合住宅为参考，面对街道布置中层集合住宅，在基地内设法设置开放空间。在基地共同化的过程中，许多地权者作为经商者再入住，选择一边营业一边居住在上层住宅中，职住近邻的居住方式。也构成了关内地区城市的特征。

现在可以在包括"马车道A住宅"的数栋房屋中看到其痕迹，向开放空间的店铺扩张，在住宅楼内几户人家共同使用等，证明了由经商家族培育的居住方式履历是可以带来城市繁荣和居住安定两方面优势的。

从建设开始经历了半个世纪，可以期待作为新的城中心居住的容器再度复兴。

（藤冈泰宽）

战后复兴期的商住住宅在横滨市关内地区多有保留（马车道A共同住宅）

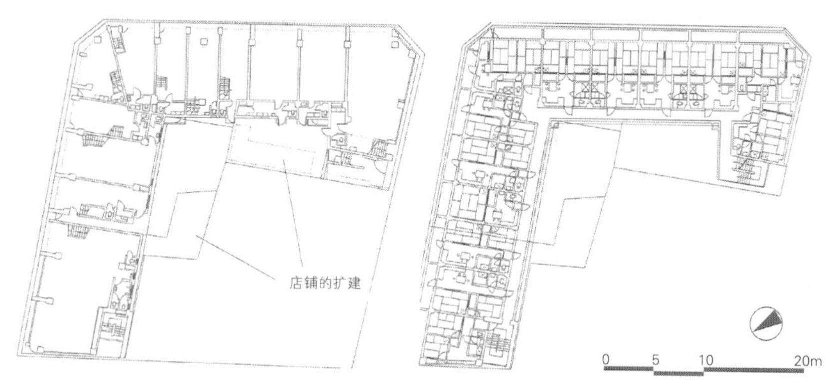

一层平面图

三、四层平面图

◉ 参考实例

不仅是横滨，全国的城市都进行防火建筑带的建设。照片（上下）是八幡市住宅协会（当时）建造的商住住宅

虽然基地是个人所有，但今后以住户为单位的多样增建是可能的（增建详细内容以及居住实态参见文献5）

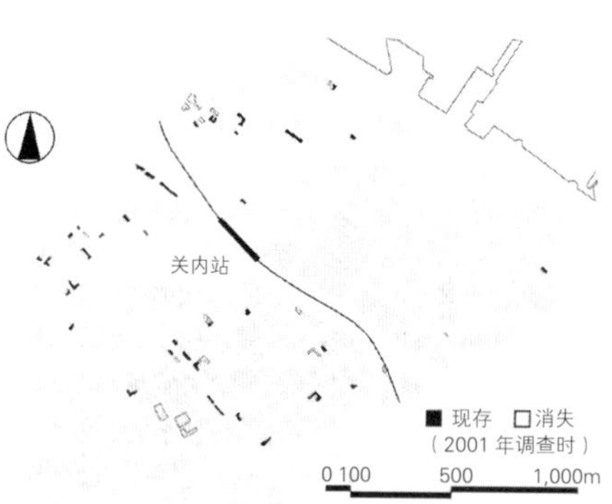

供给分布图

1953年至1966年，以关内站为中心半径约1km的圈内神奈川县住宅公社供给52栋，现存包括马车道A共同住宅30多栋。

店铺营业者自己进行的增建（马车道A共同住宅）

街区内部的土地利用稍显混乱（马车道A共同住宅）

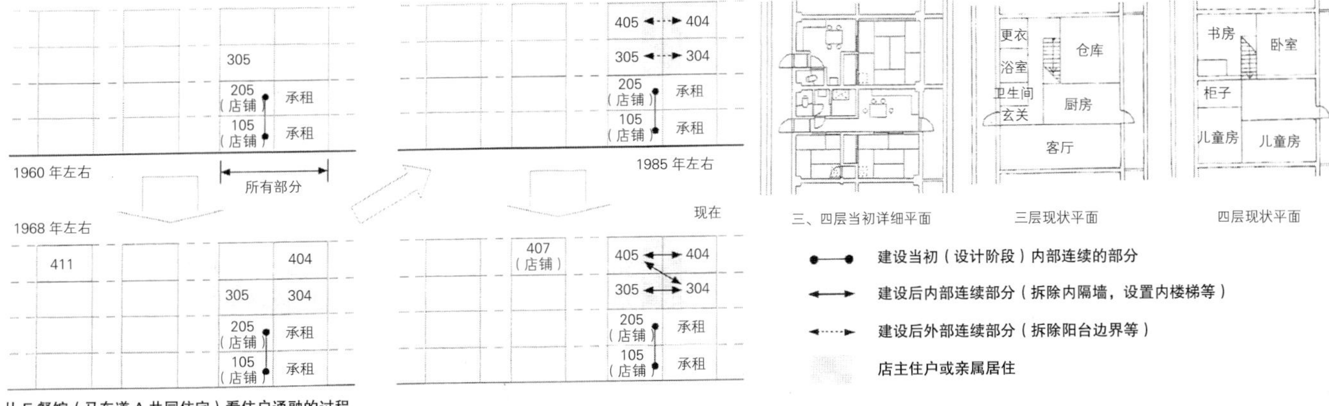

从E餐馆（马车道A共同住宅）看住户通融的过程
入住后，店铺部分相当于土地所有的一半转给承租人经营，剩下的一半开始经营。住居部分，取得空置住户，活用优先入居限界取得近邻住户、上层住户，进行了拆除阳台边界，去掉内隔墙、设置内楼梯等改造，现在三、四层部分共有4户一体使用。

	建筑状态	内容	建设资金的流动	关系者·团体	条件等
接收拆除时	木结构住宅	店铺并用住宅			地权者
收买权方式	RC公寓	公社租赁住宅 店铺	住宅金融公库 神奈川县住宅公社 横滨市建筑助成公社	地权者	地价＋收买权

收买权方式
神奈川县住宅公社建造的复兴住宅，设定了县公社和共同建设业主之间的收买权（上部租赁住宅的优先转让权），包括建筑所有关系的未来变化。不发生地权者负担费用，也允许上部租赁房的优先入住等，最优先横滨关内地区的复兴，可以看出在住宅供给上所采取的措施。

		所有/租赁	合计的推移	其中居住用途的推移（上段） 商业用途的推移（下段）
扩大（△）	E料理店	所有	3△6	1△4
				2（固定）
	T钢琴店	租赁	1△2	0（固定）
				1△2
	贩卖者	所有	2△5△6	0△2△3▼0
				2△3△6
扩大（△） 缩小（▼）	服装店	所有	2△3▼2	1△2▼0
				1△2
	美容店	所有	3△4△5▼3	1△2△3△4▼3▼0
				2▼1△2△3
缩小（▼） 扩大（△）	贩卖店	租赁	2▼1△2	1▼0△1
				1△2▼1

使用单元数的推移（包含马车道A共同住宅多数住宅楼调查基础上整理）
若干户基本上是建设当初开始持续经营的家庭，分别按居住用途、商业用途进行使用单元数的推移（扩大用△，缩小用▼表示）。按照2001年调查时的变化顺序归纳的，1单元的柱距相当于1开间作为住居或商铺，这个柱距整个楼是一致的，可以看出住户通融的变迁。

◉ 经商家族居住方式的履历

马车道A住宅，建成后经历了半个世纪，可以看到其有特色的居住方式，这里出于经商家族之手，例如利用户数的增改建，两户并一户，空置房屋的住户租赁活用，非居住用途（仓库、办公等）的转用等。最初的店铺营业是基本的家族营业，继续居住和营业的安定是紧密相连的，自主经营店铺部分在继续经营的过程中剩余的地面承租化。区分所有的框架未整备时代建造的集合住宅，按照土地所有进行区分的建筑被分割。所有的集合住宅也是经商家族可持续居住的原因所在。

◉ 对商住住宅一分为二的评价

那么这些住宅将来有可能发生所有关系的变化。在建设阶段停留在下层楼层的自主经营店铺部分所有。经过若干年后，上层楼层的公司租赁住宅部分一定要向地权者折旧（县公社称之为“收买权方式”）。但是一般入住者（县公社招募的租赁住宅入住者）入住时没有说明折旧后房费会上调，势必招来反对。现在许多住宅还没有折旧，这一问题是以现在进行时的形式遗留下来，对支持城中心居住的商住住宅的评价一分为二。

◉ 住户规模的空间单位

使多种住户可以通融的规划特色是以40～50m^{2}的住户为一个单元空间的单位性。

从建筑结构上的制约是来自上层楼层住宅的开间会影响到下一楼层的店铺，不仅是住居部分，也是店铺部分的基本单位，这种情况，比如自营店铺的一个开间承租化等弹性的对应成为可能，现在住居部分由于个人事务所等SOHO入住，作为小规模办公需要的承接，开始发挥功能。

◉ 基地内开放空间的定位

横滨关内地区的复兴事业，防火建筑带不是作为线，而是作为街区型结合住宅群的面来认识的，由此创出了开放空间，在城市中心也可以获得良好的居住环境，但是实际上由于地权者协议的难度，停止在片段的供给上，使得开放空间的定位不明确，留下课题，本来是期待公共性强的空间，实际上由于个别增建成为私密性强的空间。

◉ 对转换设计的期待

以马车道A共同住宅为首，现存的商住住宅许多在结构上设备上老旧，加上权利关系的调整，指出具体的再生途径是研究的课题。40～50m^{2}的住户平面作为面向家庭的产品有些狭窄，但是面向个人事务所，城中心居住的年轻人、艺术家等的住居还有充分的诉求力。不仅是内装，包括与相邻住宅的两户合一空置房屋的合租等考虑，弹性的住户单位作为满足现代需求的平台能充分发挥功能。被评价为复兴城市建设发挥一臂之力的建筑存量，要求附加新的价值转变为适合现代社会用途的设计。

【参考文献】
1)「横浜市建築助成公社二十年誌」横浜市建築助成公社、1973
2)「街づくり40年のあゆみ」横浜市建築助成公社、1992
3) 首都圏総合研究所編「市街地共同住宅の再生」、神奈川県都市部都市政策課・日本住宅協会、1987
4) 藤岡泰寛・大原一興・小滝一正「買取権付き市街地共同住宅における生業隣接型居住の実態と共同建築手法に関する考察－住商併存の共同化建築に関する研究その1」(『日本建築学会計画系論文集 No.565』pp.309-315、2003)
5) 西村博之・高地可奈子・菊地成朋・柴田建「街路型集合住宅「平和ビル」に関する研究・その1・その2」(『日本建築学会大会学術講演梗概集E-2分冊』pp.103-106、2001)

弹性共用空间的使用

多样的活动与户外开放空间

名称：Trung Tu 小区　所在：越南河内市　建设：1974 ~ 1978 年　面积：15hm² 大型 PC 板建造的低层住宅楼

在越南可利用若干个集合住宅的共用空间，进行多样活动是日本罕见的，可以看到居住者对能动空间的使用，依据每个时间带活动的交替等，这些活动是居住者解读共用空间的各种空间特性，在特定的居住方式下的产物。在这里聚焦户外开放空间的活动，思考使得多样活动成为可能的空间条件以及社会状况。

越南河内，城中心附近存在许多 1950 年代后半代至 1980 年代中期计划经济时代建造的集合住宅小区。住户的面积小、主体、设备老化，更新也在推进。"Trung Tu 小区"也是那个计划经济时代的集合住宅。建设初期由于位于街区周边的原因，住宅楼之间留出了充足的开放空间，适当布置了小公园，这些空间通过临时设施在街巷、小公园支起了饮食店、店铺、市场等，展开了与日常生活密切相关的活动，可以看出适合场所进行的建造，结合既有空间的特征及开展活动的种类，适合的空间被选取和设置。

（篠崎正彦，藤江创）

楼栋间的咖啡 Trung Tu 小区的开放空间，栽植很大的树木，树荫下设置了咖啡店，成为近邻居民休憩的场所。由于原先的楼栋间空地作为咖啡店是个非常大的空间，利用树木可以遮阳进行固定，与步道连接的裙墙作为烹饪台收纳器物使用。

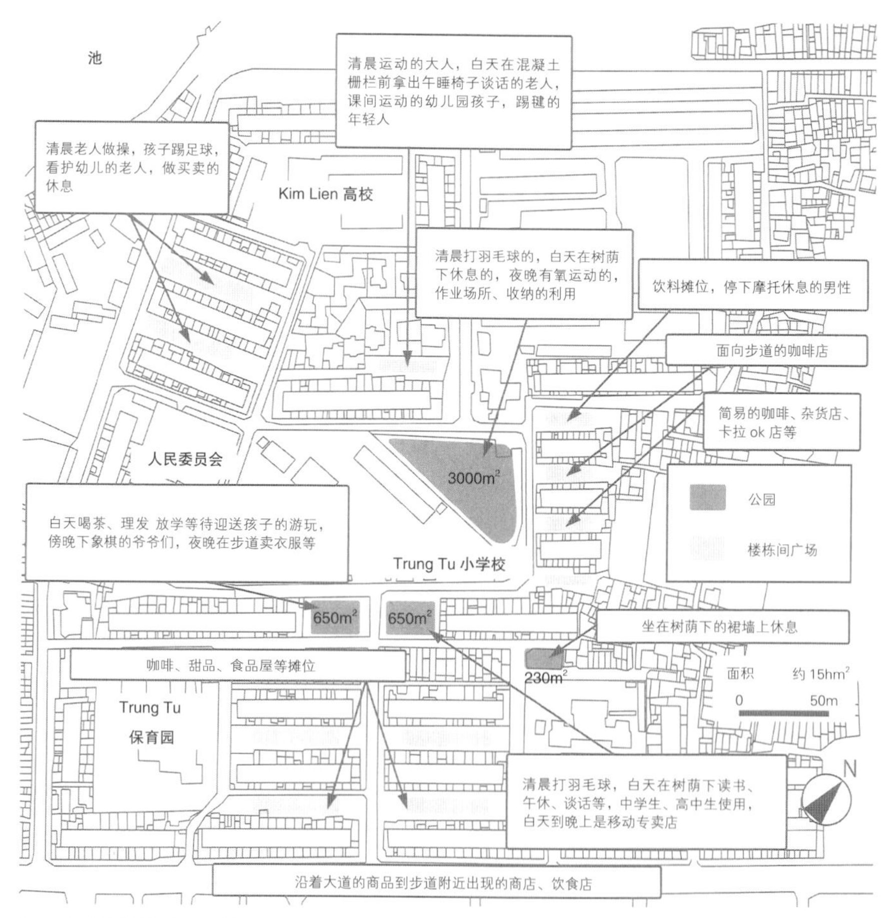

Trung Tu 小区布置和开放空间的利用实例 看上去是简单的布置规划，居住者和商业业主解读了外部空间的特性用于各种各样的活动，沿着大街的步道、里弄（可以穿行、折回等）、楼栋间广场、面河的步道、大小规模不等的公园等有多样的意外户外空间存在。

◉ 参考实例

Trung Hoa Nhan Chinh 小区
在河内郊外开发的新城。与高层集合住宅一起也规划了独户独栋住宅区，住户规模超过了 100m²，近年河内新供给的集合住宅的典型之一。户外空间的利用有管理规约限制倾向。

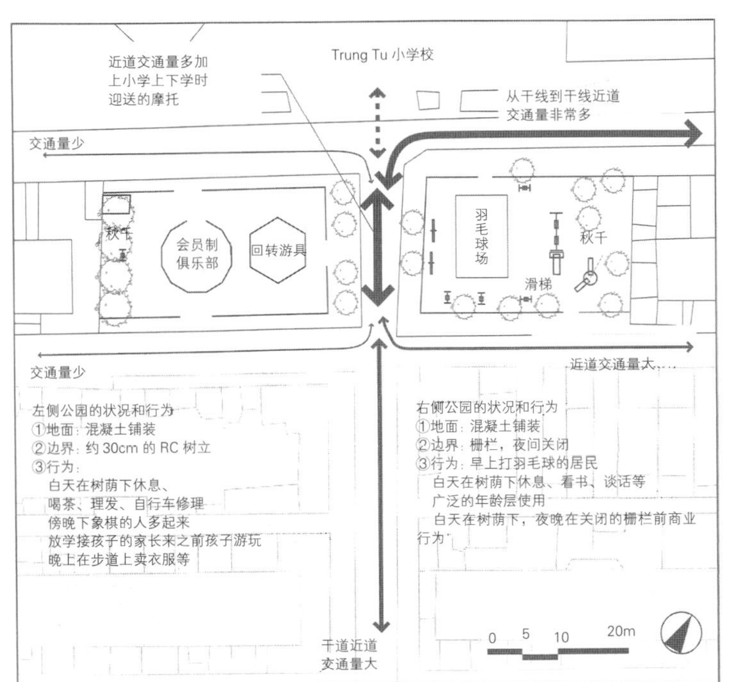

某公园的利用情况（左）

左右部分面积、形状等类似的左右的公园，一天当中进行各种活动，根据放置的游具等活动而不同，根据时间目的、使用者也不同，一天当中有各种活动。白天作为游戏、吃零食的场所，以孩子和老人为中心，傍晚以后作为销售场所，以成年人为中心利用。是多年龄层使用的多功能开放空间。

不同使用目的的混合（上）

楼栋间广场是越南不可缺少的交通工具摩托车的停车场，也作为晒场使用，裙墙除了起到限定停车场范围的作用，阳台走廊的扶手和树木还可以拴晒衣绳。

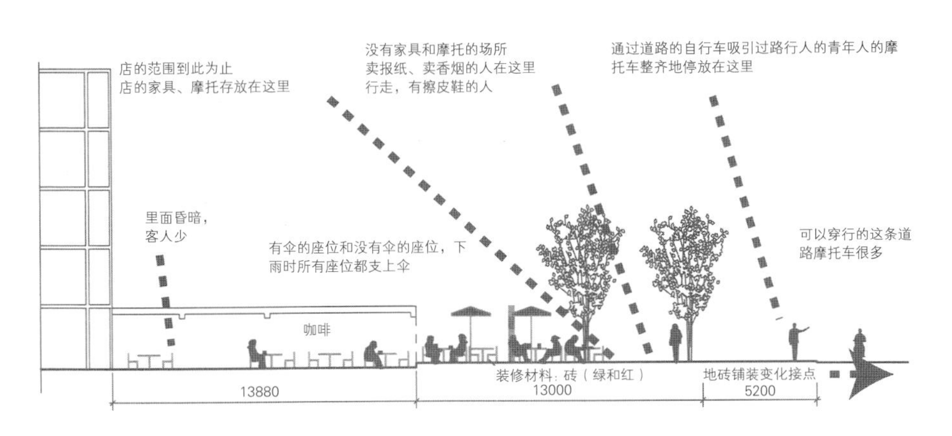

适应空间特性的陈设和活动（左）

开放空间的利用是根据具体场地的空间特性进行的，在这里可以望到池子的地理位置，树荫、路面铺装不同等是营造空间的依据。与咖啡相关的多数活动（卖报、擦皮鞋）等连锁的展开。开放空间的利用不是无限制的进行，有居住者制定的不给行人以障碍规则。这种情况和需求成就的店铺的构成有若干种模式。楼栋间的空地，原本是用于补充狭小住户增建的，在这里作为咖啡屋的室内座席使用。

◉ 从 Trung Tu 小区看多样的户外活动

在 Trung Tu 小区，除了饮食店、店铺等，还有蔬菜、杂货摊、行商等各种用途使用的开放空间。应对多种生活需求。同时开放空间的活动促进了居住者之间非正式的交流，成为社区形成的契机。接受居住者多样的需求，以自然的形式促进居住者之间的交流，允许不仅限于体育、游戏的共用空间的使用形态是有用的手法之一。

经常可以看到即使是同样的场所，错开时间，展开不同的活动的情况。此外店铺主、摊位主的存在，使得小区内经常有人的耳目，应该说可以在安全性方面发挥作用。

居住者采取与重新规划的小区意图不同的形式，对空间加以利用的较多。在一个小区内展开各种各样活动，或者错开不同的时间展开，不会使环境恶化，满足居住者的各种需求，可以说 Trung Tu 小区有其特色。

产生这种现象的基础下面详述。不能说只是越南特有的因素，对于日本的小区、居住区，应对居住者的生活需求、促进社区的活动、确保安全等也是一个启示。

◉ 适度的空间分节和楼栋的围合感

公园、道路等面积、形状、交通量不同的外部空间宽敞地分布在整个小区，因此可以根据活动的种类选择外部空间。

空间的扩展大小不同，许多被住宅楼夹裹在中间，有适度的围合感。由此带来稳定感，商品可以摊开，可以营造安静的用餐气氛，提供安全的活动场所。长大的树木也会加强围合感，提供遮挡强烈日照的树荫。

◉ 居住者对空间积极的干预

敏感地察觉对方便设施的需求，居住者自发在开放空间积极经营商铺等，进而在个人水平允许的范围内通过副业填补职业收入的不足，与许多商业活动的存在有关。

本来用于共用的开放空间允许专用，是基于自主管理的邻居组织系统，根据现场居民当事者的判断，是相当灵活的管理体制。在河内的旧集合住宅小区经常可以看到的情景，然而借重新改造的机会修订了管理规约，将共用空间作为专用来使用变得困难，在满足居住者日常产生的多种要求上也留下一些课题。一时或以临时设施的形式，在某种程度上允许对其他居住者开放使用也是必要的。

◉ 对居住方式的影响

一般早餐在外面解决的较多，有在附近的场所购买日用品、食品的习惯，这种生活方式也是导致多种活动在小区内发生的重要原因，与朋友家人一边喝茶一边聊天的时间有许多，在亚热带气候下，追求户外空间舒适的生活也是促进户外活动的一个原因。

【参考文献】

1）山田幸正・藤江創・チャン・ティクエハーほか「ベトナム・ハノイの団地型集合住宅の改善手法に関する研究(1)～(9)」（『日本建築学会大会学術講演梗概集』2005-2008）

2）篠崎正彦・内海佐和子・友田博通ほか「ベトナム・ハノイにおける都市住宅に関する研究その9～16」（『日本建築学会大会学術講演梗概集』2001-2005）

临时住宅的定制

居民改造的临时住宅

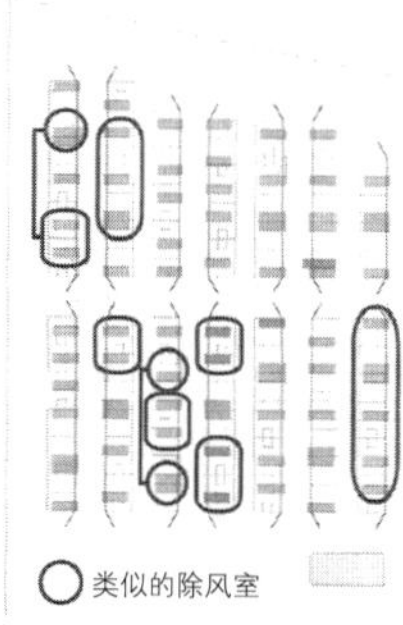

改造手法的不均匀
在临时住宅小区，除风室附近进行改造的住户每一个改造手法都经过了构思，同样的改造手法在近邻中得到使用。

应急临时住宅

临时 DE 临建咖啡屋

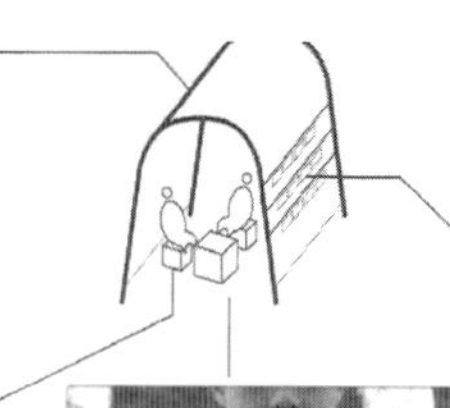

咖啡屋的修建（从搬入到组装）

椅子·桌子
咖啡屋的设置是转用农业用品的帐篷，木条板状的可以收纳的物品等自制方便搬运的东西。

制作牌子
开展了用可以贴在临时住宅的磁铁贴制作门牌的工作坊，尝试提供自家门牌的定制。

袋泡茶
展示各种茶叶做成的袋泡茶状态，可以自由地取出，以自助服务形式自由地品茶。

艺术卡片画廊
在网上征集的艺术卡片，加工成可以用磁铁粘贴的形式，看上的可以取下来拿走，尝试提供自家住户的定制。

临时改造的画廊
把其他临时小区的改造实例做成卡片，向来访咖啡屋的人提供，同时进行访谈，当场得到的实例按顺序做成卡片进行追加提供。

“临时 DE 临建咖啡屋”概要

2004 年 10 月 23 日发生的新泻县中越地震，给当地居民造成巨大灾害，受灾地区 63 处，3460 户应急建了临时住宅。

在临建小区，可以看到很多居民亲自对临时住宅进行改造，在玄关周围活用除风板，在周围安装门，把玄关前作为门套（缓冲空间），也有再将其扩大作为储藏而增建住居的，兼做遮阳功能的植物栽培等，凝结着每个居民方便生活的智慧。入住半年后可以看到这些已经溢出到楼间的街道上，成为临时住宅小区。但是另一方面，也有从入住开始完全没有加工的煞风景的临建小区，分布在灾区的小区依据各自的状况产生巨大差异。

无论哪个小区，居民的属性没有多大差别，提供的临时住宅的形状也基本相同，产生这种差异的原因何在，再进一步调查中发现，小区内共有的信息不对称是产生差异的原因。在积极维护改造临时住宅的居住者在小区中，就像被触发那样，在相邻的场所也进行了类似的改造。另一方面为了“恢复原状”也有坚守不使用一颗钉子的小区。

在这种背景下，临时住宅小区居民同事，能否建立起在临建小区之间架起一座信息桥梁那样的组织，巡视临建小区，让各自拥有的存量信息广泛地流通，组织一支游击队，这就是“临时 DE 临建咖啡屋”*。

临时 DE 临建咖啡屋有多数居住者来访，门庭若市，展示临建住宅改造方法的“临建改造画廊”，有“我家是这样改造的”“比起那样这样做更容易”“这种材料在附近的住宅中心就可以搞到”等集中了各种各样的信息，在经营咖啡的同时，滚雪球式的信息在积累，产生新的循环。

临建住宅是要居住数年直至新居再建为止的场所，经历了突如其来的灾害，丧失了一切的居民，在住居危机下恢复生活，是那以后向良好的居住环境起步的场所，虽说是临建住宅，但绝不能轻视其居住环境，另一方面一气呵成建造的临时住宅，并没有追求结合地域环境进行细致的设计，建后居民亲自改建（反馈）是不可缺少的。通过“临时 DE 临建咖啡屋”信息的流通，可以说是支援居住者亲自改变环境的尝试。

（岩佐明彦，长谷川崇）

* 参加该项目的有新泻大学、长冈造型大学、东京理科大学、昭和女子大学的学生

【参考文献】

1）岩佐明彦『被災地の環境デザイン、環境とデザイン』朝倉書店、pp 25-41、2008

2）長谷川崇・岩佐明彦・安武敦子・篠崎正彦ほか「応急仮設住宅における居住環境改変とその支援－「仮設カフェ」による実践的研究」（『日本建築学会計画系論文集 No 622』pp 9-16、2007）

07 住宅、住宅楼的再生和活用

把既有集合住宅作为资产进行使用，在不破坏的情况下继续居住的巧妙构思和技术手段是不可缺少的。即不进行拆建，走集合住宅再生的道路。不是单纯的更新，而是把设计作为附加价值提高建筑价值，从软件和硬件两方面入手，在项目手法上也要用心钻研。

住户的附加价值提高了，也就促进了资产的活用。在本章的介绍中有向合租住户转用的，住户空间重组采用方便的设备一体化的填充体，骨架的改装等各种实例，与住宅楼的再生同样，不仅是硬件，在采用软件机制，推进项目手法上有特色。此外在住户的再生和活用上，新规则的建立、集合住宅整体的空间管理是很必要的，把这些思路引入规划是今后追求的方向。

学生合租带来的小区存量的有效利用

有限责任工会（LLP）社区管理

名称：西小中台住宅　所在地：千叶县千叶市　完成年：1972 ~ 1973 年　占地面积：90226m²　户数：990 户

在经济高度成生长期，大城市郊区建造的商品房集合住宅小区，目前住宅价格大幅度持续下降。住宅面积不到 50m²，作为面向家庭的住宅显然是狭窄的。五层的住宅楼梯间型的楼宇由于没有安装电梯等，特别是四、五层空置房屋的流通经常停滞，住房价格的极端下降，长期以来空置房屋的存在加上居民的高龄化，今后小区管理上有很大的悬念。要求研究小区空置房屋新的活用方法。

基于这样的课题千叶市内的商品房小区西小中台住宅，由小区居民、大学教员、NPD 三者设立了“西小中台小区再生 LLP（有限责任项目工会）”，西小中台是由日本住宅公团（现 VR 城市机构）建设的，1972 年完成，入住开始是商品房集合住宅小区，小区建成后经历了 30 年以上，除了建筑的老旧化，还存在着居民的高龄化，管理工会人手不足等问题。

LLP 购买了小区 3DK 住宅进行改造，作为合租用，分租给学生，启动了该项目。学生可以租借到便宜、安心居住的住房，对小区来说也解决了空置房屋的问题，通过居民的年轻化带动小区的活力。

在商品房住宅小区中费用负担达成协议成为问题，今后小区的再生不仅是硬件问题，如本实例那样空置房屋与小区的经营上的创意也是重要的。

（户村达彦）

合租住宅的参观会

在共用空间谈笑的合租居住者

西小中台住宅　0　50　100　200m

◉ 参考实例

（提供：阿部菜穗美）

高岛平再生项目
1972 年开始入住的高岛平小区也存在着高龄化及空置房屋增加的应对课题。2008 年，附近的大东文化大学开始高岛平再生项目，大学把 UR 的租赁住宅改造成学生合租住宅进行出租。
名称：高岛平小区　所在地：东京都板桥区
完成年：1972 年
户数：10170 户（租赁：8287 户　销售：1883 户）

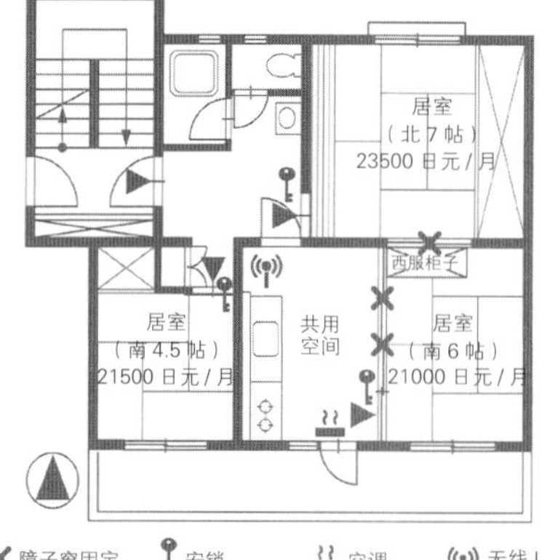

合租住宅的平面、设备及房租设定

合租居住规则

■ 基本规则
- 留意不给其他 2 位添麻烦
- 住宅内（除了阳台）禁烟，自己房间也禁烟
- 禁止夜里 10 点以后客人来访和留宿
- 经过其他 2 位同意，朋友才可住宿和使用浴室

■ 商谈后决定的规则
- 共同场所的扫除和扔垃圾
- 洗澡等使用时间的调整
- 共用物品的购入方法
- 电视、音响的声音
- 其他

■ 契约上的责任
- 得到监护人的理解去签约
- 加入小区的自治会，有自治会相关的活动
- 遵守转借合同书
- 与其他合租居住者的共同生活上出现问题时，努力有诚意地去解决

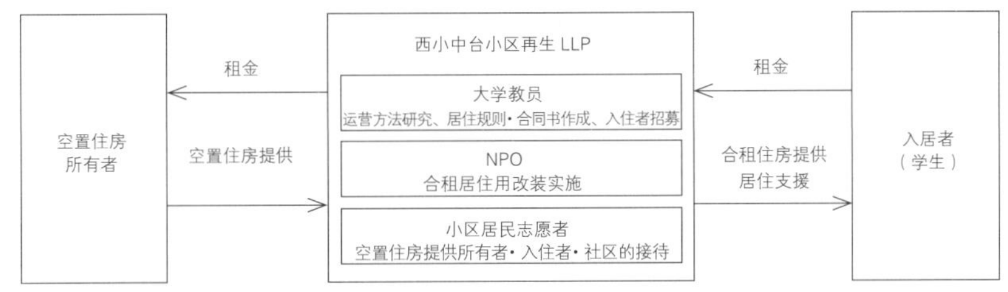

西小中台小区再生 LLP 的事务模式

居室（南侧 4.5 张榻榻米）

居室入口安装的锁

在障子窗前设置西装柜子（上）
居室之间设置隔声墙（下）
居室之间为缓和漏声的举措

何谓 1LLP（有限责任项目工会）？
LLP（有限责任项目工会）即基于 2005 年 8 月实行的"关于有限责任项目工会合同法律"的新的组织形态。LLP 制度有以下特征：

①有限责任制
LLP 与株式会社等同样是有限责任的组织，构成人员只负责出资额。本实例中大学教员、小区居民、改装担当 NPO 为其成员，承担者发挥各自专业作用，由于是有限责任，参加组织容易。

②内部自治原则
LLP 利益及权限的分配不受出资比率的约束，可以适应项目特征进行组织运营。本实例重视小区居民的作用，在出资比率的分配上想办法提高利益的分配等。

③构成人员的课税
利益在 LLP 不课税，向出资者直接课税，因此组织和构成人员不会课双重税。

	株式会社	LLP	民法工会
构成人员的责任	有限责任	有限责任	无限责任
组织	董事会、监察员必要	不设置监察机关	不设置监察机关
损益分配	出资额的比率	自由设置可能	自由设置可能
课税	法人课税	成员课税	成员课税

◉ 活用空置住房的社区管理

本项目，小区居民有志者、大学教员、NPO 自主组成的 LLP 社区管理是其特色。现在项目主体西小中台小区再生 LLP，租借了空置房屋，转租给愿意合租的学生，本项目的继续工作机制，不是依赖补助金，是对实践不动产事业成立的可能性进行验证。现在只是对由 990 户组成的小区的 2 住户进行验证，毕竟是实验性的做法。但是今后小区在对公寓那样庞大的建筑存量的活用，要求寻求自立的手法立项，不依赖公共主体。

◉ LLP 构成人员擅长的业务分工

LLP 组织遵照内部自治的原则，进行构成人员作用和利益分配，可以工会签约的形式自由设定。本项目不动产签约等需要专业知识的业务让大学教员承担，希望入住者的住宅参观，入住后的应对，小区的接待等由小区居民承担。还有面向合租居住的改装让熟知小区住户特点的 NPO 承担等，发挥各自具有的知识和技术的优势，可以有效地迅速地开展业务。

◉ 合租住户的居住评价

本实例对入住者进行了定期的关于居住性的访谈调查，访问合租住户并调查了其居住方式。调查结果得知，南侧的 6 张榻榻米的居室与共用空间只用了一个隔扇，相邻空间的独立性较弱。南面 4.5 张榻榻米的住户虽然面积狭窄，但周围是由墙围合的，空间独立性好。基于这个结果，设定各居室的房租。另外，2 住户都指出由于南侧 6 张榻榻米和北侧 7 张榻榻米的居室的隔断都是隔扇，存在"漏声"问题。为缓解这个问题，一个住户在隔断前放了一个柜子，另一个住户设置隔声墙。

◉ 合租居住规则的设定和课题

在开始居住时，LLP 规定了"基本规则"和设定了入住者决定的"协商决定的规则"。在协商规则中设定了清扫垃圾、浴室使用方式等，入住后的采访调查中，多数认为即便规则没有明文化也没有问题。另一方面公益费（光热费，通讯费，保险费），除房费外另外加收 8000 日元 / 月 / 人。退出时结算，煤气费等偶尔会出现高额的月份，把握每个入住者使用量等，在技术上是困难的，即使这样费用仍按入住者人数分配，消除不公平感是今后的课题。

◉ 家守是连接入住者和小区的桥梁

作为 LLP 成员，担任直接与入住者打交道的小区居民称为"家守"，所谓家守指代替江户时代的东家、地主，担负租户的管理、房费的收纳以及照顾房客等职能。一般年轻单身居住者有不懂生活礼节，与地域的联系疏远等问题，被视为"不受欢迎的居住者"的也不少。在本实例中，现代版的家守、小区居民对迄今在小区生活的，对合租居住等生活方式不习惯的入住者进行建议，由于入住者疏忽而发生的问题处理，不适应日本生活习惯的留学生的支援等，承担了重要的角色，另外入住者也协助自治会议员承担小区的清扫活动，参加夏季的节目等，逐渐出现自发地参加活动的现象。

【参考文献】
1）戸村達彦・小林秀樹・鈴木雅之・丁 志映「有限責任事業組合（LLP）によるコミュニティビジネス型団地再生事業実現可能性の検証ー西小中台団地再生LLPによるシェア居住向け住宅サブリース事業の実践的研究」（『日本建築学会　学術講演梗概集　F-1 都市計画 建築経済・住宅問題』pp.1223-1224、2006）
2）小林秀樹ほか「特集：今なぜシェア居住か」（『すまいろん、No.82』住宅総合研究財団、2007）

设备一体化的填充体可变实验

应对少子高龄化的住居

名称：实验集合住宅 NEXT21“填充体实验 GLASS CUBE” 所在地：大阪府大阪市天王寺区 完成年：2007 年

随着少子高龄化的进展，单身的增加，家族多样化的急速发展，以nLDK 型为代表、核心家族为单位的住宅设计已经看到了极限，在此，作为应对少子高龄化社会的居住方式的实例，想以实验集合住宅 NEXT21“填充体实验 GLASS CUBE”中的填充体设置和变更的实验为例进行研究。

基于“填充体实验 Glass Cube”项目从 1993 年 4 月到 1999 年 3 月的第 1 轮居住实验，以及 2000 年 4 月到 2005 年 4 月第 2 轮居住实验中获得数据，以及日本的社会背景，设定了①应对育儿；②应对高龄小规模的家庭；③应对家族的个性化；④应对育儿、介护、家务等服务；⑤应对多样的工作方式；⑥应对个人的网络等 6 个课题，回应了少子高龄化的社会的住宅设计，为解决这些问题展开填充体的实验。

（安枝英俊）

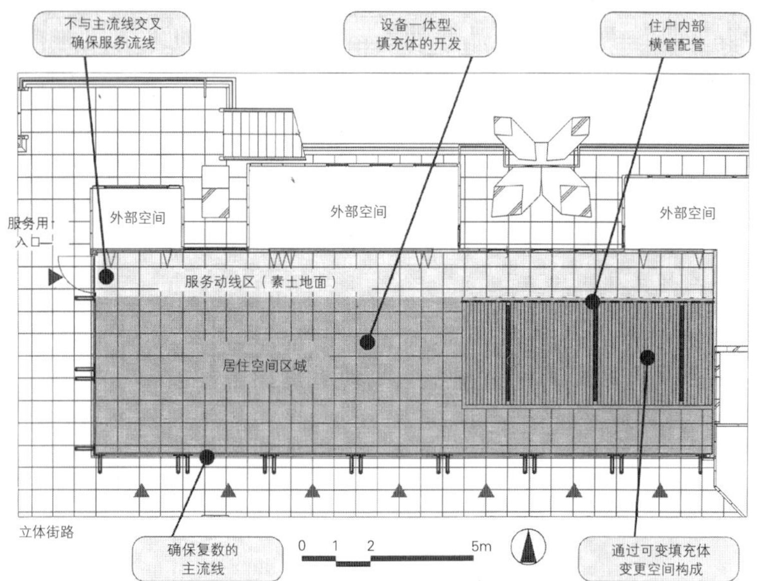

● GLASS CUBE 的设计条件

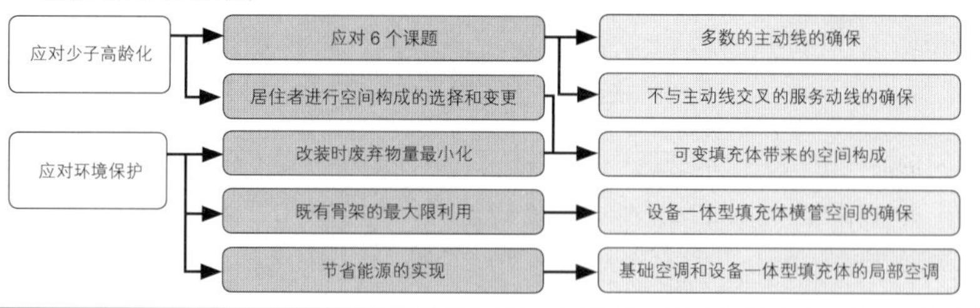

家庭类型	单身者				只有夫妇			夫妇和孩子				单亲孩子		其他
家庭模式	中年单身居住年轻人	青年、中年单身者的共同居住	高龄者的单身居住	高龄者的共同居住	丁克	专职主妇没有孩子的夫妇	老两口家庭	育儿的核心家庭	双职工育儿	中年（或者高龄）核心家庭	中年双职工与孩子同住	单身父亲	高龄者和孩子	三代同堂
育儿环境								○	○			○		△
高龄小规模家庭			○	○			○						△	
家庭个人化		○		○	○		△		○	○	○		○	△
服务（育儿、介护等）			○	○			○	△	○				○	○
多样的工作模式	○	○	○	○	○		△		○	○	○	○	○	△
个人网络	○	○	○	○	○	△	○		○	○	○	○	○	△

◉ 参考实例

求道学舍 301 住户
对既有的结构设置、变更可变填充体时的施工性评价，以及为了对利用骨架的状态在没有隔断的空间中设置可变填充体的居住性进行评价，进行了对应天棚高度安装支撑杆和滑轮，使用可动家具进行可变填充体的设置和变更实验。

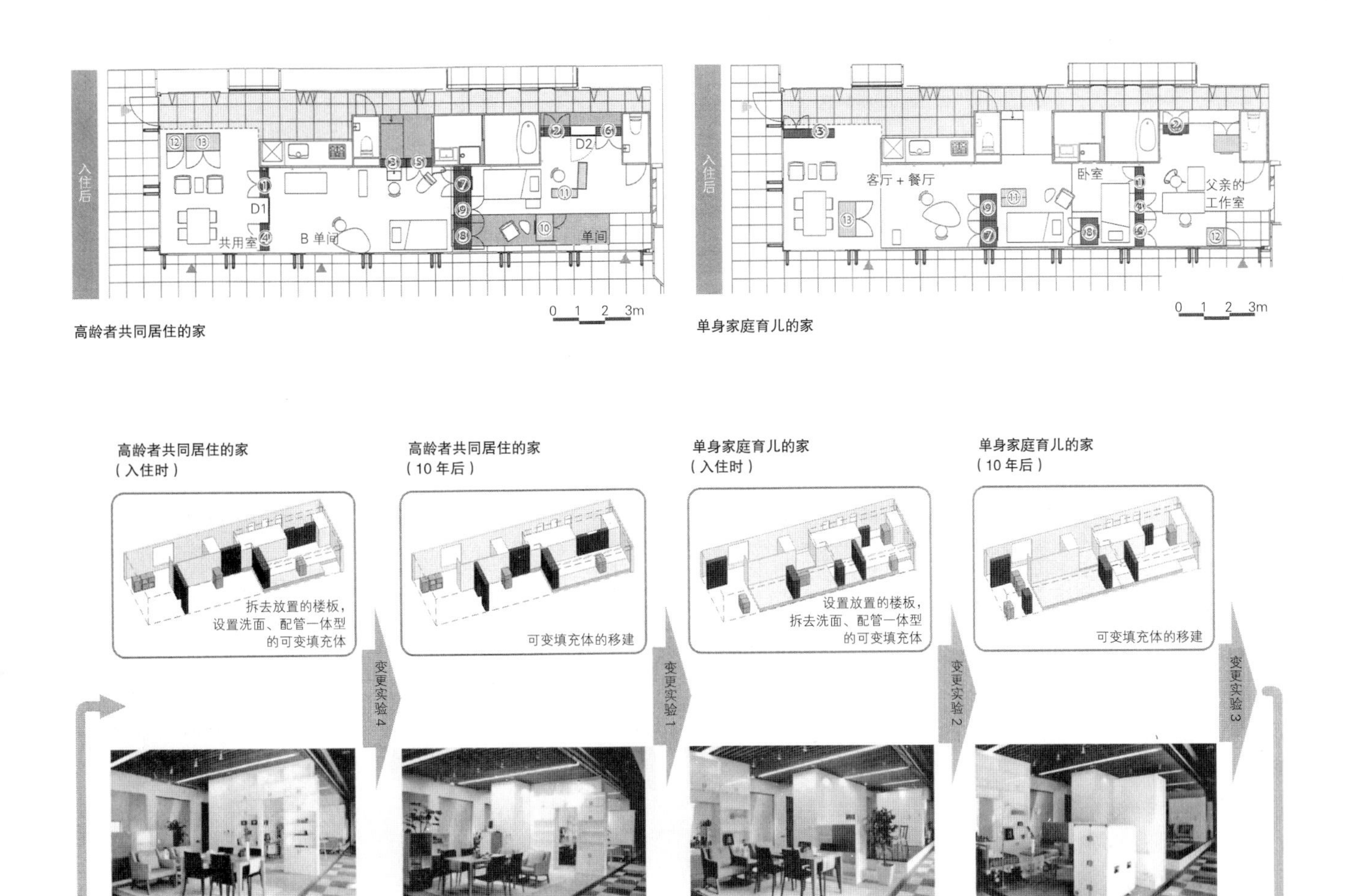

◉“填充体实验 GLASS CUBE”

关于填充体实验 GLASS CUBE（以下简称填充体实验），以上介绍了应对少子高龄化的6个课题，为此住户空间的南侧作为居住空间区，住户的南面确保复数的主流线，在此基础上，在住户内空间的北侧确保不与主流线交叉的服务流线。

另外在居住空间区的北端规划主要配管网线，厨房、厕所、整体卫浴等设备填充体设置在主要管网上。

◉ 家族模式和4个剧本

设定了“高龄者的共同居住”、“单亲家庭的育儿”两个家族模式分别入住，以及10年后共计4种生活剧本，在此基础上，进行对应入住者的更换以及10年后的剧本变化的填充体的设置、变更的实验。

◉ 固定填充体和可变填充体

填充体实验有固定填充体和可变填充体两种，不变更以设备为主的固定填充体的设置位置，只变更可变填充体以对应4种生活剧本。可变填充体包括可移动收纳家具，设备一体化可变填充体，装有温水散热器的可移动收纳家具，设备配管以及装有洗脸台的可移动收纳家具。可移动收纳家具，高度有2100mm、1500mm、1200mm三种，高度2100mm的有进深600mm和300mm两种类型。高2100mm的有天棚和地板支撑固定的紧张和天棚螺栓固定两种类型，而1500mm和1200mm的是不需要固定的自立型可移动家具。

填充体实验有CH：3000mm和CH：2100mm两种天棚高度，CH：3000mm设置2100mm可移动收纳家具时，进行了安装顶柜，用支撑类型固定或螺栓类型固定在天棚上的实验和不放置900mm的顶柜，不在天棚上进行固定的实验。对CH：2100mm只在主体上进行了支撑类型固定的实验。

◉ 可变填充体的变更实验

填充体实验，结合设置的剧本，从2008年12月到2009年1月，进行了4次可变填充体的实验。在变更实验上，实施了各剧本家庭从入住开始10年后的变更实验“高龄者的共同居住的家庭”与“单身父亲的育儿家庭”等剧本间的变更实验，即为对应中长期变更需求、以及剧本内短期变更需求的专门针对假想居住者的实验。

◉ 满足中长期需求的变更实验

在各剧本从家庭入住时开始10年后的变更等变更实验2、4中，填充体专业厂家进行了带有门窗的可移动收纳家具，以及可移动收纳家具之间进行组合的变更实验，结果得知，天棚和地板的错位给予可移动家具设定位置的变更作业精度和时间带来影响，不仅使用螺栓固定还采用了支撑固定的实验得知，固定在天棚上的可移动收纳家具在设置时要花费较长时间。

此外，“高龄者共同居住的家庭”中，安有洗脸盆，并与厨房设备配管贯通的可移动家具，在变更实验1中被撤掉，在变更实验3中进行设置。结果表明，在可移动收纳家具内部贯通设备管线的实用性上，设备一体化填充体作为确保水系周围的配管空间的手段是有效的，而在进深300mm的可移动家具上要确保足够的配管空间是困难的。

◉ 满足短期需求的变更实验

选定没有变更可移动家具经验的被验者，使用没有工具的支撑固定类型，尽管不需要天棚固定，成年男士2名以上就可以变更。但是，如果几个可移动收纳家具连在一起的状态下移动时，只有1名成年男子实施变更作业是困难的，需要作业辅助。

住户改造的空间管理

盒子堆成的 HABITA’67

名称：HABITA’67　所在：加拿大蒙特利尔市　业主：加拿大世博会协会　设计：摩西萨福迪　结构设计：欧卡斯特 科曼丹特　层数：地上 11 层，地下 1 层　结构：使用 PS 的 PCa 结构　单元数：354 个　单元尺寸：5.3×11.7×3m　完成年：1967 年　折旧：1986 年 户数：158 户（建设初期）→ 148 户（现在）　用途：场馆→集合住宅（租赁）→集合住宅（分售）占地面积：$33000m^2$　总建筑面积：$21600m^2$

一般集合住宅构成每个住户的框架——墙体、地板、顶棚是不可能自己亲自改造的，这是因为有结构等技术问题，协议形成等制度方面的问题，但是也有独自解决这些问题，形成弹性居住环境的集合住宅。实例之一是下面的 HABITA’67。

HABITA’67 是作为蒙特利尔世博会主题馆建设的，是有机地将预应力混凝土结构的盒子单元进行叠加的集合住宅。该集合住宅在纵横方向上有若干的连接，构成一个住户。互相错位的盒子上下左右呈现出性格上规模不同的户外空间，设计者摩西探索了工业化构法带来的新的住居集合形态。

世博会的使命完成后，建筑作品作为加拿大住宅金融公社的租赁住宅使用，折旧卖给住户是开发约 20 年后的 1986 年。

于是 HABITA’67 成为私房，居住者可以亲自进行改造，其中盒子相互连接，是这个建筑作品特有的居住方式的规则。以后，随着持续变化的居住环境，居民和管理者组成的领导班子法人来进行管理。

（森田芳朗）

今天的 HABITA’67
设计者摩西萨福迪，积极探索独户住宅中，叠加型平层没有的新的集合形态。

从蒙特利尔旧街区看到的全景
354 个箱子塑造的地形浮泛在圣罗兰河中州上。

◉ 参考实例

湖滨公寓 Lakeshore Drive 860–880（美国芝加哥）
密斯·凡·德·罗设计的著名集合住宅。建后经历半个多世纪的建筑作品，外观上忠实地保留了原创，内部在独自审查标准下，上下左右的住户进行了整合。

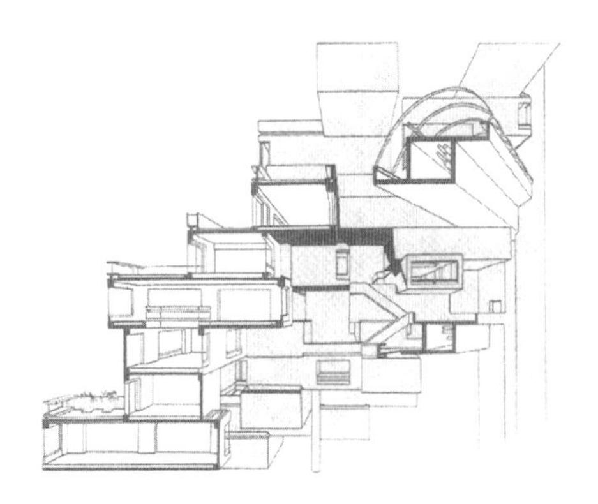

剖面透视（引用参考文献 2）
预应力混凝土建造的盒子单元改变方向同时叠加了十一层，在四层和八层架设配管配线的立管，上边是空中走廊。

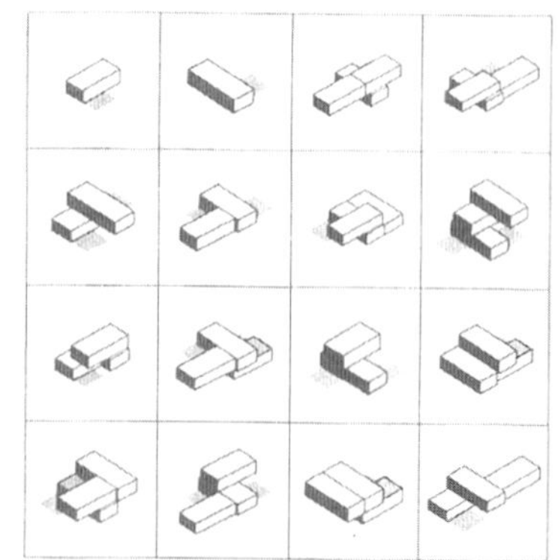

盒子组合的变化（引用参考文献 1）
设计为 1 个住户由 1 ~ 4 个盒子组成

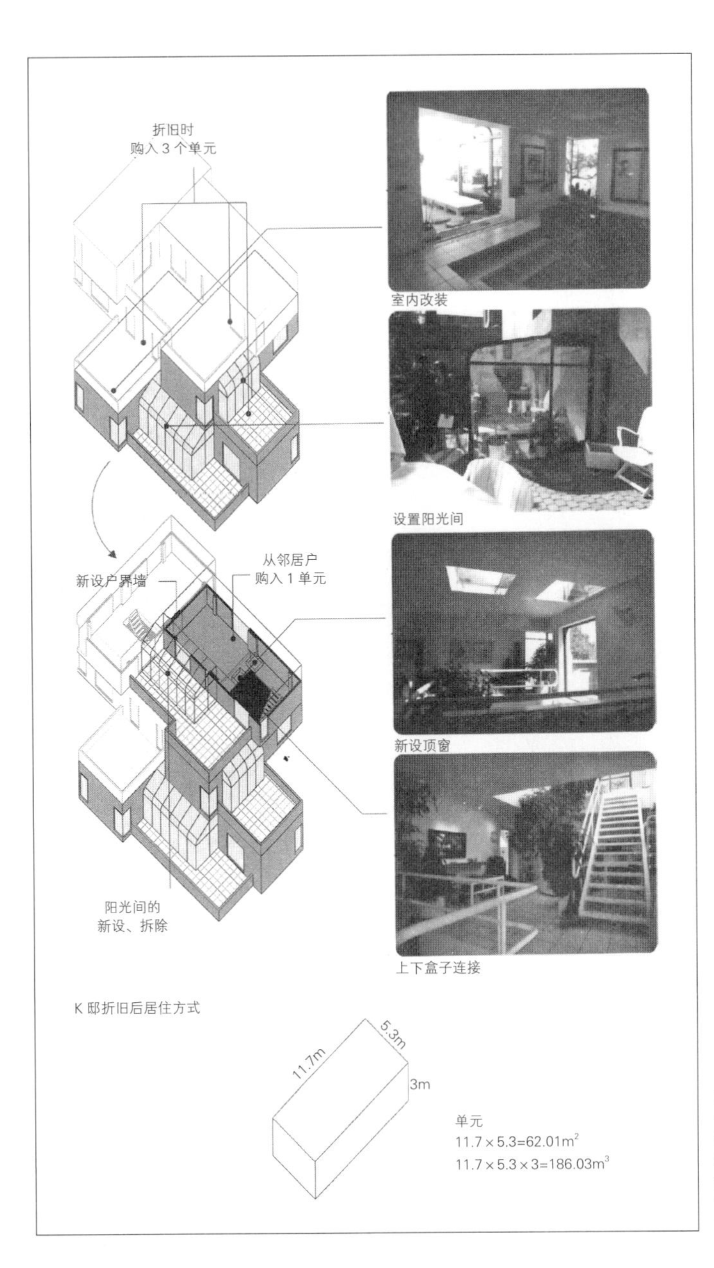

K 邸折旧后居住方式

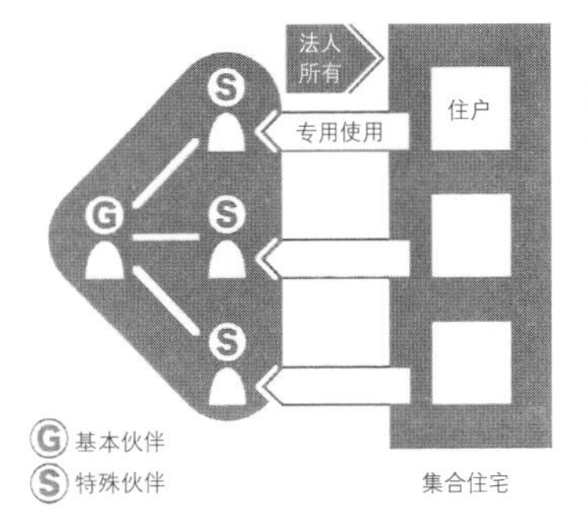

合伙人法人经手的集合住宅的所有形态
居住者(特殊伙伴)和管理者(基本伙伴)构成的合伙人法人，建筑一体所有。居住者是法人的一员，得到住宅的使用权。管理者按照与居住者签订的合同，担任集合住宅和法人的运营。

HABUTA' 67 年表

1967	蒙特利尔国际博览会作为主题馆建设
1968	作为加拿大住宅金融公社的租赁住宅使用
1985	出于财政上的理由决定折旧处理
1986	居住者 3/4 成为出资者设定了合伙人法人，取得建筑物（剩下的 1/4 成为租借人）
1987	制定住户改造的规则

住户改造规则

·给予结构、设备以影响的工程，得到基本伙伴的书面认可。基本伙伴与建筑咨询商一起审议。
·专用的露台设阳光房时遵照合伙人法人 1987 年制定的设计和配管、防水规格。另外阳光房不得妨碍其他住户的眺望。
·单元间的墙、地面设开口部时，要得到基本伙伴的书面认可。
·不得在外围新设开口。

HABUTA' 67 的基本伙伴
与居民一起构成合伙人法人管理法人。现在预想 60 年后的 25 年规划的环境改善项目的准备正在进行。当前预定实施结构构件及设备的诊断，外墙的清扫，窗户的修缮、更换等。

◉ 折旧后的居住方式

以某住户为例看一下折旧后的空间变化。

K 氏当初是居民之一，1986 年折旧时，常年居住在二层的 2 个盒子和三层 1 个盒子中，共 3 个盒子组成的住宅，原封不动地购入，盒子的尺寸为宽 5.3m，进深 11.7m，高 3m，在纵横方向上后退的同时进行叠加的 HABITA' 67，下层的屋顶成为上层宽敞的专用庭院，K 氏在这里设置了阳光房，享受户外生活。

数年后，K 宅的盒子又增加了一个，孩子长大成家房子不够用了，从旁边又购买了四层的一个盒子（即邻居住户又减少了 1 个盒子）。其盒子的底部没有开口部与下面的盒子连接，K 氏的住宅跨越了三层，扩张为 4 个盒子。

◉ 改造的规则

可以说以这些盒子单位为线索的住户领域的重组，是该建筑作品的固有形态引发居住方式的一个例子。实际原有 158 户住户现在整合为 148 户，像 K 宅那样随着户数的增减的实例，基于此实例可以了解其手法的固定形态，其中有最初 3 个盒子变成 2 个盒子，再连成 3 个盒子的，也有发展到共计 8 个盒子规模的住户。

特别是不能随便我行我素。盒子的连接有了解建筑的摩西，结构工程师奥卡斯特制定的规则。在实施上需要他们指定的建筑咨询进行审查。今天装饰 HABITA' 67 外观的专用庭园的阳光室也借折旧之际，当时由摩西亲自设计的作品，建后 20 年再次参与原设计。

◉ 合伙人法人的管理体制

那么看看建筑的所有形态。

目前 HABITA' 67 折旧后所有者是作为承接而设立的有限公司合伙人法人，这个法人构成人员有成为特殊伙伴的居民，还包括有称为基本伙伴的管理者，雇有维修、保安、短途公交车司机等 18 名职员，主导这些队伍的是管理者的职能。对住居改造规划也给予认可，关于管理权限与责任，由居民一手委任，在居民一方，根据每户拥有的盒子数，分配有集会的决议权和管理费负担义务，在这里决定事务的基础是盒子单位。

◉ 允许空间变化的设计

这样 HABITA' 67 两度被设计，折旧时描述的第 2 次设计是允许空间变化的结构设计，可以说使得改造成为可能的是基础楼所具有的应变能力，居住者和设计者双方对此的理解，是专业性和权限集约的居住环境的管理体制。

【参考文献】
1) モシェ・サフディ『集住体のシステム』鹿島出版会、1974
2) 彰国社（編）『プレストレストコンクリート造の設計と詳細』彰国社、1972
3) 植田実『アパートメント—世界の夢の集合住宅』平凡社、2003
4) 森田芳朗・山内有紗子・菊地成朋・松村秀一「ハビタ'67の払い下げ後の居住環境マネジメント」（『日本建築学会技術報告集　第14巻第28号』2008）

历史建筑物的更新

采用有定期租地权的协议方式的再生

名称：求道学舍的更新　所在地：东京都文京区　竣工：1926 年　改修工程竣工：2006 年　结构、规模：RC 结构，3 层　用途：共同住宅（10 户）+ 事务所（1 户）

近年来的改造建筑再利用，越发显得重要了，特别是历史价值得到承认的近代建筑在不断改建中，通过具体的实践在硬件软件两方面的再生技术非常珍贵，信息的积累和传达是必要的。

求道学舍 1926 年竣工，是武田五一设计的 RC 结构的 3 层学生宿舍，是日本最初的以正式的存量活用型 SI 方式进行再生的共同住宅，比现存唯一的同润会公寓上野下公寓（1929 年）历史更古老，不是把建筑物作为文物，而是作为现代住宅进行再生，这点也是鲜有的实例。

从主路下来只能从求道会馆的狭窄街巷进入，连接道路的 2 条私人道路中 1 条是封闭的，另一条从山崖的用地状况来看，改建成收益高的高容积率的建筑物，在现实上是不可能的。

作为必然的选择而改建的再生，要求确保主体强度的技术和作为项目使之成功的软件战略。反复研究的结果，决定对主体采用灌浆混凝土工法，并作为项目手法，采用定期的租地权与协议共建方式结合的方式，使再生成为可能。

（森重幸子）

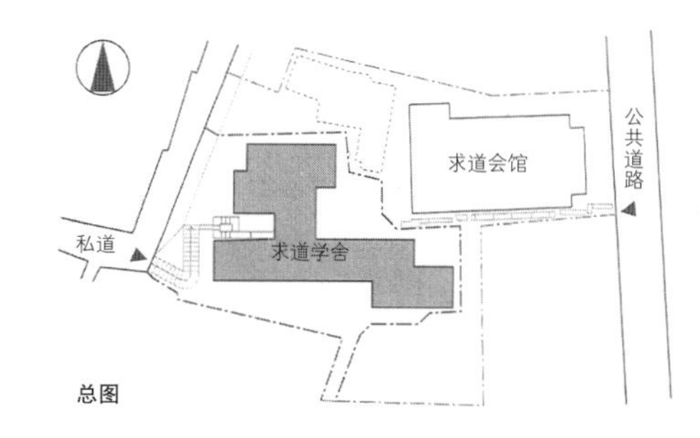

总图

改建前入口

改建后入口（摄影：堀内广治）

求道会馆旁边的里弄和雪松（摄影：堀内广治）

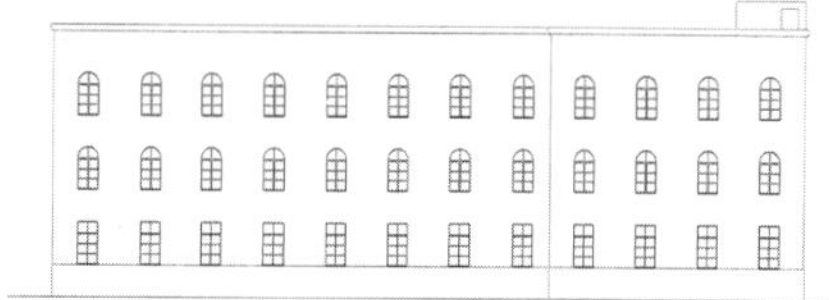
改建前南立面图

改建后南立面图

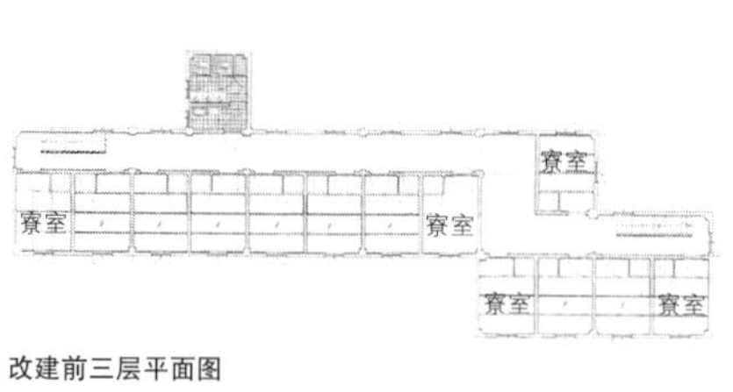

改建前三层平面图

改建后三层平面图

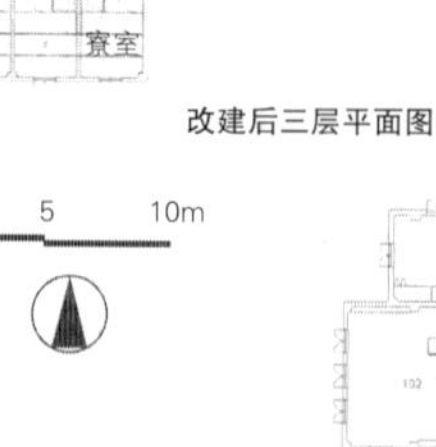

改建前一层平面图

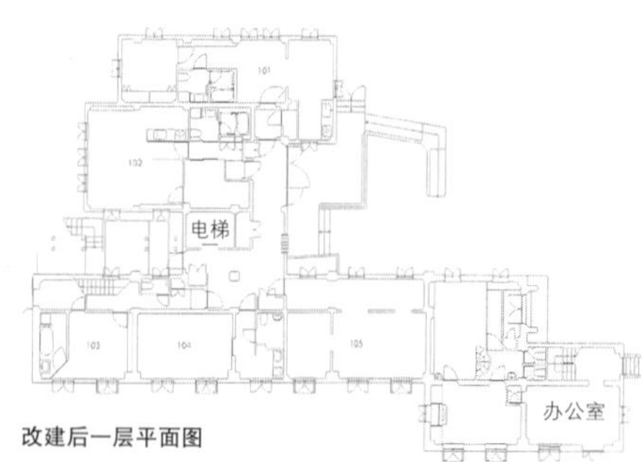

改建后一层平面图

（提供：改建前一、三层平面图 = 东京理科大学旧大月研究室
其他的图纸（总图外）= 近角建筑设计事务所 集工舍建筑都市设计研究所）

◉ 参考实例

求道会馆（摄影：堀内广治）
同样是武田五一设计的佛教会堂，先于求道学舍进行了复原工程。

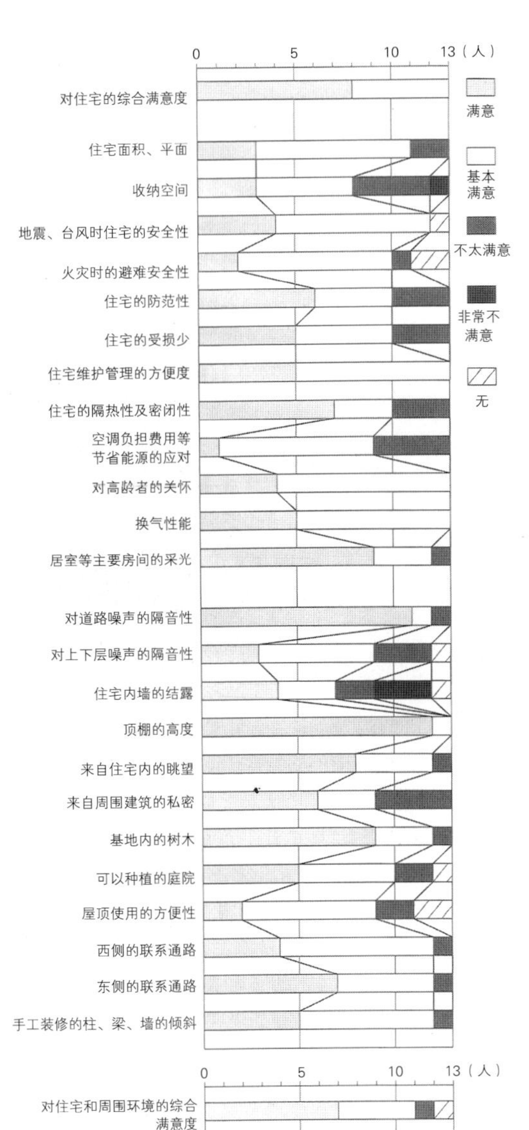

居住者问卷的结果

顶棚的高度	12人
对道路噪声的隔声音性	11人
居住房间的采光	9人
基地内的树木	9人
来自住宅的眺望	8人

回答“满意”的人数多的项目

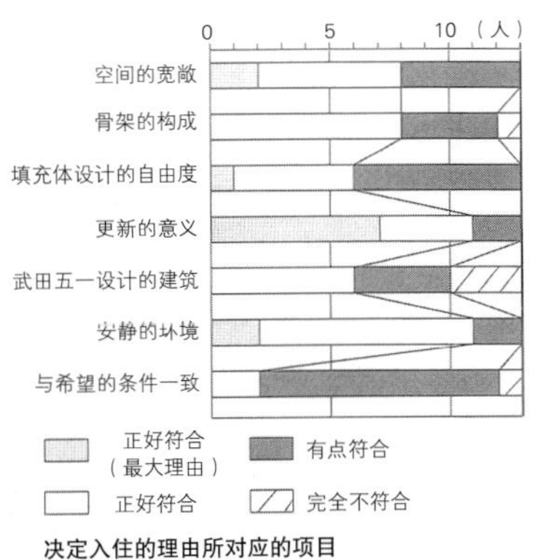

决定入住的理由所对应的项目

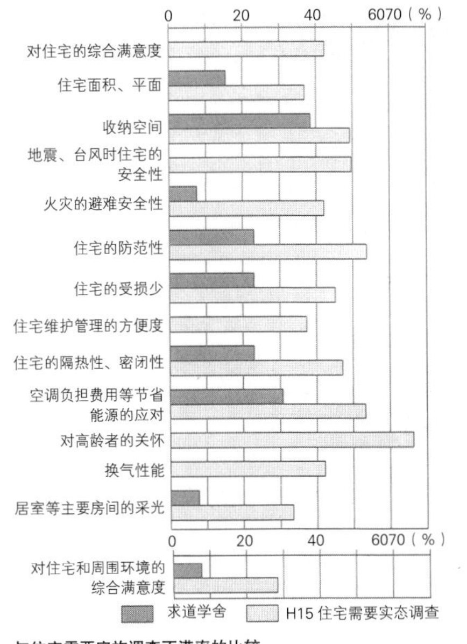

与住宅需要实施调查不满率的比较

改建后剖面图（提供：近角建筑设计事务所 集工舍建筑都市设计研究所）

◉ 与再生有关的设计上的困境

在再生工程设计上，历史性建筑的保存和作为住宅性能的确保，如何能兼而有之，需要比较困难的决断。

原则上，外观的设计要保存，进行设计时为确保一部分居住性进行改造。外观上较大改变之一是南侧的外墙面。改造前的南侧外墙，一层为长方形窗，二、三层为拱形窗规则的排列。但是从南侧采光，以及避难阳台室外空调机位的尺寸方面的要求，还有宽900mm的拱窗要改成宽1200mm的长方形。这几点设计者本人在判断上也很迷茫，这是从专著中得知的。

入住开始约1年半时间进行了居住者的问卷调查，得到反馈。关于南侧外观的满意度，13人中有7人满意，剩下的6人还可以，没有不回答的，对居住者的访谈中听到平时没有什么可以看的景色，所以不太满意的意见，没有了拱形窗有些遗憾，考虑到生活方面还好等，不是作为文物保护起来而是作为现代住宅使用才是必要的判断。

◉ 居住者的满意度高

总结问卷调查对住宅的满意度方面，对每个项目多少可以看到一些偏差，但整体上显示了较高的满意度。13人中回答满意的人数最高的是“顶棚的高度”。一层的顶棚高2645mm，二层高2600mm，三层是特殊的高度2900mm，结构层高，最低的一层也有3155mm，这个层高的高度不仅赢来居住者满意度，也确保了双层地板的水系空间的灵活性。

接着进行的居住者访谈，对问卷中回答的内容进行了详细的询问，比如不满意回答较多的“冷暖房的费用负担等节能对策”认为顶棚太高没有办法而回答“满意”，做好了冬天很冷的思想准备，结果比想象的要暖和，而回答“满意”，本来也没有要求家里密闭性、隔热性所以回答“还可以”，听到这些反馈，得知存在着对非性能部分的满意。

◉ 在废墟状态参观中决定入住

居住者在决定入住的理由中最大理由，对“建设80年的建筑进行再生使用的更新意义”选择最多。一方面，宽敞的开间、地理位置等条件与自己希望的条件相符合。这一项中回答“正好符合”的人中13人中只有2人，还有人回答“完全不符合”。问卷后进行的访谈中详细了解了决定入住的过程。想寻找大一点的房源，参观时看中了马上决定报名申请等，由此得知建筑物本身的魅力强烈吸引了入住者。另外在访谈中也听到了本来就喜欢古建筑的心声。

10户的招募需要半年以上较长的时间，不单是（中古）二手公寓，与懂得价值的人偶遇，使得项目得以实现，有具有这种价值观的居住者的居住和爱戴，是这个项目获得成功的最大保证。

【参考文献】
1）近角曜子『求道学舎再生－集合住宅に甦った武田五一の大正建築』、学芸出版社、2008
2）高田光雄ほか「再生集合住宅の居住者による入居後の居住性評価－求道學舎リノベーションを対象として」（『日本建築学会　住宅系研究報告会論文集』2008）

商品房公寓的翻新

附加设计价值的再生

名称：Yong-Kang 公寓　所在地：韩国首尔市马普区　建设年度：1971 年 10 月　结构：钢筋混凝土，框架　工程规模：地上 5 层，1、2 栋 18 坪型 60 户　工期：2002 年 6 月 ~ 2003 年 7 月（13 个月）各住户增加 5.57 坪

日本老旧化公寓的改建实例很多，但是大规模的改建实例几乎没有。从资源的有效利用的观点出发，不是改建而是再生地“翻新”今后是很重要的。

2000 年以后主导韩国住宅市场的改建，由于个体投资家，公寓的所有者们过剩的投机带来的住宅价格的飙升等许多问题。

在前几届政府实行了严格的改建限制政策，后来由于住宅普及率的持续增长，不逊于新建住宅的供给，开始强调维护管理以及翻新的重要性，但是韩国公寓的翻新项目还处于初级阶段，真正称得上是翻新实例的从 2007 年 5 月至今有 12 件左右。

韩国的翻新（remodeling）是指抑制建筑的老旧化，为提高功能进行大修缮或部分增建的行为（韩国建筑法第 2 条 10），所有的建筑物翻新的相关法令是“建筑法”，与共同住宅的翻新的相关法令另外制定有“住宅法”。

1971 年建造的“Yong-Kang 公寓”，是 2001 年引入翻新制度以后，得到翻新许可进行施工的韩国最初的公寓。

（丁志映，金洙岩）

翻建后的外观

翻建前的外观

既有阳台的扩建 翻建前（左）和翻建后（右）

共用部分的楼梯间增建：翻建前（左）和翻建后（右）

住宅楼入口的楼梯设置（下）

◉ 参考实例

翻建前的 kunjon 公寓

翻建施工中

翻建后

楼栋间新设的地下停车场（kunjon 公寓）

● kunjon 公寓
- 汉城市 sontyo 区
- 建设年度：1978 年
- 结构：钢筋混凝土框架
- 工程规模：地上 12 层、地下 1 层
- 住户增建：7~11 坪（增建占既有规模的 30%）
- 工程时间：2005 年 7 月 ~2006 年 12 月

求道会馆（摄影：岷内广治）
同样是武田五一设计的佛教会堂，先于求道学舍进行了复原工程。

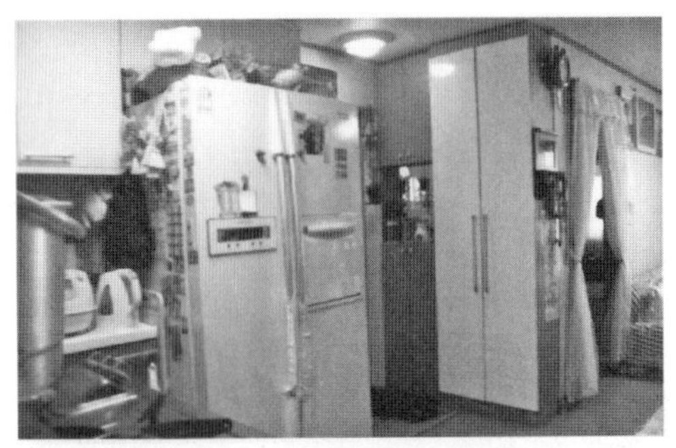

厕所位置变更，厨房和餐厅宽敞了

可以使用淋浴了

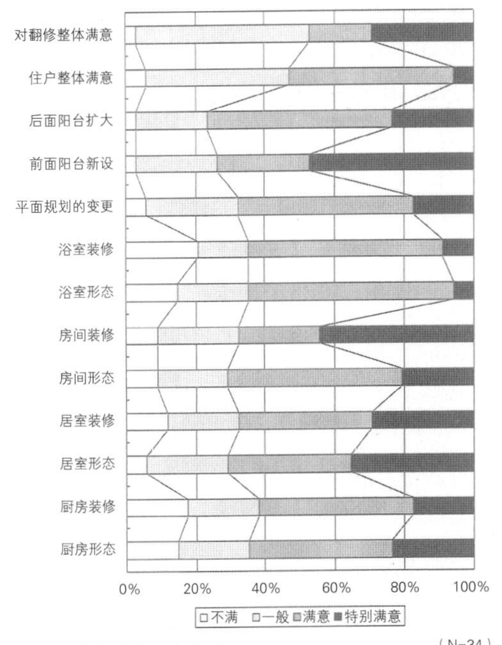

翻建后的住户满意度（POE）

增建的阳台

新设的前面阳台上放置的箱子和化妆台

●住户的平面变更

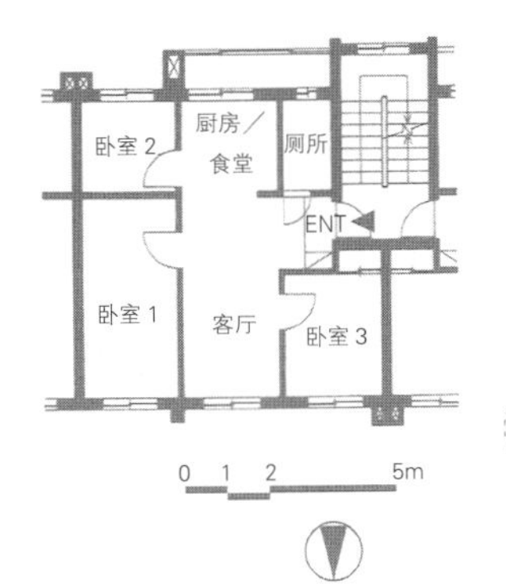

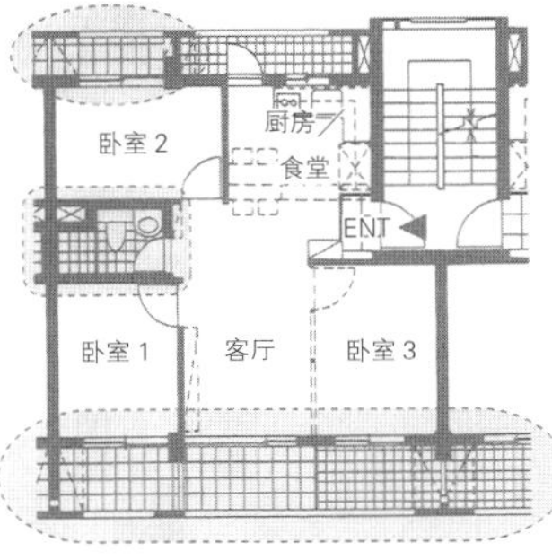

46 住户的变更平面：
厕所位置变更，卧室 2 扩大，前面阳台新设，既有阳台增建等

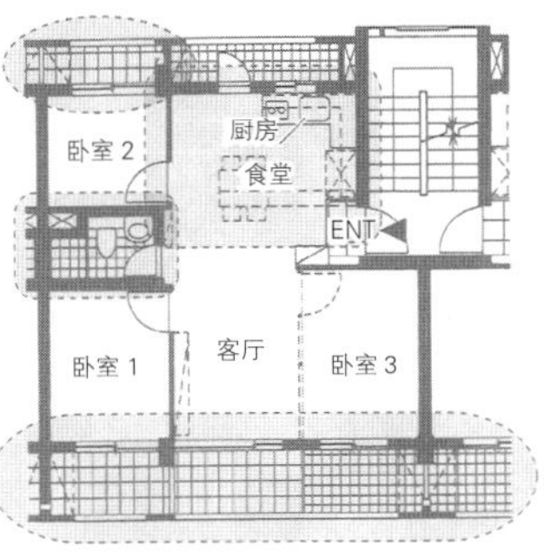

2 住户的变更平面：
厕所位置变更 厨房和餐厅扩大，前面阳台的新设，既有阳台的增建等

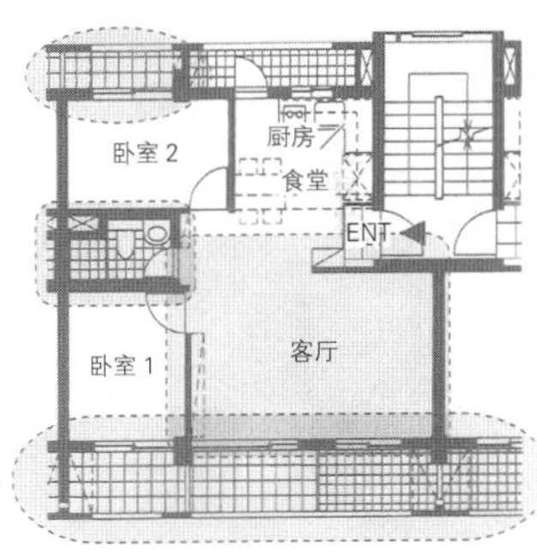

12 住户的变更平面：
厕所位置变更，既有卧室 3 取消将起居室扩大，既有阳台的增设，既有阳台的增建等

◉ 虽然没有提高容积率的余地，仍然期待改善后提高住宅的价格

翻新实施的地域，位于首尔市中心部，房屋价格高，改建推进困难，这些地域容积率超过 180% ~ 200% 或超过 200%，改建无望再增加容积率。改建时发生了中、小规模坪型的义务比率和租赁公寓的义务化等开发利益的回收制的负担问题。另一方面由于 1 ~ 3 栋构成的小区多，也有短时间内可以得到居民达成协议的优势，比起翻新所需要的费用，改善后的价格上升是可以期待的地域。

翻新项目从单体 1 栋到多栋（小区概念）多种多样。作为项目的民间商品房公寓实例，都是 RC 框架结构。工程内容除了住户内部平面规划的变更以外，还有新设的地下停车场，增加电梯，增建阳台，构筑物的维修、加固，通廊型变成梯间型等，根据项目有各种各样。

◉ 增加室内面积

Yong-Kang 公寓的再设计对象楼，在整个 9 栋（300 户）中有 2 栋（60 户），地上 5 层的建筑，工期为 2002 年 6 月底开工，2003 年 7 月底完工（13 个月）。对住户实施了 3 个平面规划设计，A 类（变更厕所的位置，卧室 2 扩大）深受居民的喜爱，由于增建了阳台室内使用面积扩大到 23.57 坪。

◉ 居住者的满意度

2005 年 6 月笔者实施了 Yong-Kang 公寓居住者问卷调查，作为选择翻新的理由是："建筑设备老旧化改善"，其次是"不能改建"，提升"资产价值"占多数。关于住户对整个项目的评价，得到的结果是 60% 的居住者满意，特别是对阳台的扩充。前面阳台的新建近 80% 满意。居住者 64.6% 回答"想劝其他人进行翻修"，采访调查中，"能继续居住在漂亮的地方真好"，"在韩国是首次进行翻新很骄傲"等，对翻新事业正面评价的人很多。但是"如果能改建，改建更好"的回答者有 85.7%。多数理由是附近有汉江（流过首尔城中心），改建成超高层可以眺望，资产价值可进一步提高。

◉ 事业成功的关键是核心成员的存在

Yong-Kang 公寓项目成功的理由是项目获批后，1 个多月就实现了居住者的搬迁，包括翻新工会会长在内全体成员的努力，民间银行对工程费、搬迁费的特别贷款，特别是工会解散前 5 年间，面对现行制度等问题进行奋斗的核心成员的存在非常重要。在当时的制度下未能获得 100% 的居民同意，所以未能实现翻新，剩下了 7 栋。

今后，为了振兴翻新事业，居民工程项目的追加负担等，有很多课题，其中居民的意识从"资产价值"向"居住（利用）"价值转换是很重要的。

【参考文献】
1）丁 志映「韓国における集合住宅リモデリングの最前線と評価」（『日本建築学会研究協議会資料集』pp.15-19、2007）
2）丁 志映「韓国のマンション事情－建替えとリモデリング制度の変遷と最新事例調査」（『マンション学31号』pp.42-47、2008）
3）丁 志映「韓国の民間分譲集合住宅におけるリモデリングと建替えの事情」（『Evaluation No.32』pp.70-71、2009）

英国的建筑遗产集合住宅的再生

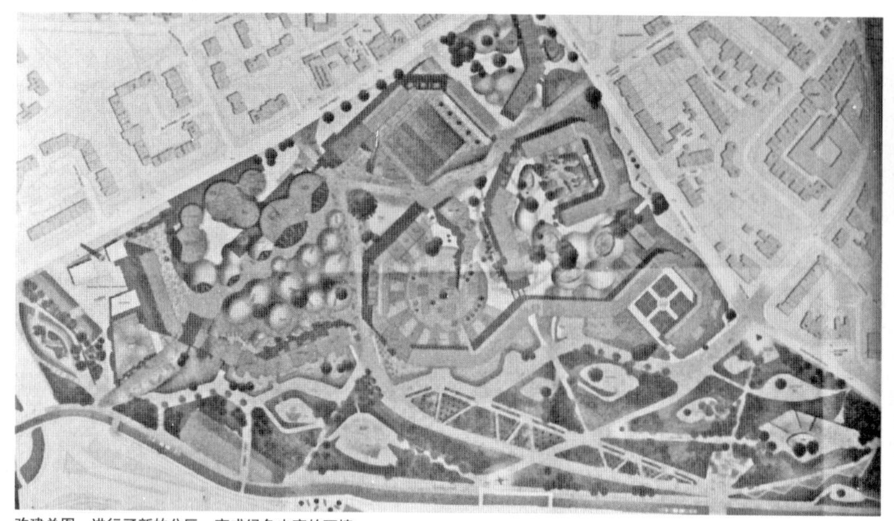

改建总图　进行了新的分区，变成绿色丰富的环境

改建前的住宅楼（空中步廊）

改建后的走廊形象

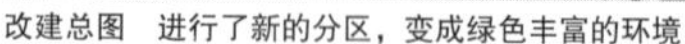

改建住宅楼形象

英国遗产登录建筑物

等级	内容	集合住宅实例
等级Ⅰ 占整体约2%	历史的或建筑本身有很高的价值	没有（没有教堂、城堡）
等级Ⅱ （3星级）占整体约4%	历史的或建筑本身有特别的价值	亚历山大路、新月住宅、Trellick塔、Alton地产、边界街、Lilling ton街、帕克山
等级Ⅲ	历史的或建筑本身是重要的	黄金巷、parkleys、丘吉尔花园房地产、草坪、Welwyn花园城

Park Hill，是1961年设计开发的约1000户的小区。位于英国中部人口50万的谢菲尔德市的谢菲尔德车站附近。这个小区的特点是有一个空中步廊和宽幅的中廊，由于这一建筑特点，被注册为2级（三星）英国遗产（English Heritage）。

英国遗产是以建成后超过30年的建筑物为对象的，重要度的高低顺序分为三个等级。

第二次世界大战后建的集合住宅也被注册。一旦注册就置于自治体的管理之下，不可自由变更。

Park Hill与英国其他多数小区一样，是低收入者、移民集中的地方，犯罪频发，失业率增加，建筑老化等原因造成荒废，有众多居民生活在这种恶劣的条件下。

谢菲尔德市挑战了包括社区重构在内的再生，由于地理位置处在车站附近具有魅力的场所，因此再生项目放在城市再生的框架中来把握。但是需要相当的投资金额，民间的开发商城市Splash公司和合作伙伴承担了开发的业务。

Park Hill是英国遗产，被指定保存，因此不能拆建。Splash公司以住宅楼的修复和住宅楼周围环境的改善为目标。

住宅楼的修复就是拆除隔热性差的墙体，躯体只保留了楼板、柱、梁的骨架状态。更换新的户型平面和外立面。保留了这个小区富有特色的空中步廊和宽幅的中廊的骨骼，并把它用好。当初设计空中步廊的初衷是为了促成社区交流，然而共用中廊反而成为摩托车暴走、犯罪横行的危险场所。因此，在设计中使用了上等质量的素材，加上高设计性和明亮的照明，使共用空间焕然一新。

住宅楼周围的改善，布置了连接Park Hill街区中心的连桥，餐厅、商店等设施，营造有热情拥抱来访者的和谐气氛的街区。小区的入口设有滑板、攀登游戏的空间等，诱导社区交流，是高质量的外部空间改造规划。

（铃木雅之）

08 联系过去和现在的改建

据说在改建的小区和集合住宅中鲜有优秀的案例。诟病简单追求高容积率、高层化，使得迄今培育的居住资源丧失了，社区文化被破坏了的评论比比皆是。那么，在改建中不能进行继承居住资源，连接过去与现在的规划创作吗?

让居民参与空间设计，让他们能有继承社区的尝试，这种建筑规划的机制，把从前的关系网、留恋、居住方式等，作为设计要素编入改建规划加以考虑。居住资源的继承应有物理环境的继承，也应有人文环境的继承等各种层面。

为继承居住资源和社区文化，有采用协议共建方式的，为实现这一目标，项目规划的手法是重要的条件，其中不乏切实继承居住资源的改建例子。

继承半公共空间的小区改建

连接公与私的“生活庭院的营造”

名称：冈山县营中庄小区（第 1 期） 所在地：冈山县仓敷市 完成年：1993 年~ 规划户数：9 栋，88 户（公营 1 种 40 户、2 种 48 户）

遵照公营住宅的建造方针，小区内的所有空间属于公共空间或者私有空间。但是 1960 年代初期建造的低层公营住宅“冈山县营中庄小区第 1 期”设计者丹田悦雄提出，作为公共空间与私有空间之间暧昧的中间领域的“半公共空间”的布置，尽可能让其具有多样的表情，并作为改建项目的重要设计理念。

为继承在基地周围山林聚落的前庭或改建前的各种专用庭院所看到的，田间种植、儿童游乐场、附近人们站立交流的场所那样亲切的生活领域，让居住者参与“生活庭院”的建造而规划设计的。在公共空间与私有空间之间设置各种空间装置，促进居住者营造半公共空间是设计师的创意。

在此，介绍中庄小区第 1 期的具体空间的推敲和改建后的居住实态。

（原田阳子）

中庄小区 1 期的外观风景

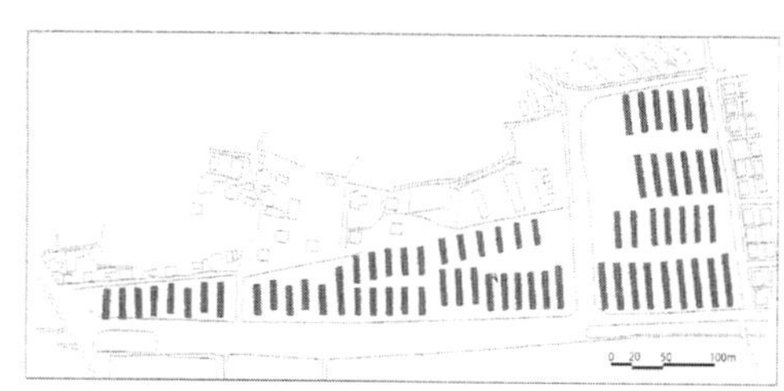

改建前的住宅楼布置

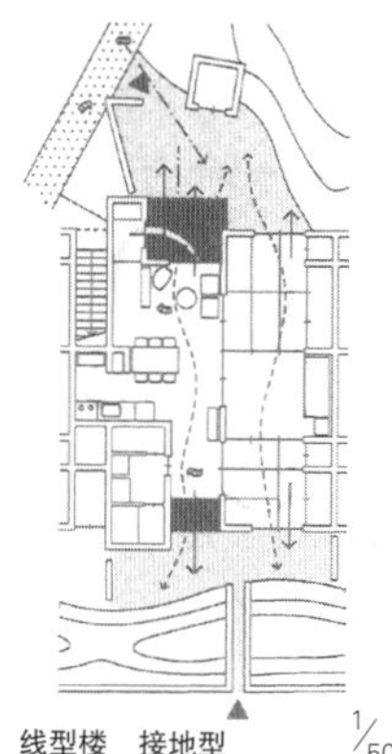

线型楼 接地型 1/500

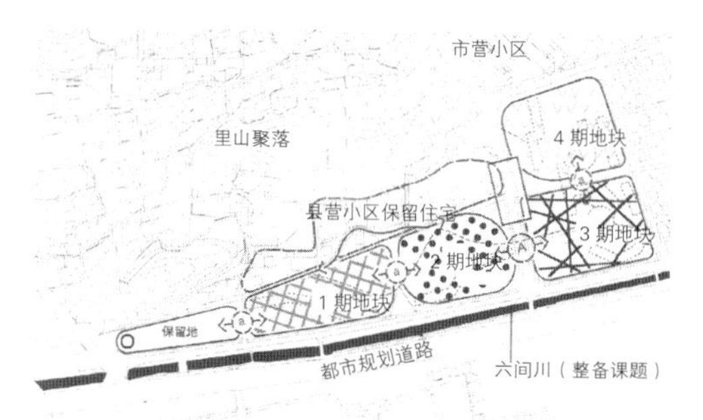

改建构思阶段的整体区域规划（1 ~ 4 期）

点式楼 准接地型 1/500

一层平面图（1 期）1/1800

◉ 参考实例

岛小区

位于和歌山县御坊市的日高川沿岸，总户数 226 户，在市内属于最大规模的小区。作为地区改良事业等，1959 ~ 1969 年进行建设。但是随着年月的更迭建筑逐渐老化，入住者的生活陷入了困境。

1996 年开始，10 年中共建设了 240 户，这个改建规划，虽然是公营的租赁住宅，但采用了协议共建形式与入住者一起讨论的方式。

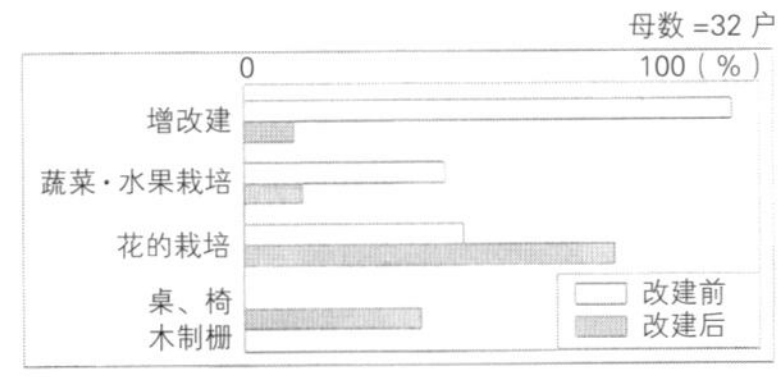

居住者在空间层面进行的“内容”变化

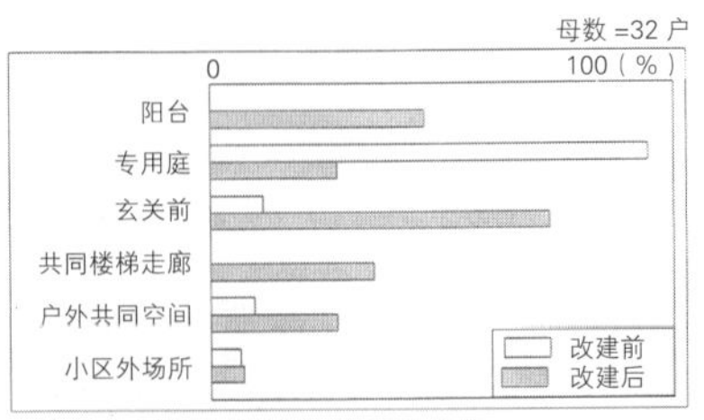

居住者在空间层面进行的“场所”变化

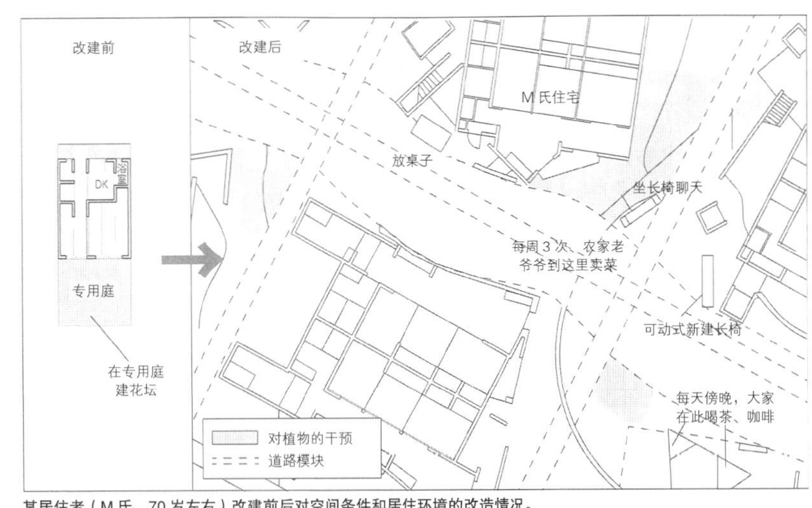

某居住者（M 氏，70 岁左右）改建前后对空间条件和居住环境的改造情况。

改建前
平房建筑的各户专用庭用来造田、种植花坛。

改建后沿 2 层共用走廊便道种满植物，使得若干的住户前呈连续状态。

改建后
除既有的长椅外由居住者添加了长椅，这个场所成为日常交流的场所。

◉ 与周边地区关系性的设计

迄今为止日本的集合住宅，只是针对基地进行调查、规划，与周边地区割裂的情况较多。但是担任中庄小区第 1 期的改建规划的设计师丹田的目标是延续该地区所具有的地理风土状况的连续性，同时创造新的地域风景。

具体的做法是，在城市规划上作为道路开发的西侧，保证一定程度的住户密度，布置最高为 5 层的城市体量和规模感的线型楼栋，而在东侧渗透有与基地相连的山林聚落、盒子形既有公营住宅，为拥抱宽松的密度感，东面的环境中点缀着点式楼群。

这种塔楼的空间形态，为与毗邻的既有公营住宅楼协调，新规划设计的部分低调处理，在景观上保持一体化，即不是把相邻的既有公营住宅楼和本项目的基地改造前的平房群区分开形成直线性的小区道路，而是让一栋既有公营住宅插入基地内，使道路呈弯曲状态，让周边地域与规划基地融合在一起形成有特色的设计。

◉ 半公共空间的生活庭院的营造

为进行前述的“半公共空间的生活庭院”的营造，具体的空间装置有作为户外公共通道的多样性和领域的易识别性建造了木栅栏、道路模块（公共空间和私有空间之间布置有直线和曲线构成的线，地面铺装的色彩和素材依据其场所而变化），为方便居住者栽培植物以及空间营造，在玄关前以及住户周围设置凹空间，以及为让居民交流在分布在小区的户外共用空间配置长椅，诱发居民栽培植物保持原土状态的假山以及在一层住户周围设置等。

◉ 改建前后作用的延续性

那么以这种建筑师的设计意图组织的空间构想，在改建后居住者是如何使用的呢？

笔者的调查结果是，不仅是 1 层的住户周围，没有接地性的 2 层以上的住户在玄关前住户周围的凹空间、阳台、共用楼梯、走廊等各种场所进行了植物栽培，并看到桌子、长椅、木制架子等设置，居住者亲手进行了多样的“生活庭院的营造”。

此外，建筑师设置的道路模块、木栅栏发挥了半公共空间领域标识作用，除此之外，长椅、假山等建筑师建造的各种城市家具小品，不仅为植物栽培等居住者在空间方面上发挥作用，在促进站立交谈等交流方面上也发挥了作用。

◉ 连接公与私的“生活庭院”的意义

在中庄小区 1 期的半公共空间的营造上，居民自发地形成居住环境的实例来看，其价值在于建筑师重视人类本来具有的与居住环境动态的相互作用，建筑师不是把空间作为一个完成品进行建造，而是为居住者提供在日常生活中持续地营造居住空间的余白。

还有，以居住者为主体参与自己周围环境营造的装置“半公共空间生活庭院的营造”不是个人专用空间，是自然开放的，因此行为会意识到他人眼光，其结果是促进了空间营造的“共有”、“连锁”、居住者之间的“交流”，从而带动了作为集合体的居住环境营造、街区建设，是非常重要的工作方式。

迄今的集合住宅居住区规划分为公、私两个领域，而缺少连接它们的中间领域的情况很多。在这一背景下介绍冈山县营中庄小区 1 期的规划“生活庭院的营造”十分有意义，是尝试连接公与私的富有启发的实例。

【参考文献】
1）丹田悦雄「身近な生活の庭-セミパブリック・スペース」（『GA JAPAN 10号』1994
2）「65.公営住宅建て替え」、建築思潮研究所、建築資料研究社、1998
3）原田陽子「建替更新を経た集合住宅地における住人の働きかけの継続性と誘発要因に関する研究-集合住宅地における住人の自主的住環境形成に関する研究」（『日本建築学会計画系論文集 第587号』pp.9-16、2005

传承记忆的小区改建

网络，爱恋，居住方式

名称：Nouvelles 赤羽台　所在地：东京都北区　完成年：2006 年～　设计者：A 工区 A.W.A 设计共同体 Minobe 建筑设计 B1 工区 NASCA+ 空间研究所 + 日东设计共同体，B2 工区 市浦 +CAt 设计共同体，C 工区山本・崛建筑 +minobe 设计共同体　层数：A 工区 2 栋（10 层），B 工区 2 栋（10 层），B2 工区 1 栋（11 层）+ 集会所栋（平房），C 工区 2 栋（10 层）

1962 年开始入住的赤羽台小区，是当时郊外型小区为主流的日本住宅公团在居住区开发中定位为“城市型高层高密度试点”的特殊小区。在旧陆军服装厂的旧址上开发的赤羽台小区，是城中心为数极少的规模规整的小区用地，该规划是收获创成期的日本住宅公团尝试的布置规划及户型成果的极好时机。

经过 40 多年的岁月，当初位于最尖端的生活环境也发生了各种各样的变化。应对建筑的老旧化，居住者高龄化等，应该借改建的机会进行更新、改造，不仅如此，长年培育起来的居民之间的关系网，居住形态酿造出来的共同空间的使用方式等在新的设计中应该发现值得继承的资产价值。

这种资产的继承主要分三个要素。首先是“关系网”。入住开始结成关系网，从共同购入牛乳开始，到幼儿教室的自主经营等，成为居住者生活重要网络的自治会，改建后希望作为一体的组织延续下去，而不是分散到每个楼内。此外，“花木园”那样的场所，其本身有遗留的部分，这可以说是爱恋的继承。最后是居住者的“居住方式”，特别是接地层所看到的领域化的低层住户有发展地引入设计。

（荻原聪子，田野耕平）

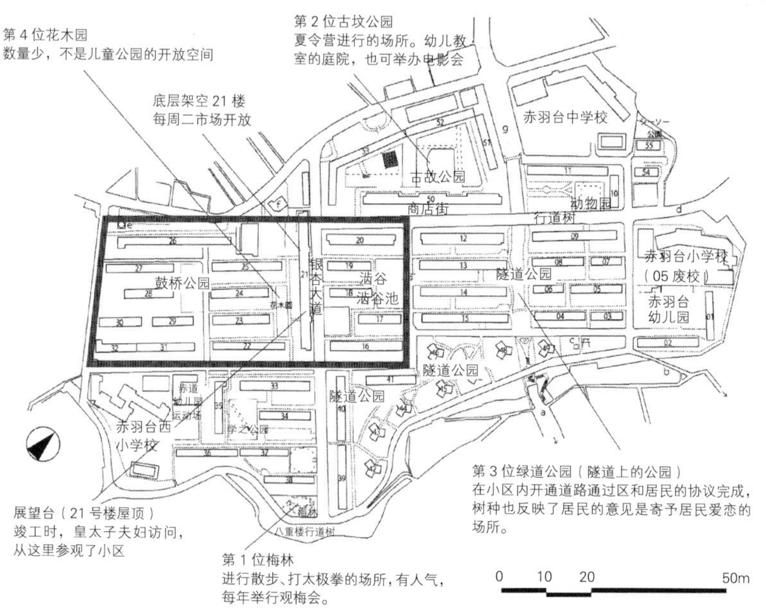

喜欢的场所（改建前的总图）

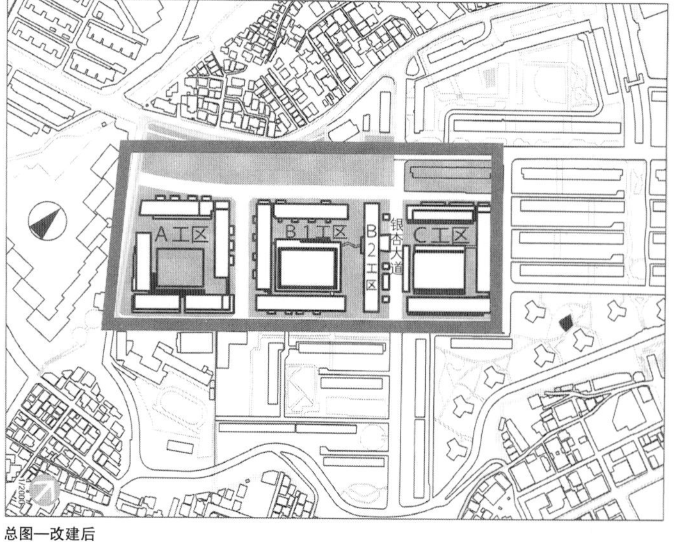

总图—改建后

赤羽台小区的改建计划
经过包括专家参与的赤羽台振兴委员会的概念讨论和与自治会的协议以及事先对赤羽台小区“居住方式”的调查、研究与设计结合反映在新的规划上等，目标是多方面地继承资产。

◉ 参考实例

Sanbari 樱堤（UR 都市机构）
竣工：2000 年～2006 年 11 月
在居住者的协助下进行了改建规划，确保开放空间的规划，丰富的自然环境的继承，实现了带有休憩室和露台的集会所等反映居住者意向的共用设施，公共租赁住宅的改建引进了居民参加的契机。

赤羽台小区年表

	1955年	1959年	1960年	1962年	1963年	1964年	1965年	1967年	1968年	1970年	1971年	1972年
赤羽台小区	日本住宅公团	军队遗迹出售给公团	赤羽台小区建设开始	西小学、赤羽台中学开始运营、赤羽台小区开始入住、管理	西小学童保育所成立、赤羽台小区全部完成	东小学建成使用、赤羽台小区保育院成立	都政府经营的桐之丘小区建成、入住		高架水箱完成，由井水改用都政府的自来水、空置房房租及物业费涨价	物业管理费涨价、房屋租金全面涨价		
自治会					自治会成立·幼儿教室开办、赤羽一号街商店完成	第一次小区节	第一次幼儿教室毕业式	牛奶的统一采购开始、幼儿樱桃会	牛奶配送所、50号楼东侧楼梯下完成	发生了火灾，一户全部烧毁，十户家里进水（榉木会）成立	反对房租涨价特别对策委员会成立、老龄部成立	牛奶中心成立

	1973年	1974年	1976年	1981年	1984年	1987年	1989年	1990年	1991年	1993年	1994年	1995年
赤羽台小区	设置了自行车存放处	对新入住家庭实施实施倾斜房租制度、小区内增建了银行营业所	公团住宅发生大量空置房、第二次空置房房租上涨	住宅·都市整备（建设）公团成立	1955年代小区重建方针公布	公团着手1930年代建设的小区进行重建	开始建设赤羽台隧道工程、房租全面上涨	隧道主体工程竣工		小区重建计划研究调查	小区重建计划基础调查	补助的175号线隧道竣工、空置房招租中止
自治会	第四次全国统一签名、胸花运动、反对房租涨价签名、募捐活动	住宅问题特别对策委员会成立、住宅变更运动		空置房房租涨价问题、第七~十一次口头辩论	集会所房租涨价问题	自治会诞生二十五周年、幼儿教室关闭			废品再利用特别对策委员会成立			

	1996年	1997年	1998年	1999年	2000年	2001年	2002年	2003年	2004年	2005年	2006年
赤羽台小区	树木保护等计划研究调查	周边城区建设等的研究调查	地区规划研究调查	都市基础整备（建设）公团成立	着手地区重建工作、第一期居住者说明会	第三期地区周边改造讨论	讨论商业设施等	成立振兴讨论委员会	定期出租房（2009年3月前）、独立行政法人都市再生机构成立	赤羽台东小学废弃	第一期一地块回迁入住
自治会	房租住宅特别对策委员会、儿童部关闭、重建特别对策委员会成立、第一次废物再利用节						生活事业部关闭				

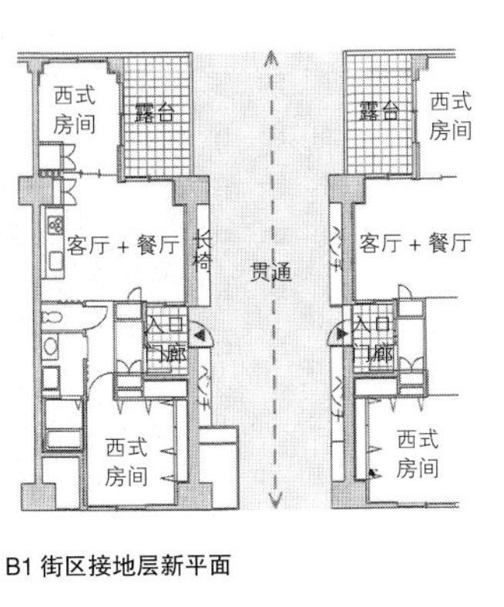

B1 街区接地层新平面

（改建前）底层架空和溢出继承
底层架空与道路地平的流动性

继承

印象模型。改建后贯通和花台栅栏（提供：空间研究所）

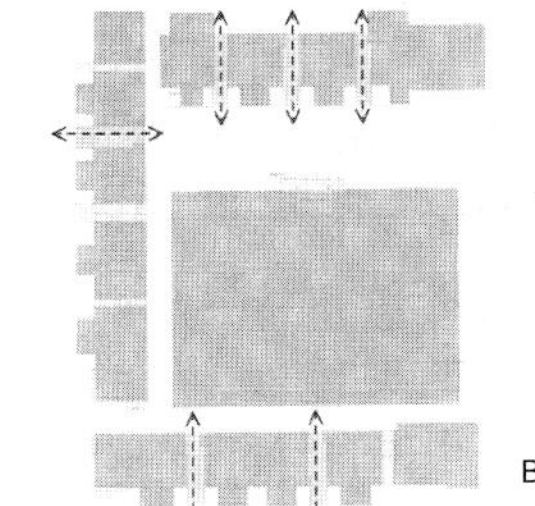

B1 工区设置层

（改建前）夏日节的情景（古坟公园）小区节日的热闹由银杏大道继承

继承

印象透视。改建后看到的银杏大道（提供：C+A）

有连续感的剖面构成

确保来自停车场的视线贯通

B1 工区—中庭与甲板的关系

	A工区	B1工区	B2工区	C工区
回迁户数	220	337	161	253
新住户数	182	66	53	78
户数	402	403	214	331

注：回迁户：是指改建后继续居住的住户

◉ 从住宅楼的布置到街区形成

从前的规划以平行布置为基本，也有垂直连接的楼栋，但在新的设计中采用了面向街区的围合型，旨在让住宅楼形成街区。在中庭，设置了占总户数40%的自走式停车场。中庭大部分成为停车场，一开始对中庭空间的规划十分困难。B1 工区在周围设置了自行车车棚，在其屋顶设置了从中庭可以看到的露台，巧妙地扩大了可以使用的中庭部分。

此外，过去的小区建筑高度为中层，通过宽松的布置在中庭可以饱览星空。在改建高层化中为了防止牺牲这一特点，在有高度的停车场周边，通过限高的露台的围合，做出与天空的连续感。

围绕中庭住宅楼的立面，由金属板给外廊单调的风景以韵律感，并顾及来自阳台和中庭的眺望。

◉ 小区节日从中庭转移到银杏大街

在古坟公园举行的小区节日计划转移到银杏大街。目前以古坟公园为中心，为使用一部分商业街前的街道，对其施行了交通管制，银杏大街不通行机动车，为步行专用道路，银杏大街定位为新的赤羽台小区的中心广场，集会所和牛乳中心也转移到这条街道上。

◉ 架空底层是贯通的

过去的赤羽台小区，平行布置的接地层住户四面八方都可以贯通，是底层架空的。此次的围合型布置，为确保把中庭和街道积极地联系在一起的流线，仍然在住户之间设置可以贯通的通道。而且面对其通道设置长椅，将其空间作为生活空间继承。

◉ 从直接进入到露台进入

面对商业街可以直接进入的住户，在住户与街道之间的空间中种植植物，使得个人的庭院领域化。此次的接地层住户基本上是有着方案型平面，采用与上层不同的平面。特别是为确保与街道的关系，许多住户可以从街道直接进入，同时与公共街道之间夹有露台，作为缓冲空间。在 B1 工区露台被兼作花台的围墙围合，可以看到居民把其作为阳台使用的生活行为，是积极的规划设计。

【参考文献】
1）「miscellanea 赤羽台団地 1960-2007」（日本女子大学篠原研究室）、海老原珠絵「赤羽台団地におけるコミュニティの変遷と空間使用に関する考察」（『日本女子大学修士論文』、2004）

连接人和空间的改建

同润会公寓中居住资源的继承

名称：Atlas 江户川公寓　所在地：东京都新宿区　完成年：2005 年　规模：地下 1 层，地上 11 层　户数：232 户　占地面积：6865m²　总建筑面积：20212m²　设计：NEXT ARCHITECT & ASSOCIATE　施工：竹中工务店

日本的公寓存量有 528 万户（2007 年末），其中建后 30 年的有 63 万户。这些存量今后都面临着改建。对此，为使公寓的改建顺利进行，国家 2002 年出台了一系列法律（以下称“顺畅法”），2003 年的建筑区分所有等相关法律的修订，改建的瓶颈——达成协议，资产的转移等得以顺利实施，推动了整治、改建。

“改建”是居住这一长远征程中的一个断面，首先要认识，古老建筑不能简单地拆除，如果居民愿意在那里继续居住，就有必要实现他们的愿望，要考虑不割断空间、历史的文脉。

在此，作为对象以同润会为例，关东大地震后在东京和横滨建设了 15 座公寓，除了“上野下公寓”外都在进行或完成了改建，恰逢改建的机遇和使用补助、资助制度等优惠条件的较多，应有不少共同的经验。有的已经被法律采纳，特别是着眼于人和组织的继承、空间的继承以及就达到的目标和课题进行整理。

（安武敦子）

阿托拉斯江户川公寓的中庭
保留中庭空间的呼声很高。改建的制约中，尝试最大限度的中庭，但是很难再现过去。

同润会江户川公寓的中庭
2 个楼栋围合的中庭有居住者种植的花草树木及游具，塑造了与外界不同的世界。

阿托拉斯江户川公寓的屋顶花园
就像填缝那样建造了屋顶花园，在屋顶再现了过去的中庭。

◉ 参考实例

欧贝尔格朗迪欧荻中
设计施工：长谷工共同住宅
东京都大田区
东京都住宅供给公社 1968 年销售的公寓，根据区分所有法的修订改建是可能的，那以后遵照“公寓改建顺畅法”成立了改建工会，结合综合设计制度等进行改建项目，为继续居住准备了小规模的住宅，为自治会的继续运营，对柳岛公寓进行了访谈等吸取了先驱实例的精华，2006 年完成。

再利用的同润会江户川公寓的零件类
在江户川公寓最大限度继承了原部品

同润会清砂街公寓再开发的记忆继承
在 EastCommons 清澄白河规划了记忆广场（memorial square），墙面浮雕的复制，平面图、1 号馆的以楼梯扶手为母题设计的地面等。

名称	项目手法	改建竣工（年）	改建意向（年）	改建前户数（户）	改建后户数（户）	改建前容积率（%）	改建后容积率（%）	改建所用年数
三田公寓	任意、等价交换	1978	1971	68	329	-	-	7
平沼町公寓	任意改建项目	1984	-	118		-	-	-
山下町公寓	任意改建项目	1989	-	158		-	-	-
中之乡公寓	市区再开发项目	1990	1979	92	161	107	374	11
住吉（猿江）共同住宅东町公寓	市区再开发项目	1994	1982	251+18	444	122	399	12
柳岛公寓	市区再开发项目	1996	1988	170	264	114	398	9
代官山公寓	市区再开发项目	2000	1978	337	530	71	450	22
莺谷公寓	市区再开发项目	2001	1964/1983	94	298	135	512	37/18
虎之门公寓	任意改建项目	2003	1974	64	事务所	-	-	-
江户川公寓	旧区分所有法	2005	1968	257	232	180	300	31
青山公寓	市区再开发项目	2006	1988	137	38	100	454	38
清砂町公寓	市区再开发项目	2006		624	266+692	130	670/467	17/18

同润会公寓改建完成后 12 地区的概要
按竣工顺序记载，中之乡公寓后来成为市区再开发项目的主流。阻止继续居住的原因之一是达成共识需要的时间太长。同润会公寓的共识形成早的约 10 年，卢川公寓、青山公寓用了近 30 年。在达成共识期间高龄化了，贷款也变得难了，转出的居住者也有。对此，今后顺畅法、区分所有法的修改，高龄者偿还特别例子（反向抵押）的制度出台是否奏效，需要拭目以待。

土地	建物	物权者数	权利变更	（%）	转出	（%）
○	○	117	83	71	34	29
○		31	20	65	11	35
	○	3	1	33	2	67
		33	1	3	28	85

清砂街公寓的权利区分，权利变换状况
最下段的借方，可以维持租借的只有 1 户，与借方人数总数不符是因为在权利者中有作为借方的。

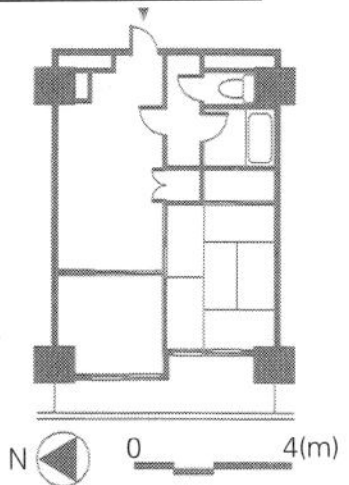

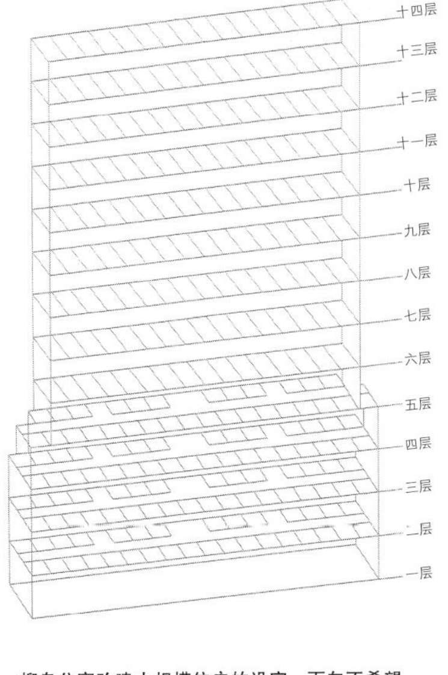

柳岛公寓改建小规模住户的设定，面向不希望增加面积的小规模住户（2DK，42.7m²）设定在低层部。

清砂街公寓改建时户主年龄

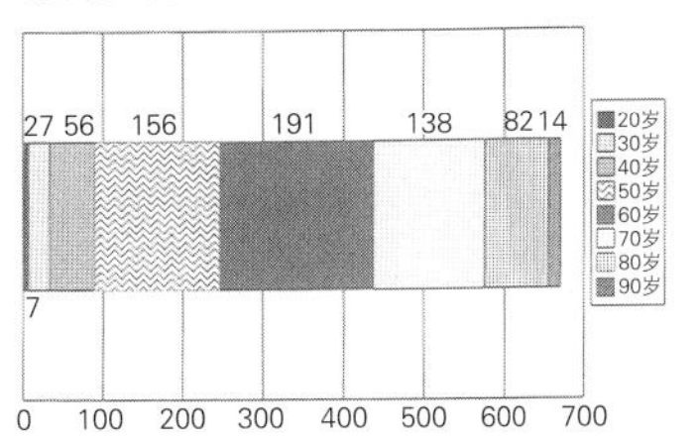

清砂街公寓改建时家庭人数

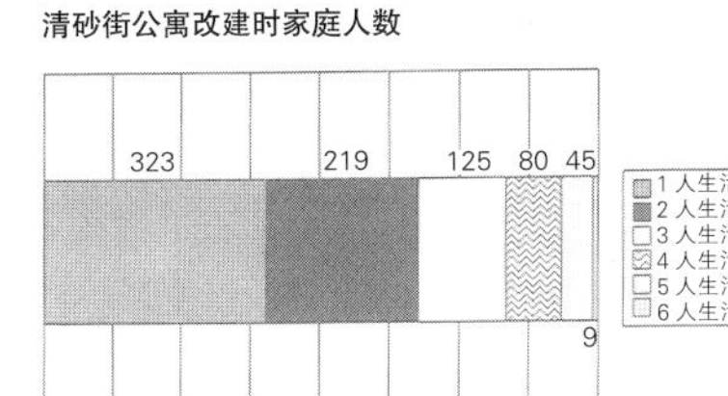

改建时高龄化在进展，1 人生活或夫妇 2 人生活的较多，清砂街公寓由高层楼和中层楼构成，为在中层楼多设定权利楼层，只有高龄者的中层楼出现了。町会的营运、建筑的管理很艰巨，分布的平衡与新居民的混合很有必要。

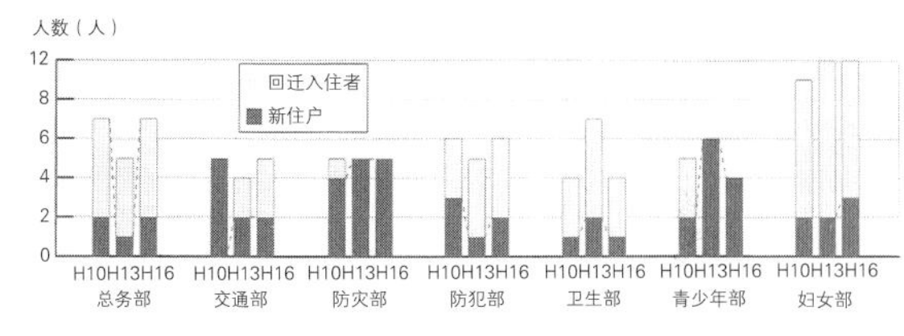

Purimail 柳岛的董事构成
柳岛公寓改建后与管理工会不同，另有町会继续开展地域活动，处理好与新居民关系的实例。在这里也考虑了在临时住宅中将集会所放在附近店铺的上层，让居民见面、继续参加祭礼等活动，实施新年会，访问临时住家等各种对策。从竣工前就开始组织与新的预备入住者进行沟通的会谈，促进新旧居民的相互融合。由此得知，社区不是无意识的而是有意识的存在。

◉ 公寓的改建刚刚起步

截至 2009 年完成改建的商品房公寓有 38 件，改建的经验积累尚少。初期的改建采取的是等价交换方式，即居住者把过去的资产（主要是土地）与改建后的住户以相应土地进行交换。开发商以剩下的住户出售进行利润核算。初期的集合住宅在容积率上有富裕，区位也好，可确保保留楼层，不用担心销售。1990 年改建的“中之乡公寓”最初也考虑了等价交换方式，虽不能说是居住者零负担，因此采用的是第 1 种市区再开发项目。直到采用顺畅法改建完成的 2005 年之前，以同润会公寓为中心，实施了 7 项市区再开发项目。虽实例不多，确立了以权力变更方式和临时住宅费用填补作为改建手段。此外，2005 年竣工的江户川公寓的改建，是以区分所有法律进行的，给予区分所有法的修订以影响。通过同润会的改建经验，使顺畅法（2002）和区分所有法（2003）的修订得以实施。在新的蓝图下的改建开始了。

◉ 原居民的继续居住

居住资源包括居住者、建筑所具有的氛围、建筑的历史、文化的价值、印象风光等，但是一旦改建了，经济利益就会被放大，在尺度面前，居住资源的继承等是无法测算的。

特别是建筑到了要改建时，高龄者增加了，小区外权力者增加了，财产继承等权利细分化，租借人增加，加上资金潜能的减少，增加了其复杂性。因此，居住者 × 所有者的回迁率为 88%（地区外居住者 × 所有者为 46%），如果是所有者就可以继续居住，但租借者几乎都迁出去。对迁出家庭的问卷调查：70% 以上是同一地区内的，而且大半是在 500m 半径内搬迁的，期待生活的延续。另一方面也有租借人努力继续居住的例子，“柳岛公寓”推出了小规模住宅，“莺谷公寓”是特定的商品房，接受区政府高龄者房租补助的租赁人在继续居住。“江户川公寓”设定了独自的终身定期租房制度，管理协会拥有住房，面向长期居住改建的弱者，终生以租房权租房的机制。改建后房屋所有者继续居住是困难的，有必要研究以在地域（町内）继续生活带动公营住宅等对策。

对新的入住者来说，有原居民继续居住存在很多有利的方面。新的居住者以原居民为参照，通过组织一些活动获得地域生活信息，不会使得新公寓成为孤岛。

◉ 留下空间

在同润会公寓初期的改建上，并没有对空间的继承展开深入的讨论。在改建上比较宽裕的“代官山公寓”在集会室中再现了原食堂的零部件被使用的场景。那以后，对过去设计的继承被纳入新的设计中（左页下端）。在青山公寓进行了 1/2 楼栋的复原。这是被建筑大师安藤忠雄赞同和认可的特例。

针对“江户川公寓”，不仅是部件，最初也讨论了建筑的部分保留。而且要求对中庭进行再现的呼声很大，但是未能实现。对保留树木、建筑的部分等持有赞同和反对两种不同的意见。但是保留这些对于触动人们形象风光是无疑的。尽管是一些片断线索的保留也是有意义的。此外保留建筑本身如果与经济尺度划等号的话，持续的居住环境是不可能实现的。

【参考文献】
1）近藤安代・大月敏雄・深見かほり・安武敦子「同潤会柳島アパートの建替事業前後における町会組織活動の持続性に関する研究」（『日本建築学会計画系論文集 NO.628』pp.1181-1188、2008）
2）大月敏雄・安武敦子「旧同潤会アパートの建替経緯の類型化と居住の持続性の側面から見た従後環境の検証」（『科学研究費補助金研究成果報告書』2006）
3）中村誠・大月敏雄・安武敦子「同潤会清砂通りアパートメント市街地再開発事業における転出者の動向とその要因に関する考察ー旧同潤会アパートの建替え事業に関する研究 その2ー」（『日本建築学会大会梗概集E-2分冊』pp.223-224、2005）

编织社区网的合作住宅

小区再生街区规划中多种住宅供给

名称：现代长屋 TEN　所在地：大阪府大阪市东淀川区　完成年：2003 年　结构、规模：RC 结构 3 层长屋　户数：10 户　占地面积：923.87m²
总建筑面积：1322.98m²

1960 年代以后在关西地毯式居住环境的整治下，大规模地进行了公营改良住宅的供给。在当下建筑物老化的同时，生活困难家庭增加的背景下，这些小区的社区设立了协会，以不再使环境恶化，有定居型魅力的校区街区建设作为目标。而且在环境再生、安心居住、定居共生、自律自治等主题下展开了包含周边地区的街区规划，特别是以小区再生为开端进行地域与行政的协作，推进各种年代和家庭共存的“多样的住宅供给”。

其中合作住宅事业以“现代长屋TEN”（大阪市）为开端，现已竣工了 4 栋。这些促进地域年轻人、中间层收入家庭购房的供给事业，朝着积极创造地域价值和提高生活质量的城市居住努力。即运用所谓合作住宅的手法联系住居、人、街道的集合街区 * 的尝试。

目前在这一经验下，以社区参加的小区改建、重建为首的市有土地商品合作住宅，带有照料的住宅等，与地域独自的社区管理事业紧密联系。

（寺川政司）

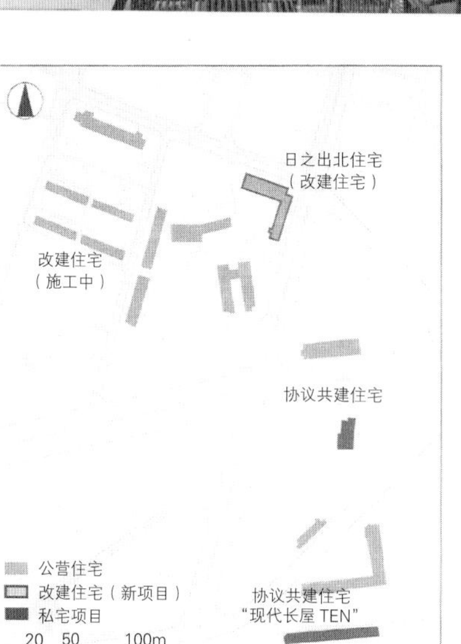

共同住宅镇
* 集体街区
注释：人们在丰富的人际关系以及空间中感受街道，在互相支撑下成长，充实地域持续居住的功能，可定位为协作居住的街区。
协议共建住宅项目（左地图）
“日之出北住宅”作为市营住宅的改造事业，2008 年竣工。召开了街道建设协议会协调居住者参加型的设计工作坊。“Liberta”是伴随公共澡堂的改建实施的共同住宅型有定期借地权的协议共建住宅。

◉ 参考实例

“Mirunoru”（京都市北区）
市营改建事业中销售更新住宅。市区 60 年定期租地的协议共建住宅（PFI 的住宅供给事业），RC 结构 3 层，6 户构成，各户的户型有平层、跃层，带别馆的住户也有，共同沙龙是工会运营的（占地面积：660.25m²，总建筑面积：773.1m²）。

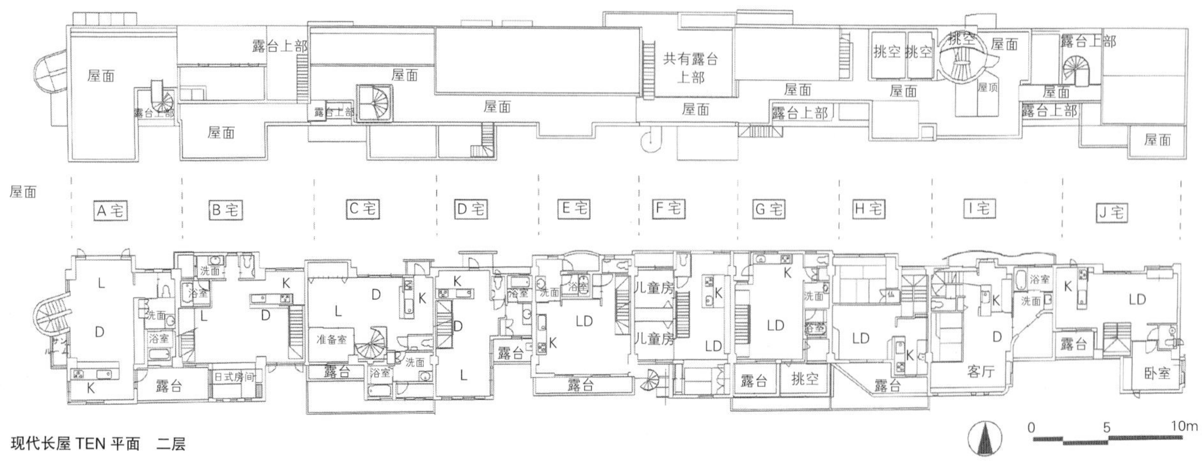

现代长屋 TEN 平面　二层

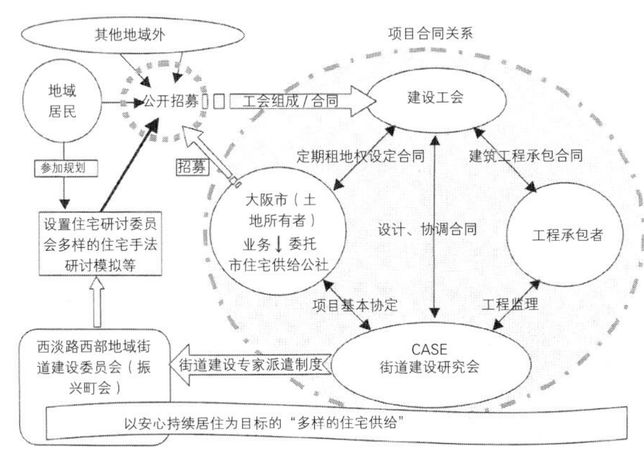

“现代长屋 TEN”的项目关系图

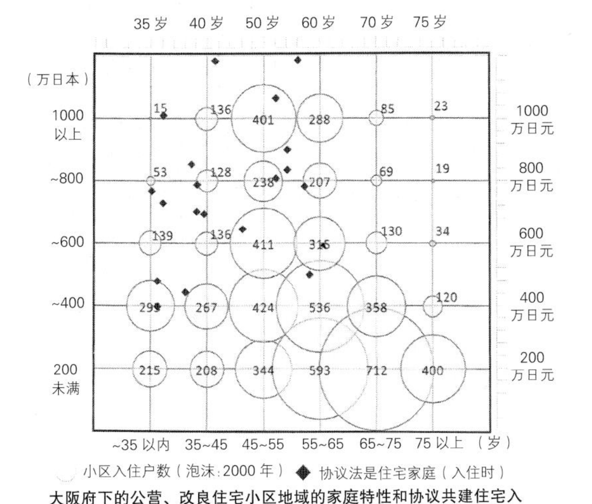

大阪府下的公营、改良住宅小区地域的家庭特性和协议共建住宅入住家庭状况

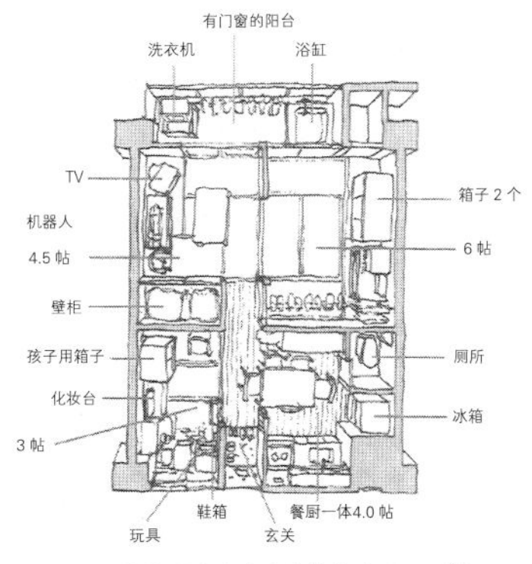

某宅以前住户的居住方式（市营住宅 38.6m²）

起居室中私塾的情景

共用阳台的塑料泳池

在邻居住户的共用阳台烧烤

某宅（专有面积 126m²，总建筑面积 170.2m²）

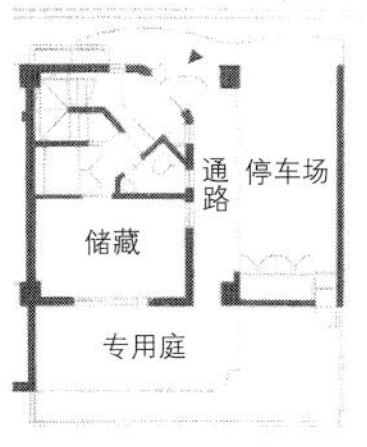

一层平面图

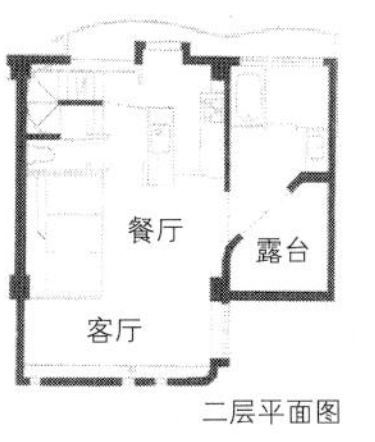

二层平面图

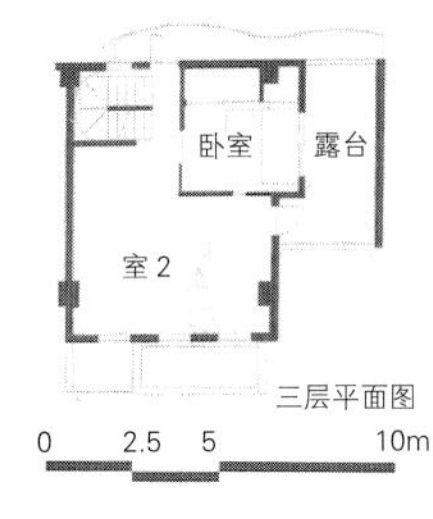

三层平面图

◉ 现代长屋 TEN

大阪市的合作住宅项目作为市有土地 50 年定期借地的项目始于 2001 年，2003 年建成 RC 结构 3 层（部分工层）长屋住宅 10 户。

在设计时为缓和对南面住宅的影响，设定通风、日照空间，设定以面宽为依据的取费标准，设定立体街道和滞留等从个别的住户到邻居、屋面、住宅前道路以及到街道阶段性地、有意识地营造集体街区的形象。

◉ 关系过于亲密不会长久

集中在“现代长屋 TEN”项目的成员，地域小区的居民最多，已经有了密度较高的交往，但并不是追求合作住宅而集中在一起的，因此并不强调合作住宅的共同性和协作性，始终是反复整合和编织居民的想法。在这个过程中，重视他们提出的确保私密以及与大家适当地联系等意见，最后选中的是“长屋”形式。

也是这个住宅的特点之一，在合作住宅融资上要求确保共用空间，因此在贷款上有困难的家庭住户屋顶上布置小巷和社交场，土地费用一部分由大家分摊。这里拘泥“WIN-WIN”有着冷静的温暖，在“关系过于亲密不会长久”的成员的名言下，有着在地域持续生活的社区的实例。

◉ 需求温和的联谊活动

入住后经过了 7 年。这个住宅，没有共同的房屋，每个月的协会会议在各住户的客厅轮流召开（日常有见面机会，现在减少了），同年代的孩子多，到了夏天，屋顶小巷 3 个地方打开塑料泳池用作梯子，家长们在共用的阳台进行烧烤。那以后，在这里居住的大学生设立私塾，以及设立成人再教育的NPO。孩子们长大后，轮到退休人员的活动活跃起来。成为曾经外包的植物管理的继承者、研究屋顶绿化的家庭等以临机应变的形式、不拘形式地开展活动。

◉ 面向多样家庭的新住居

2001 年以后，在关西这种利用定期租地权的合作住宅 4 栋竣工。采用这种形式的理由是定期租地：1）地价太高；2）想面对更多家庭；3）对地主来说公共形式比较放心。关于合作住宅：1）可以构筑让人放心的邻里关系；2）激发责任感和爱心；3）构建与街道的关系；4）可以拥有高质量的住居等。其他在设计上各家庭配备专门的建筑师，积极开展 Work Shop 推进设计。

◉ 集体街区

本项目的课题是 1）在小区已经没有对象家庭；2）事业的形象难以凸显；3）合同结束后异地返还；4）市场没有整治，金融服务受到制约等，要讨论的问题很多。但是，街区建设组织作为协调机构，以实际项目为开端，抓住居民整体参加的机会进行展望，居民们讲述了各自的生活和居住方式，自主地考虑街道环境和居所，协作建造的过程，可以说街区建设的成果是通过合作住宅的手法完成的。

目前，采用合作住宅的手法以公团再生项目为首，市有土地分售独户合作住宅的尝试，带有护理的高龄者住宅的改造等，实现多样供给的社区管理的实践，作为集合街区的形式不断普及（2010 年 6 月在大阪八尾市西郡合作住宅“ERU”竣工）。

带有上述各种问题，处在各种试错过程中。如果这也是过程中一部分，那么合作住宅的手法不是目的，也许可能是街区建设的手段。

【参考文献】
1）「建築設計資料96コーポラティブハウス-参加してつくる集合住宅」（編集：建築思潮研究所、2004）
2）寺川政司「公営・改良住宅団地における多様な住宅供給に関する実践研究報告」（『日本建築学会第3回住宅系研究報告会論文集』2008）
3）篠原聡子『住まいの境界を読む 新版 人・場・建築のフィールドノート』彰国社、2008

以合作方式共同进行改建

小单位的既有市区的更新

名称：Jcourt house　所在地：东京都北区上十条 3 丁目　完成年：2007 年　户数：27 户

在密集的市区等整治难以为继的现状中，从居民共识可能性较高的地方入手进行小单位规模的更新，共同参与改建的做法受到关注。

Jcourt house 就是在密集市区以合作共建的方式共同改建的模式。被指定为东京都重点整治地域的东京都北区上十条三、四丁目。在北区的呼声下开始了共同改造的论证，经过近 3 年的岁月，达成了土地所有者 9 名（原所有者 1 名，租地者 8 名）的共同改建的共识。地权者集团新招募了 15 名参加者组成协会，进行土地的征集、建筑的设计、工程的发标等工作，并以合作共建方式进行住宅建设。

经过对密集型市区的共同改建，解决了建筑的耐燃化、狭窄道路的拓宽、租地等复杂的关系，可以说是作为地权者参加型合作住宅再生的为数不多的实例。

合作共建方式的共同改建，作为让土地所有者继续在本地生活，与参加者一起继承地域社区，是可行的手法，希望今后得到进一步普及。

（五十岚敦子）

Jcort House（南面）

改建前的样子

◉ 参考实例

上 COMS HOUSE（东京都千代田区神田东松下町）
下：神田节（协议共建入住者参加）
都心部以协议共建方式建造的共同住宅改建实例，召唤居住在人口过疏化城中心居住，新的居住者积极参加地域节日和町会活动。

Jcort House（中庭）

项目概要

事业主体	上十条协议共建住宅建设工会		
	地权者 1 名 租地者 8 名 新参加者 15 名　工会会员数共 24 名		
占地面积	927.80m²	建筑面积	404.5m²
建筑密度	43.6%	总建筑面积	2025.87m²
容积率	202.2%	规模	地上 6 层建筑
地域地区	附近商业地域 80/400		
	第一种住居地域 60/200		
结构	钢筋混凝土结构		
住户数	27 户	用途	共同住宅
土地所有	共有	建物所有	区分所有
住户区分	自家用住宅 21 户租赁住宅 6 户		
设计、监理	（株）象地域设计		
协调	共同改建项目：（株）象地域设计 协议共建住宅：（株）象地域设计 +NPO 都市住宅和街区建设		
适用制度	街区建设达成共识支援项目（财）东京都防灾建筑中心　密集住宅市区整治促进项目（北区、东京都、国库）都市居住再生贷款平房 35 等（独）住宅金融支援机构		

共同改建学习会

在赏花时介绍我的家

项目经纬

2002.6	北区召集“共同改建的恳谈会”
2003.5	“共同讨论土地利用和改建会”成立
2005.3	“共同改建预备协议”签字（地主地权者 1 名 + 租地权者 1 名）
2005.7	项目手法决定采用协议共建方式
2005.9	“上十条协议共建住宅建设预备工会”成立（9 名）
2005.11	新参加者招募说明会
2006.2	“上十条协议共建住宅建设工会”成立（24 名）
2006.7	取得向临时住居转移、开发许可及建筑确认
2006.8	新工程承包工程合同，开工式，开工
2007.5	上梁，建筑内参观会
2007.8	竣工，交付，开始入住

会员组织的地镇节

入住后的打年糕活动

Jcort house 完成效果模型

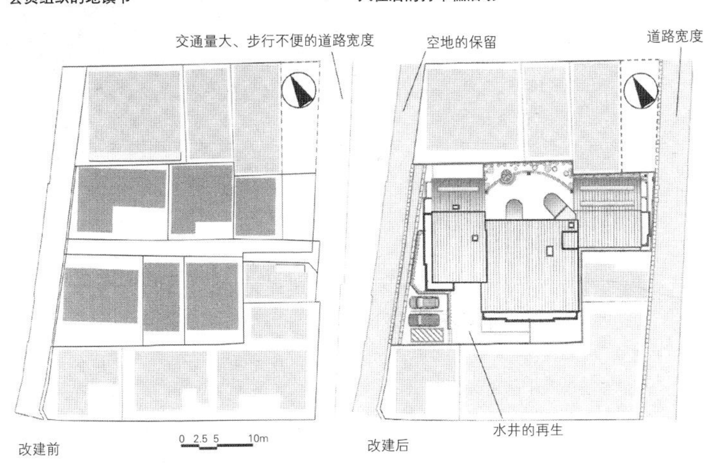

改建前
改建后

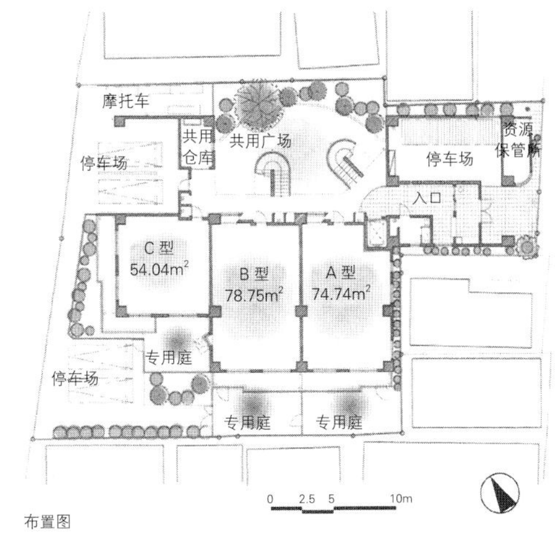

布置图

◉ 通过共同的土地利用整治改善密集型市区

该项目所在区域很多建后 40 ~ 50 年的老旧住宅十分密集。土地所有者之间存在着复杂的权属关系。2002 年，在北区的呼吁下，地权者发起了“共同改建恳谈会”，召开了多次座谈会、讨论会以及行政协调专门协会，在协议中解决租地关系，无障碍住宅建设，以容易处理的资产形式传承给后代，改造成高质量的住宅等，对各地权者的住宅和生活如何设计等都明确了目标。在地权者中不乏高龄者，当时要搬迁，生活变化带来的担心很多，但通过这些活动，加深了对土地利用的理解，2005 年地权者 9 人达成共同改建的协议。

在个别改建难以运行的密集市区，通过共同改建实现了住宅的耐燃化，狭窄道路拓宽，可以说是形成了安全、安心的街区建设。在建筑规划上控制在 6 层，建筑的中心设置中庭，对社区和周边环境都有考虑。

◉ 以合作建房的方式共同改建

地权者设立了建设筹备协会，在共同改建的规划阶段招募了 15 户新的参加者，地权者和新参加者设立协会采用了推进事业的“合作共建方式”。在这一方式下，地权者也好，新参加者也好，都是持有同样立场的协会成员，协会进行土地征收、建筑的设计、工程发标等，共同进行街区的改建是其特色。在协会中设有共用部分研讨会、管理研讨会、植栽研讨会以及活动委员会，每月开会商谈建筑规划、种植计划、入住后的管理等话题，而且也举行奠基仪式、上栋仪式、竣工宴等活动。这样在入住前地权者与新住户就相识了，今后可以安心生活，完成有感情的住宅建造。

由于住户内是自由设计，可以实现符合居住者生活方式和希望的住宅设计。

◉ 地权者参加型合作共建房的社区再生

十条在历史上就是繁华的商业街，很有活力，是地域活动很活跃的地区。本项目新参加者 15 名中 9 名是“想居住在十条”的，参加者是步行可到达的。在建设过程中经常走访过去在规划区域内居住的地权者以及近邻，开工仪式和竣工宴也邀请町会、商店会者来参加，与周边居民建立友好关系。

入住后，开展了消防训练、忘年会、新年会等活动，十分活跃。从居民那里可以听到“入住前就见过面很放心”，“比原先住所邻里关系要好”，“可以听到孩子们的声音很开心”等反馈。在高龄者多的规划区域，在十条街区居住的育儿家庭、单身等年轻一代成为地域活动的新的承担者，是继承和振兴社区的较好实例。

【参考文献】
1）江国智洋「密集地での共同建替えと地域密着型コーポラティブハウス」(『コーポラティブハウジング　Vol.31』2009)
2）杉山昇「コーポラティブ方式による小規模再開発事業－密集市街地での活用」((社) 再開発コーディネーター協会『再開発研究24号』、2008)
3）特定非営利活動法人都市住宅とまちづくり研究会『コーポラティブハウスのつくり方』清文社、2006
4）五十嵐敦子・丁 志映・小林秀樹「住民主体の住まいづくりにおけるNPOの支援とその可能性－コーポラティブ方式による共同建替え（東京都北区）の事例をもとに」(『日本建築学会　住宅系研究報告会論文集』、2007)

继承环境资源的小区再生规划

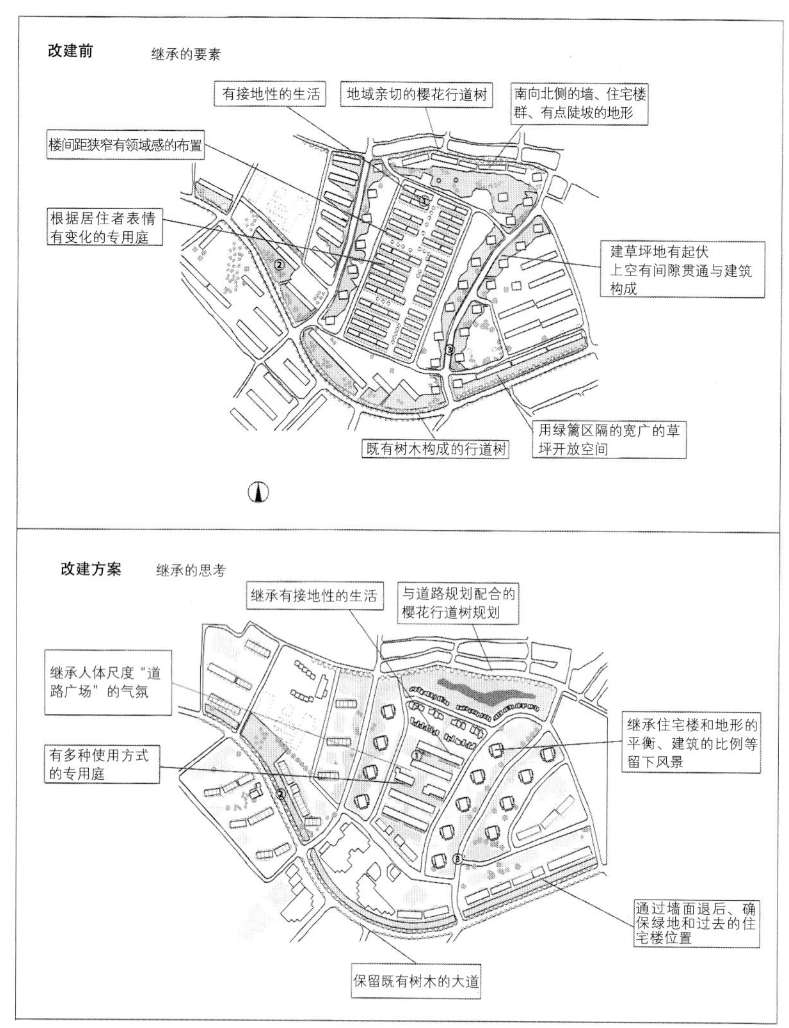

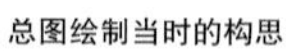
总图绘制当时的构思

改建的楼栋

既有楼栋

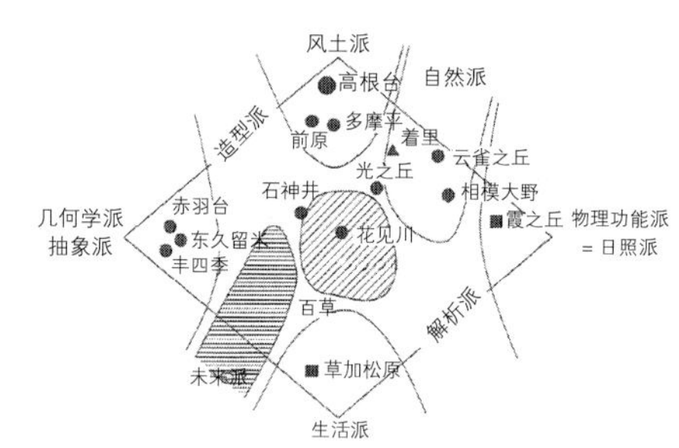

小区结构图（杉浦　进“根据小区设计的倾向分类的尝试”（《KARAMU》八幡制铁 1967 绘制）

在制定高根台小区再生的大规模规划时，首先解读了高根台小区的地形、环境特性、空间构成的特征，加上项目经营条件的考量，决定结合地形，以继承原风景和空间构成为前提的理念。再生规划，加上对土地的细致的分析作业，“高根台小区再生设计会议（2003 年）”等，以许多有学识的经验者和研究人员的建议为基础做成的。

高根台的原风景是有着山脊和山谷的地形，自然资源丰富，有参天大树、季节感，由简洁摩登的建筑设计以及个性的空间构成。其空间构成是山丘上稠密的带露台的住宅，山谷斜面低密度的开放的点式住宅和标准的中层住宅等，住宅类型明确区分，根据地形排布，通过进一步强调“山丘上的山谷”之立意，创造了有秩序的小区空间。

在高根台小区，在 1960 年代绘制的小区定位图（杉浦进做成）中，被定位为“风土派”，并被誉为小区的代表名作。“风土派”是从风土和地形中寻找造型的主题，构成小区的手法。当时的设计资料中记载有“沿着山谷地形被大而曲折的干线道路和南北山谷的支线道路间隔开构成的几个固定的山丘”。

在这个小区的空间构成上，把景观作为资源，把环境资源作为资产的视点在小区再生规划中复活。

现在改建分阶段地进行，规划做完后立即进行东地区改建，为继承山谷的风景，构思了短板住宅楼“乡村型住宅”，为作出山谷的景观，有韵律地排布住宅，其外立面以及开放的住宅楼的建造方式，成功地复活了原有的空间构成和景观要素。

为继承环境资源制定的大规划，据说那以后的改建带来的空间构成以及住宅楼，改变了当初的形象，的确，大规模的小区，改建项目跨越的时间很长。根据社会的情势和相关规划条件的变更，以及项目的进展情况修改是必要的。

只是希望留下高根台小区所具有的环境资源的理念没有消失，在长久的改建项目中，大规划能连续地衔接并实现，这样的机制的建立十分重要。

（铃木雅之）

后记

支撑集合住宅设计的价值重构

本书所预见的集合住宅设计的动向，可以说是反映了近年来与住宅相关的价值重构的过程。根据我个人的经验，想就这一过程做一个回顾。

◉ 一九七三年

战后，与日本住宅相关的社会环境变化最显著的是 1973 年。1973 年是进行 5 年一次的住宅统计调查的年度。在这一年的调查中确认了所有省市的住宅数量已经超过了家庭户数。因此，住宅供给、住宅政策的重心开始从数量转向质量。而且把握住宅问题的眼光也从“过程到存量”并要求从产业化的成长和公共住宅的课题积累上重新认识住宅供给上公与民（政府与民间）的作用。

另一方面，1973 年也是市民亲身感受资源能源问题的严重，在所有的领域成为价值观转变的契机，诱发第一次石油危机的年度。罗马俱乐部发表“成长的极限”只有一年的时间。当时还没有使用“地球环境问题”这个词，从以化石燃料为中心的资源能源的极限出发，向反复拆与建的日本住宅建设模式发出警告。

并不是那以后即提高了住宅质量，重视存量、节省能源等动向成为主流。社会结构一体化的拆与建的体制改善并非容易。景气的变动，人口、户数的动态，地球变暖的进展等，各种要素交织在一起的变化中，这种动向是缓慢进展的。

◉ 房屋系统论

那么，住宅研究的现状到了 1970 年代后半期，有效利用有限资源，形成质量高的住宅存量的设计手法的研究，超出原有公共住宅、民间住宅的两分法，就房屋的公与民作用分担的讨论十分热烈。当时我在京都大学巽（老师）研究室，从事作为生活的社会资本的住宅存量形成和应对多样的居住需求，提高住宅质量为目标的二阶段供给（SI）方式的开发和应用，援用公共经济学，阐释住宅的私有价值和社会价值的关系。住宅不再作为单一的资产来考虑，是性质不同的多要素的复合体，即用“系统”来把握进行合理的调整。此外，基于房屋系统论验证公与民多样的职能分工的可能性。

这种思考可以说确实渗透到四分之一世纪的现代集合住宅的设计及存量再生设计中，但是同时房屋系统论，公与民的职能分工论难以解决的问题遗留下来。从中选取以下两个作为集合住宅设计中价值重构的今后课题。第一针对“适居”而言的“居住因应”等，居住者与居住的关系，第二关于“街区”生活空间、地域社区等共同社区等共同体的作用问题。

◉ 居住应答或爱恋

在房屋系统论中，以住宅部件的商品化发展的社会为前提，私的资产性质较强的填充体是以市场提供为基本，这种场合，通过建立居住者难以理解的性能、品质信息等的表示、商谈，建议的机制，消解信息的不对称，启动市场机制，提高入住者与填充体的适应性是重要的。

但是居住者的满足，客观的性能、品质的优良，不能只依赖“居住因应”，居住者经常处于被动地位，即便提高了性能品质，满足也有限度。另一方面通过居住者参加住宅设计、适居的过程，就可以赋予居住多义性和爱恋。因此住居不是单向地向居住者提供服务的思路，住居和居住者互相渗透，就有可能产生与“适居”手段价值不同的价值。这种价值我想称之为“居住因应”。

“居住因应”的讨论与房屋系统论并不矛盾。但是居住者与住居的关系并不一定是中心的课题。只是未找到合适的居所。这个讨论不是作为系统问题，而是上升到居住或居住方式的本质问题作为议题要深入下去。住宅存量的再生和活用成为住宅研究中心的今天，“居住因应”的讨论在提高着重要性。

“居住因应”与对住宅的爱恋（attachment）有强烈的关系。研究在孩子和养育者之间形成的情感上联带的 J.Bowlby 的爱恋理论（attachment theory），在今天也适用于比如场所爱（Vaske&kobrin:place attachment）那样对街道和地城也适用。住宅存量价值的持续继承极大左右着居住者的爱恋。居住者和住居的关系可以用爱恋理论解读，展望“持续居住”的居住方式的重要性在提高。

◉ Commons 论的启示

房屋系统论、公民作用分担论不能充分解决的另一个问题是地域社区等的共同体的作用。换言之，不是居住在家的价值，而是居住在小区的价值讨论。这个讨论与住居街区规划活动的成熟以及研究的组织有关系，也是没有找到合适的居所。

关于这个问题,研究入会地等组织的 Commons 论可以得到各种启示，历史遗留下来的共同场所不仅是共同使用的财产，还是具有各种规则的“制度”。如能适当管理运营，资源的持续使用是可能的。在这一知见下，比如政治学者 Eostro 等反复进行可持续的 Commons 实证研究和理论化，指出共同的资源管理运营的可能性。

此外，作为农学者的井上真等，基于热带雨林中田野调查和森林政策性的研讨验证了 Commons 概念对环境管理的有效性。井上等区分了地球环境那样的全球 Commons 和地域的 Commons 在此基础上，针对后者提出活用合适的Commons管理运营制度，通过重构封闭的管理运营组织，构筑协作和关系网为基础的“协治”体系，确立持续可能性高的现代Commons。

这种思路单纯套用住宅、居住区很困难，但的确通过近年的住宅和住宅建设动向，给予今后的集合住宅设计和管理的做法以很大启示。

基于这些观点重新回顾本书所列举的实例，至少可以解读1970年代延续至今的集合住宅设计的深化和超越它的多种价值的复构。本书寄希望于对承担未来的研究人员实业者理解集合住宅设计相关的现状，亲自展望今后正确的发展方向有一定的帮助。

高田光雄
2010年8月

◉ 出版核心成员

高田光雄　（京都大学教授）代为后记
铃木雅之　（千叶大学助教）6-1、专栏 07、08、各章扉页文章
佐佐木诚　（日本工业大学准教授）序、1-4、专栏 03
安武敦子　（长崎大学准教授）8-3
杉山文香　（昭和女子大学助手）1-5、2-4

◉ 执笔者

五十岚敦子（都市住宅与街区建设研究会）8-5
井关和朗　（都市再生机构）4-3、专栏 04 ①、专栏 04 ②
稻叶 SONO 子（丸三老铺）2-1
岩佐明彦　（新潟大学准教授）专栏 06
江川纪美子（日本女子大学博士课程后期）3-1
大崎　元　（建筑工房匠屋）专栏 02
大塚顺子　（日本女子大学学术研究员）3-2
大月敏雄　（东京大学准教授）1-3
大桥寿美子（湘北短期大学准教授）2-3
小野田泰明（东北大学教授）4-4
北野　央　（东北大学博士后期课程）4-4
金　洙岩　（韩国建设技术研究院）7-5
小池孝子　（日本女子大学助教）3-1
小林秀树　（千叶大学教授）2-1、2-2、5-2
佐佐木智司（NTT 都市开发）5-2
定行 MARI 子（日本女子大学教授）3-1、3-2
泽田知子　（文化女子大学教授）2-5
篠崎正彦　（东洋大学准教授）6-4
篠原聪子　（日本女子大学教授）8-2
涩田一彦　（日建房屋系统）专栏 01
陶守奈津子（千叶地域再生研究）6-1
曾根里子　（文化女子大学助教）2-5
园田真理子（明治大学教授）3-3
高井宏之　（名城大学教授）5-1
高桥正树　（都市再生机构）4-3
田中友章　（明治大学准教授）4-1
田中麻里　（群马大学准教授）6-2
田野耕平　（空间研究所）8-2
丁志映　　（千叶大学助教）2-1、2-2、5-2、7-5
寺川政司　（CASE 街区建设研究所）8-4
户村达彦　（千叶大学博士后期课程）7-1
中林由行　（综建筑研究所）3-5
温井达也　（Placemaking 研究所）4-2
长谷川崇　（新潟大学大学院博士后期课程）专栏 06
花里俊广　（筑波大学准教授）4-5
原田阳子　（福井大学助教）8-1
藤江　创　（Urban Factory）6-4
藤冈泰宽　（横滨国立大学准教授）1-1、2-6、6-3
南　一诚　（芝浦工业大学教授）5-4
森重幸子　（京都大学研究员）7-4
森田芳朗　（东京工艺大学准教授）7-3
森永良丙　（千叶大学准教授）5-3
安枝英俊　（京都大学助教）7-2
山口健太郎（近畿大学讲师）3-4
吉里裕也　（SPEAC）专栏 05
胁田祥尚　（近畿大学准教授）专栏 04 ③
渡边江里子（东急建设）1-2

著作权合同登记：图字01-2012-3618号

图书在版编目（CIP）数据

现代集合住宅的再设计 /［日］日本建筑学会编；胡惠琴，李逸定译．—北京：中国建筑工业出版社，2017.11
ISBN 978-7-112-21264-4

Ⅰ.①现… Ⅱ.①日… ②胡… ③李… Ⅲ.①集合住宅—建筑设计—日本—现代—图集 Ⅳ.①TU241.2-64

中国版本图书馆CIP数据核字（2017）第236473号

Japanese title: GENDAISHUUGOUJUUTAKU NO RIDEZAIN
edited by Architectural Institute of Japan

Origlinal Japanese edition published by SHOKOKUSHA Publishing Co. Ltd.,Tokyo,Japan
本书由日本彰国社授权我社独家翻译出版

责任编辑：刘文昕　率　琦
责任校对：焦　乐　王宇枢

现代集合住宅的再设计
[日]日本建筑学会　编
胡惠琴　李逸定　译
*
中国建筑工业出版社出版、发行（北京海淀三里河路9号）
各地新华书店、建筑书店经销
北京京点图文设计有限公司制版
北京密东印刷有限公司印刷
*
开本：880×1230 毫米　1/16　印张：7　字数：285 千字
2017年11月第一版　2017年11月第一次印刷
定价：39.00 元
ISBN 978-7-112-21264-4
（30905）